国家社科基金
后期资助项目

临界的传递逻辑

——模态逻辑的濒表格性问题探究

杜珊珊　康宏逵　著

科学出版社

北　京

内 容 简 介

　　本书详述传递的濒表格逻辑的判据及其应用，以及在此基础上所做的关于濒表格逻辑的若干研究结果，解决了传递逻辑格的濒表格性的语义判据，以及传递逻辑格的子格NExtQ4中濒表格逻辑族的基数、分类及公理化问题，展示了如何将已有的传递的濒表格逻辑的结果纳入本书提出的方法和视野。全书共分为三个部分——序篇、主篇和附录。序篇介绍了背景知识，回顾了传递的濒表格逻辑的研究发展史；主篇完整叙述了传递的濒表格逻辑的语义判据的证明、应用过程及其他相关的研究结果；附录给读者提供了备查的相关知识。

　　本书适合从事模态逻辑研究的科学工作者阅读，也可供逻辑学相关专业的研究生、本科生学习和参考。

图书在版编目(CIP)数据

临界的传递逻辑：模态逻辑的濒表格性问题探究/杜珊珊，康宏逵著. —北京：科学出版社，2017.7

国家社科基金后期资助项目

ISBN 978-7-03-053081-3

Ⅰ. ①临⋯　Ⅱ. ①杜⋯　②康⋯　Ⅲ. ①模态逻辑－研究
Ⅳ. ①B815.1

中国版本图书馆 CIP 数据核字（2017）第 125610 号

责任编辑：郭勇斌　邓新平 / 责任校对：刘亚琦
责任印制：徐晓晨 / 封面设计：蔡美宇

科 学 出 版 社 出版
北京东黄城根北街 16 号
邮政编码：100717
http://www.sciencep.com

北京教图印刷有限公司 印刷
科学出版社发行　各地新华书店经销
*

2017 年 7 月第　一　版　开本：720×1000　1/16
2018 年 3 月第二次印刷　印张：15 3/4
字数：266 000

定价：78.00 元
（如有印装质量问题，我社负责调换）

国家社科基金后期资助项目
出版说明

  后期资助项目是国家社科基金项目主要类别之一，旨在鼓励广大人文社会科学工作者潜心治学，扎实研究，多出优秀成果，进一步发挥国家社科基金在繁荣发展哲学社会科学中的示范引导作用。后期资助项目主要资助已基本完成且尚未出版的人文社会科学基础研究的优秀学术成果，以资助学术专著为主，也资助少量学术价值较高的资料汇编和学术含量较高的工具书。为扩大后期资助项目的学术影响，促进成果转化，全国哲学社会科学规划办公室按照"统一设计、统一标识、统一版式、形成系列"的总体要求，组织出版国家社科基金后期资助项目成果。

全国哲学社会科学规划办公室

2014 年 7 月

目　　录

第一编　序　篇

第一章 背景知识一览

模态逻辑已经发展为一门大学科了。这个逻辑分支里铢积寸累来的资料，也许还谈不上浩如烟海，说它洋洋大观怕是绝不会过分的。好在理解本书主旨所必需的背景知识并不多，也不深。而且，本书对背景知识的介绍力求详细、浅显，并配以图和例进行说明，让从未接触过模态逻辑的读者也能领会大意。如果读者想更深入地把握某些背景知识，请参考两位俄罗斯学者查格罗夫（A. Chagrov）和扎哈里雅雪夫（M. Zakharyaschev）用英文编写的著名教材《模态逻辑》[①]。为了方便读者，本书在各方面都尽可能与该书保持一致，在记法和作图上也是如此。

第一节 逻辑 K4 及其正规扩充

一、模态语言ML

逻辑总是表述在语言中，本书所要研究的模态逻辑也是表述在一类特定的语言中。这类语言有无数不同的变种，它们的共同点在于都给古典命题逻辑语言添上一个模态算子□（通称"必然性算子"或"匣子"；也可以添上□的对偶模态算子◇，通称"可能性算子"或"钻石"）。本书从一开始就选定这类模态语言的一个变种，命名为ML。

语言ML的初始符号包括，也只包括：

➤ 命题变号：$p, q, r, p_0, q_0, r_0, p_1, q_1, r_1, \cdots$；
➤ 命题常号：$\perp$（假）；
➤ 布尔算子：$\wedge$（合取），$\vee$（析取），$\rightarrow$（蕴涵）；
➤ 模态算子：□（必然）；
➤ 括号：（，）。

语言ML的公式记为ML-公式，只要不致混淆也经常简称公式。它们是由ML的初始符号依照下列形成规则构造出来的序列：

➤ 所有命题变号和命题常号$\perp$是（原子）公式；
➤ 如果ψ和χ是公式，那么$(\psi \wedge \chi)$, $(\psi \vee \chi)$和$(\psi \rightarrow \chi)$也是公式；

---

① Chagrov，A. et al，*Modal Logic*，Oxford，Oxford University Press，1997.

> 如果 ψ 是公式，$(\Box\psi)$ 也是公式。

按照惯例，逻辑学者在他们的研究工作中需要区分对象语言和元语言。在本书中，ML是对象语言。众所周知，哪怕只是想把对象语言描述出来（如表述它的公式形成规则），也必须使用元语言。本书不详细规定所要使用的元语言，只提出若干惯用的约定：用小写希腊字母 φ，ψ，χ 等表示ML-公式；用大写希腊字母 Γ，Δ，Θ 等表示ML-公式集，用For指全体ML-公式集；另外，本书采取"自名的说话方式"，用对象语言ML的符号或公式充当它们自身的名称。

语言ML的初始符号不多、形成规则不灵活，所以，用初始符号按形成规则一板一眼地书写，动辄就会产生冗长而不易辨认的公式，例如，$(((p \to q) \to ((q \to \bot) \to (p \to \bot))) \wedge (((q \to \bot) \to (p \to \bot)) \to (p \to q)))$，为了避免这样的麻烦，本书容许在元语言中实行两项变通措施，而不去触动对象语言本身：

第一，借助缩写定义，引进语言ML原来没有的一些新符号，例如，布尔算子 ¬（否定）和 ↔（等值）、命题常号 ⊤（真）及模态算子 □ 的对偶算子 ◇（可能）：

$$(\neg\psi) =_{def} (\psi \to \bot)$$

$$(\psi \leftrightarrow \chi) =_{def} ((\psi \to \chi) \wedge (\chi \to \psi))$$

$$\top =_{def} (\neg\bot)$$

$$\Diamond\psi =_{def} \neg\Box\neg\psi$$

在这些定义中，记号 $=_{def}$ 左侧只是右侧的ML-公式在元语言中的缩写，它们本身不是ML-公式。

第二，按某些约定来省略ML-公式中的括号，例如：

> 最外层的括号可以省去；
> ∨ 和 ∧ 优先于①→ 和 ↔；
> ∧ 优先于 ∨；
> ¬ 优先于其他布尔算子；
> □ 和 ◇ 优先于一切布尔算子；
> → 和 ↔ 内部及同一命题联结词（否定除外）内部采用左结合原则②。

---

① 与较优先的联结词相联系的括号可以省略，而不必考虑优先性较弱的联结词。反之不可以。
② 所谓"左结合原则"是指当→和↔或者同一命题联结词（否定除外）连续出现时，位于左边的联结词优先于位于右边的联结词。

举例来说，根据上述省略括号的约定①，几个缩写定义可以改写成：

$$\neg \psi =_{def} \psi \to \bot$$

$$\psi \leftrightarrow \chi =_{def} (\psi \to \chi) \wedge (\chi \to \psi)$$

$$\top =_{def} \neg \bot$$

$$\Diamond \psi =_{def} \neg \Box \neg \psi$$

现在同时应用本书的两项变通办法，原先那个冗长而不易辨认的 ML-公式便缩短很多，变成了

$$(p \to q) \leftrightarrow (\neg q \to \neg p) ②$$

按前文标出的布尔算子的读法，它应当读作"p蕴涵q"等值于"非q蕴涵非p"，意思一目了然。

二、正规模态逻辑

一个逻辑不是别的，就是某种语言中配上了一套演绎装置——公理与推论规则——的公式集。那么，什么是正规模态逻辑呢？

令 L 是任意ML-公式集。考虑 L 是不是具备以下两个特点：

（1） L 包括全体古典重言式集Cl；L 包含模态公式 $\Box (p \to q) \to (\Box p \to \Box q)$ 。

（2） L 在分离规则下封闭，即如果 $\varphi \to \psi \in L$，$\varphi \in L$ 那么 $\psi \in L$；L 在代入规则下封闭，即如果 $\varphi \in L$，那么 $\varphi^s \in L$，此处 φ^s 是指 φ 的任何代入特例；L 在必然化规则下封闭，即如果 $\varphi \in L$，那么 $\Box \varphi \in L$。

当且仅当公式集 L 兼具两个特点，即同时满足条件（1）和（2），L 是正规模态逻辑，简称正规逻辑；只要不引起混淆，也可简称之为逻辑。

全体ML-公式集 For 自动满足这一切条件，For 是一正规模态逻辑，而且是其中的最大者。正规模态逻辑中间必有一最小者，被命名为K③。可以把它表述为

$$K = Cl \oplus \Box (p \to q) \to (\Box p \to \Box q)$$

这里的Cl指的是古典命题逻辑（等于古典重言式集），$\oplus$表示公式集 $Cl \cup \{ \Box (p \to q) \to (\Box p \to \Box q) \}$ 在分离、代入、必然化下的闭包。

一般地说，对任何正规模态逻辑 L，总是存在一个ML-公式集Γ，使得

---

① 省略括号的约定还可以参见丘奇（A. Church）所撰写的教材 *Introduction to Mathematical Logic* (*Volume I*)（Princeton，Princeton University Press，1956，p. 79）的相关说明。

② 严格说来，完全省略括号的结果应该是：$p \to q \leftrightarrow (\neg q \to \neg p)$。有时候，当完全省略括号得到的"公式"并不比不完全省略的"公式"更清楚的时候，本书就不采取完全省略括号的做法。

③ 意在纪念逻辑学家克里普克（S. Kripke）。

$$L = K \oplus \Gamma$$

这里 $\oplus$ 指公式集 $K \cup \Gamma$ 在分离、代入、必然化下的闭包。这里提醒读者，倘若公式集 $K \cup \Gamma$ 只须在分离和代入下封闭，我们就写成：

$$L = K + \Gamma$$

这时，L 称为拟正规逻辑。正规逻辑当然都是拟正规的，反之却不尽然。

　　认识（正规或拟正规）逻辑的数目比天文数字还要大得多，对初学者领悟现代模态逻辑的精神十分重要。至今仍有不少人把一切模态逻辑都看成"演算"，更有甚者，误认为模态逻辑无非是路易士（C. I. Lewis，现代模态逻辑创始人）时代的几个实例，即演算S1～S9。要澄清这个问题就得先来谈谈正规逻辑的公理化概念。

　　当我们使用 $L = K \oplus \Gamma$ 这种表示法的时候，不管公式集 Γ 是不是递归的或可判定的，都可以说 Γ 是 L 的（基于K的）公理集，Γ 把 L 公理化了。其实，用递归论术语，不难给出公理集 Γ 和逻辑 L 在能行性程度方面的不同类型：

　　（1）Γ 是有穷集，这时 L 称为有穷可公理化的；

　　（2）Γ 是递归可枚举（的无穷）集，这时 L 称为递归可公理化的；

　　（3）Γ 不是递归可枚举集，这时 L 称为非递归可公理化的。

　　可举例说明。试想象按以下模式给出的正规逻辑 U：

$$U = K \oplus \Delta$$

此处 $\Delta = \{\Diamond \Box \bot \wedge \Diamond \Diamond \top \rightarrow \Box^k \Diamond \top : k \in X\}$，$X$ 是一自然数集，$\Box^k \Diamond \top$ 是 $\overbrace{\Box \cdots \Box}^{k个\Box} \Diamond \top$ 的缩写。递归论表明，自然数集 X 可以是有穷的、递归可枚举的或者不是递归可枚举的，这决定着公理集 Δ 和逻辑 U 也会分别归入类型（1）、（2）或（3）。既然非递归可枚举的自然数集的总数为 $2^{\aleph_0}$，那么，毫无疑问，非递归可公理化的逻辑 U 的总数也为 $2^{\aleph_0}$。

　　有穷的和递归可枚举的公理集 Γ 都是递归集或可判定集，存在一算法或机械程序来判别任意公式在不在 Γ 中。按逻辑学界久已形成的惯用语，有穷可公理化或递归可公理化的逻辑才称得上"演算"，其余不是。从能行性着眼，只有演算可取。遗憾的是，演算的数目显然受可能的算法的数目所限，至多可数无穷多个，而逻辑的数目多到不可数，其中无法能行处置的逻辑同样多到不可数。现代模态逻辑绝不只顾演算而不顾其余，它要把全部逻辑统统纳入自己的视野，尽力揭示这庞然总体的复杂结构，不拘泥于能行性是现代化潮流的一个很本质的特色。

三、形形色色的K4-逻辑

给定逻辑 L 和 L'。如果 $L \subseteq L'$，L 称为 L' 的子逻辑，L' 称为 L 的扩充。如果 $L \subseteq L'$ 但 $L \neq L'$，L 称为 L' 的真子逻辑，L' 称为 L 的真扩充。要留心，（真）子逻辑和（真）扩充都有正规与非正规之分。

既然 K 是最小正规逻辑，其他一切正规逻辑当然都是 K 的正规真扩充。本书最为关注的一个乃是

$$K4 = K \oplus \Box p \to \Box\Box p$$

K4的公理 $\Box p \to \Box\Box p$ 原是路易士系统S4的特征性公理，人称公理"4"。现在的人往往改名为 tra[①]。

不妨顺便一提，tra 只是公理序列：

$$tra_n = \bigwedge_{i=1}^{n} \Box^i p \to \Box^{n+1} p \text{[②]} \quad (n \geqslant 1)$$

的第一项的强化。由该公理序列得出一系列的正规逻辑：

$$K4^n = K \oplus tra_n$$

都是K4的真子逻辑。本书后面将偶尔拿K4^{n}与K4作比较。

凡是K4的扩充，模态逻辑学者照例以"K4-逻辑"相称。在本书中，这自然是"K4-正规逻辑"的简称[③]。

有几个路标似的K4-逻辑是本书格外关注的：

$$D4 = K4 \oplus \Diamond\top = K4 \oplus d$$
$$S4 = K4 \oplus \Box p \to p = K4 \oplus t$$
$$Q4 = K4 \oplus \Diamond\Box\bot \vee \Box\bot = K4 \oplus q$$
$$GL = K4 \oplus \Box(\Box p \to p) \to \Box p = K4 \oplus la$$

其中，D4是S4的真子逻辑，Q4是GL的真子逻辑，但D4（及其正规扩充）与Q4（及其正规扩充）是不可比较的。例如，D4$\nsubseteq$Q4，并且Q4$\nsubseteq$D4——因为 $\Diamond\top \notin$ Q4，而 $\Diamond\Box\bot \vee \Box\bot \notin$ D4。

每个K4-逻辑至少有一个真扩充，除For之外。For是最大的K4-逻辑，也是唯一不一致的K4-逻辑，任何公式 φ 与其否定式 $\neg\varphi$ 同为For的一员。

有两个极大的一致K4-逻辑很值得一提，它们是

$$Triv = K4 \oplus \Box p \leftrightarrow p = K \oplus \Box p \leftrightarrow p$$

[①] "传递性"的英译名 transitivity 的前三个字母，这么称呼有语义学上的理由，详见后文。

[②] 这里用 $\Box^n \varphi$ 指代公式 $\underbrace{\Box \cdots \Box}_{n} \varphi$。类似地，用 $\Diamond^n \varphi$ 指代公式 $\underbrace{\Diamond \cdots \Diamond}_{n} \varphi$。

[③] 本书以后也会经常使用"传递逻辑"这样的简称。

$$\text{Abs=K4} \oplus \square \perp = \text{K} \oplus \square \perp$$

只有不一致逻辑 For 是 Triv 和 Abs 的真扩充。这两个逻辑显得怪异至极，本书用"无谓"与"无稽"充当它们的中文名字，它们在 K4-逻辑中间起着"超级路标"的作用。

令模态学者最好奇的问题不是还有哪一些未被介绍的 K4-逻辑，因为 K4-逻辑同样多到不可数，这无从回答。令他们最好奇的问题是不同类型的 K4-逻辑依何种规律分布。

第二节　K4-逻辑的克里普克语义学

我们的论述至今不曾超越 K4-逻辑的语法学，现在要跨出这个界限，转入它们的语义学。当然，还是循序渐进，从一般的正规逻辑谈起。

一、框架和模型

资格最老的模态语义学要算代数语义学，萌发于现代模态逻辑诞生之初。它不仅恰当，还能提供一些特别强大的工具，但不在本书讨论之内。步代数语义学后尘的主要是关系语义学，其早期形态不十分公正地被人冠以"克里普克语义学"的称号。克里普克语义学不尽恰当，并不具备最初期待的那种普遍意义，这已经不容置疑。然而，在某些特殊的论域里，它依然有足够的生命力。本节所要处理的课题——濒表格的 K4-逻辑研究——恰好是这样一个论域。

克里普克语义学的基本语义结构是（克里普克）框架和（克里普克）模型。

每个框架 $\mathfrak{F}$ 由一个（非空的）集合 W 与一个定义在 W 上的二元关系 R 构成：

$$\mathfrak{F} = \langle W, R \rangle$$

W 称为可能世界集，它的元素称为可能世界。也可采取哲学上更为中立的术语，把 W 说成一个点集，不去管点是什么东西。当 W 被看作一个世界集时，R 称为 W 中的世界之间的可通达性关系。对 x, $y \in W$，如果 xRy，就说从世界 x 可通达世界 y；也有不少模态学者爱用拟人化的比喻，说 x 看得见 y；更中立的用语则说 y 是 x 的 R-后继（或 x 是 y 的 R-前趋），写成：

$$y \in x \uparrow \text{（或 } x \in y \downarrow \text{）}$$

此处 $x \uparrow$ 指 x 的 R-后继集，$y \downarrow$ 指 y 的 R-前趋集。这种记法是有歧义的，但经常无伤大雅。$x \uparrow^- = x \uparrow \backslash \{x\}$（$x \downarrow^- = x \downarrow \backslash \{x\}$）中的每个点被称为 x 的真

后继（真前趋）。每个 $y \in x\uparrow^-$（$x\downarrow^-$）是点 x 的直接后继（直接前趋），如果对每个 $z \in W$, $x\bar{R}y$（$y\bar{R}x$）并且 $\neg\exists z \in W(x\bar{R}z\bar{R}y)$（$\neg\exists z \in W(y\bar{R}z\bar{R}x)$），这里 $u\bar{R}v$ 被视为 $uRv \wedge \neg vRu$ 的缩写。

例1.1　给出一个框架 $\mathfrak{F}_0 = \langle W_0, R_0 \rangle$，如图1-1所示。

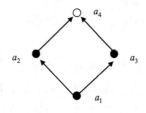

图 1-1　框架 $\mathfrak{F}_0$

其中，$W_0 = \{a_1, a_2, a_3, a_4\}$，$R_0 = \{\langle a_1, a_2 \rangle, \langle a_1, a_3 \rangle, \langle a_2, a_4 \rangle, \langle a_3, a_4 \rangle, \langle a_4, a_4 \rangle\}$。自返点用 ∘ 表示，禁自返点用 • 表示，可通达关系用 → 表示。既然 a_4 是 $\mathfrak{F}_0$ 中唯一的自返点，只有 a_4 画成 ∘，其余都画成 •。每个模型是一个对子：

$$\mathfrak{M} = \langle \mathfrak{F}, \mathfrak{V} \rangle$$

其中，$\mathfrak{F} = \langle W, R \rangle$ 是一个框架，$\mathfrak{V}$ 是 $\mathfrak{F}$ 中（对全体变号）的一个赋值，也就是从语言ML的命题变号集Var到世界集 W 的幂集 2^W 中的一个函数。对每个命题变号 p，$\mathfrak{V}(p)$ 是 W 的某子集，意指原子公式 p 在其中为真的那些可能世界的集合；反之，$W \setminus \mathfrak{V}(p)$ 意指 p 为假的那些可能世界的集合。由此出发，便可规定任意公式在给定模型中的真假条件。

例1.1.1　现在给出两个模型 $\mathfrak{M}_0 = \langle \mathfrak{F}_0, \mathfrak{V}_0 \rangle$ 和 $\mathfrak{N}_0 = \langle \mathfrak{F}_0, \mathfrak{V}_0' \rangle$。它们的底部框架同为 $\mathfrak{F}_0$，值 $\mathfrak{V}_0$ 与 $\mathfrak{V}_0'$ 不同：

$$a_4 \in \mathfrak{V}_0(p), \quad a_4 \notin \mathfrak{V}_0'(p)$$

用图1-2表现这个差异，在 $\mathfrak{M}_0$ 的图中把 p 放在点 a_4 的左方，在 $\mathfrak{N}_0$ 的图中把 p 放在点 a_4 的右方。这是很醒目的示意法。假使某一点的左右两方都不写 p，就意味着在该点怎么给 p 赋值都无所谓。

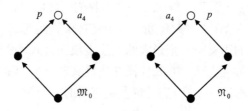

图 1-2　模型 $\mathfrak{M}_0$ 和 $\mathfrak{N}_0$

现在到了最关键的一步，要正式表述克里普克语义学的真理定义。

设 $\mathfrak{M}=\langle\mathfrak{F},\mathfrak{V}\rangle$，此处 $\mathfrak{F}=\langle W,R\rangle$。公式 φ 在模型 $\mathfrak{M}$ 中在点 x 上是真的，记为

$$(\mathfrak{M},x)\vDash\varphi \quad (\text{其否定记为}(\mathfrak{M},x)\nvDash\varphi)$$

其定义是施归纳于公式 φ 的结构：

> $(\mathfrak{M},x)\vDash p$，当且仅当 $x\in\mathfrak{V}(p)$，$p\in\mathrm{Var}$；

> $(\mathfrak{M},x)\nvDash\bot$；

> $(\mathfrak{M},x)\vDash\psi\wedge\chi$，当且仅当 $(\mathfrak{M},x)\vDash\psi$，并且 $(\mathfrak{M},x)\vDash\chi$；

  $(\mathfrak{M},x)\vDash\psi\vee\chi$，当且仅当 $(\mathfrak{M},x)\vDash\psi$，或者 $(\mathfrak{M},x)\vDash\chi$；

  $(\mathfrak{M},x)\vDash\psi\rightarrow\chi$，当且仅当 $(\mathfrak{M},x)\vDash\psi$ 实质蕴涵 $(\mathfrak{M},x)\vDash\chi$；

  　　　　当且仅当 $(\mathfrak{M},x)\nvDash\psi$，或者 $(\mathfrak{M},x)\vDash\chi$；

> $(\mathfrak{M},x)\vDash\Box\psi$，当且仅当对 x 的所有 R-后继 y，$(\mathfrak{M},y)\vDash\psi$。

又，根据 $\neg$ 和 $\Diamond$ 的缩写定义，得出

> $(\mathfrak{M},x)\vDash\neg\psi$，当且仅当 $(\mathfrak{M},x)\nvDash\psi$；

> $(\mathfrak{M},x)\vDash\Diamond\psi$，当且仅当对 x 的某个 R-后继 y，$(\mathfrak{M},y)\vDash\psi$。

进一步说，公式 φ 在模型 $\mathfrak{M}$ 中是真的，记为

$$\mathfrak{M}\vDash\varphi$$

定义成：

> $\mathfrak{M}\vDash\varphi$，当且仅当对每个 $x\in W,(\mathfrak{M},x)\vDash\varphi$。

如果 φ 在 $\mathfrak{M}$ 中不真，我们就说 φ 被 $\mathfrak{M}$ 证伪，有时也说 $\mathfrak{M}$ 是 φ 的反模型，记为 $\mathfrak{M}\nvDash\varphi$。

例1.1.2 考虑公式 $\Box\Diamond p$ 在模型 $\mathfrak{M}_0$ 中是不是真的。

（1）$a_4\in\mathfrak{V}_0(p)$，可见 $(\mathfrak{M}_0,a_4)\vDash p$。又因为 $a_4\in a_4{\uparrow}$，$(\mathfrak{M}_0,a_4)\vDash\Diamond p$。然而，$a_4{\uparrow}=\{a_4\}$，所以 $(\mathfrak{M}_0,a_4)\vDash\Box\Diamond p$。

（2）已知 $(\mathfrak{M}_0,a_4)\vDash\Diamond p$，但 $a_3{\uparrow}=\{a_4\}$，所以 $(\mathfrak{M}_0,a_3)\vDash\Box\Diamond p$。

（3）与（2）类似，$(\mathfrak{M}_0,a_2)\vDash\Box\Diamond p$。

（4）从 $a_2{\uparrow}=\{a_4\}=a_3{\uparrow}$ 和 $(\mathfrak{M}_0,a_4)\vDash p$ 得到 $(\mathfrak{M}_0,a_2)\vDash\Diamond p$ 和 $(\mathfrak{M}_0,a_3)\vDash\Diamond p$。鉴于 $a_1{\uparrow}=\{a_2,a_3\}$，我们有 $(\mathfrak{M}_0,a_1)\vDash\Box\Diamond p$。

既然对所有 $x\in W_0$ 都有 $(\mathfrak{M}_0,x)\vDash\Box\Diamond p$，足见 $\mathfrak{M}_0\vDash\Box\Diamond p$。

正规逻辑的语义研究把最大的关注点放在公式（公式集）在框架（框架类）中的有效性上面。有效性概念是以真理定义为基础的。

公式 φ 在框架 $\mathfrak{F}$ 中在点 $x\in W$ 上是有效的，记为

$$(\mathfrak{F},x)\vDash\varphi$$

定义成：

> $(\mathfrak{F}, x) \vDash \varphi$，当且仅当对$\mathfrak{F}$上每个模型$\mathfrak{M}$都有$(\mathfrak{M}, x) \vDash \varphi$。

反之，记为$(\mathfrak{F}, x) \nvDash \varphi$。

公式φ在框架$\mathfrak{F}$中是有效的，记为

$$\mathfrak{F} \vDash \varphi$$

定义成：

> $\mathfrak{F} \vDash \varphi$，当且仅当对$\mathfrak{F}$上每个模型$\mathfrak{M}$都有$\mathfrak{M} \vDash \varphi$。

反之，说φ在$\mathfrak{F}$中无效或失效，也说$\mathfrak{F}$是φ的反驳框架，记为$\mathfrak{F} \nvDash \varphi$。

最后，公式集Γ在框架$\mathfrak{F}$中是有效的，记为

$$\mathfrak{F} \vDash \Gamma$$

定义成：

> $\mathfrak{F} \vDash \Gamma$，当且仅当对每个$\varphi \in \Gamma$，$\mathfrak{F} \vDash \varphi$。

例1.1.3　模态公式$ga = \diamondsuit\square p \to \square\diamondsuit p$，称为吉奇公理，它在图1-1所描绘的四点框架$\mathfrak{F}_0$中是有效的。事实上，$\mathfrak{F}_0$上的模型分为两类，要么使$p$在$a_4$上真，要么使$p$在$a_4$上假；因而要么与$\mathfrak{M}_0$相似，要么与$\mathfrak{N}_0$相似。已知$\mathfrak{M}_0 \vDash \square\diamondsuit p$，又易知$\mathfrak{N}_0 \nvDash \diamondsuit\square p$。这足以表明$\mathfrak{F}_0 \vDash \diamondsuit\square p \to \square\diamondsuit p$。

图1-3中的两点框架$\mathfrak{F}_1$是吉奇公理的反驳框架：

图 1-3　框架$\mathfrak{F}_1$——吉奇公理的某一反驳框架

要知道，$b_1\!\uparrow = \{b_2\}$而$b_2\!\uparrow = \varnothing$，所以，无需考虑$\mathfrak{F}_1$上的模型，也能看出：$(\mathfrak{F}_1, b_2) \vDash \square p$，从而$(\mathfrak{F}_1, b_1) \vDash \diamondsuit\square p$。但是，$(\mathfrak{F}_1, b_2) \nvDash \diamondsuit p$，从而会有$(\mathfrak{F}_1, b_1) \nvDash \square\diamondsuit p$。结论：$\mathfrak{F}_1 \nvDash ga$。

本节引用了大批记号，希望读者不要只背诵记法，不去过问记法背后的指导思想。特别要强调，真理定义中涉及模态算子$\square$和$\diamondsuit$的那两个子句体现了关系语义学的特色。可能世界语义学的老祖宗——夸张一点说——是大哲学家莱布尼茨，至少是他最先主张，必然真理应当是在一切可能世界中为真，可能真理是在某些世界中为真。参照可能世界之间的可通达性关系来决定模态命题的真值，这是莱布尼茨根本没有想到的新观念。这种新观念的明智之处，三言两语就能点破。$x\!\uparrow$指称从世界x可通达的可能世界的全体，下面两个命题是大不相同的：

$$对所有 x \in W，\quad x{\uparrow}=W$$
$$对所有 x \in W，\quad x{\uparrow} \subseteq W$$

莱布尼茨持狭隘见解只考虑 $x{\uparrow}$ 恒等于 W 这一极端情况，按他的看法，不同世界上的必然真理不会有差别。他心中的必然性只是一种最普遍的必然性，或许可以等同于逻辑必然性。这明明不妥，只要想想物理必然性、历史必然性、道德必然性，还有各种各样更具实践意味的必然性，我们就会懂得，在一个世界上的必然未必在别的世界上也必然。因此，世界 x 的 R-后继集一般应该是 W 的真子集，不同世界的 R-后继集一般应该是不同的真子集。这种灵活性保证了关系语义学应用的广泛性。

二、什么样的公式是一致正规逻辑的定理

什么样的公式是一致正规逻辑的定理？跟模态逻辑打交道多年的人也未必想过，别说准确回答了。这个问题绝非不足论道。试问：有没有一个一致的正规逻辑 L 含定理 $\diamond\square\bot$，即

$$\diamond\square\bot \in L 是否成立。$$

倾向于否定回答的读者，倘不嫌繁，会设法在含定理 $\diamond\square\bot$ 的最小正规逻辑 $K \oplus \diamond\square\bot$ 中靠语法推演去找一个矛盾。也可求助于某种明快得多的语义论证，要点如下：

设 $\mathfrak{F}=\langle W, R \rangle$ 是一框架，又设 $\mathfrak{F} \models \diamond\square\bot$。于是，对每个 $x \in W$，$(\mathfrak{F},x) \models \diamond\square\bot$。也就是说，对每个 $x \in W$，都存在一个 $y \in x{\uparrow}$，使得 $(\mathfrak{F}, y) \models \square\bot$。这当然意味着 $y{\uparrow}=\varnothing$。然而，y 也是 W 的一员，$(\mathfrak{F}, y) \models \diamond\square\bot$ 也必须成立，因此 $y{\uparrow} \neq \varnothing$。这是一个矛盾。

这个语义论证有一处错误，颇为微妙。

任何框架 $\mathfrak{F}$ 上的有效式集自动构成一正规逻辑：

$$\mathrm{Log}\,\mathfrak{F} =\{\, \varphi \in \mathrm{For} : \mathfrak{F} \models \varphi \}$$

（因为 $\mathrm{Log}\,\mathfrak{F}$ 包括 K，又在分离、代入、必然化下封闭）方才的语义论证的确表明了"对任何框架 $\mathfrak{F}$，$\diamond\square\bot \notin \mathrm{Log}\,\mathfrak{F}$"。不过，它难逃"窃题"的过错。要知道，原来求证的论点是"没有一致正规逻辑含定理 $\diamond\square\bot$"，如今证出的论点都是"没有框架 $\mathfrak{F}$ 上的逻辑 $\mathrm{Log}\,\mathfrak{F}$ 含定理 $\diamond\square\bot$"。除非事先已知"每个一致正规逻辑必是某框架上的逻辑的子逻辑"，求证的论点与证出的论点的等价性注定要落空。这是个相当微妙的错误，不容易改正，但终于靠杰出的逻辑学者麦金森（D. Makinson）的一大发现而改正了。

麦金森的工作立足于他对框架的一种简单得出奇的观察。首先，框架中的任何点 x，要么 $x{\uparrow} \neq \varnothing$，称为活点；要么 $x{\uparrow}=\varnothing$，称为死点。其次，

极小的框架只能是单点框架，而单点框架显然只有两类。第一类由单个活点构成，形如$\langle\{x\},\{\langle x,x\rangle\}\rangle$，但这些单活点框架两两同构，可不予区分，一律表示成：

$$\langle\{\circ\},\{\langle\circ,\circ\rangle\}\rangle，略记为\circ$$

第二类由单个死点构成，形如$\langle\{x\},\varnothing\rangle$，也可一律表示成：

$$\langle\{\bullet\},\varnothing\rangle，略记为\bullet$$

显而易见，单活点框架$\circ$和单死点框架$\bullet$上的逻辑分别是"无谓"和"无稽"：

$$Log\circ=Triv，Log\bullet=Abs$$

证明不难，只需考虑模态公式的两种语法变换t和a：φ^t是将φ中出现的所有模态算子一概删去的结果，φ^a是将φ的形如$\Box\chi$和$\Diamond\chi$的子公式分别换成⊤和⊥的结果。要注意的是，$Log\circ$与$Triv$都含等值式$\varphi\leftrightarrow\varphi^t$，两者的定理在变换$t$下产生重言式；$Log\bullet$与$Abs$都含等值式$\varphi\leftrightarrow\varphi^a$，两者的定理在变换$a$下产生重言式。根据这些事实，

$$\varphi\in Log\circ，当且仅当\varphi\in Triv；\varphi\in Log\bullet，当且仅当\varphi\in Abs$$

接下来转述麦金森的重要结果，但省去证明。它的证法多种多样，请参看本书附录A。

麦金森定理 设L是一正规逻辑。L是一致的，当且仅当$L\subseteq Log\circ$或者$L\subseteq Log\bullet$；换言之，L是一致的，当且仅当$L\subseteq Triv$或者$L\subseteq Abs$。

由麦金森定理诱发出多种算法，能判定任意公式φ是不是某一致正规逻辑的定理。

例如，可以直接检查$\circ\models\varphi$还是$\bullet\models\varphi$，再或是没有单点框架使φ有效。由于在单点框架中$\circ\uparrow=\{\circ\}$而$\bullet\uparrow=\varnothing$，检查过程分明是直接明了的。这是语义算法。

也可以采用纯语法的算法，直接检查$\varphi^t\in Cl$还是$\varphi^a\in Cl$，还是二者皆非重言式。检查结果分4种情况：

（1）$\varphi^t\in Cl$但$\varphi^a\notin Cl$，这时称φ属无谓型。凡无谓型公式都是$Triv$的定理，不是Abs的。

例1.2 $\Diamond\top$，$\Box p\to p$，$\Box\Diamond p\to\Diamond\Box p$，$\Box(\Box(p\to\Box p)\to p)\to p$，$p\leftrightarrow\Box p$。

（2）$\varphi^a\in Cl$但$\varphi^t\notin Cl$，称φ属无稽型。凡无稽型公式都是Abs的定理，不是$Triv$的。

例1.3 $\Diamond\Box\bot\vee\Box\bot$，$\Box\Diamond\Box p$，$\Box(\Box p\to p)\to\Box p$，$\Box\bot$。

（3）$\varphi^t\in Cl$且$\varphi^a\in Cl$，称φ属居间型。凡居间型公式是$Triv$与Abs两

者的定理，也是它们的交Neut = K4 ⊕ $p \to \Box p$的定理。

例1.4　$\Box(p \to q) \to (\Box p \to \Box q)$，$\Box p \to \Box\Box p$，$p \to \Box\Diamond p$，$p \to \Box p$。

（4）$\varphi^t \notin$ Cl且$\varphi^a \notin$ Cl，称φ属不一致型。凡不一致型公式不是Triv的，不是Abs的，更不是Neut的定理。总之，它们不可能是任何一致正规逻辑的定理。

例1.5　$\Diamond\bot$，$\Diamond\Box\bot$，$\Diamond\Diamond p$，$\Box(\Box p \to \Diamond p) \to \Diamond p$。

源于麦金森定理的模态公式四分法是不为人们所熟悉的，然而有趣的是，它从侧面加强了我们对模态语法学的洞察力。与这种分类法相对应，正规逻辑也有四个类型的分别，只有前三者是一致逻辑。

（1）无谓型逻辑：除去居间型定理，必含无谓型定理，但不含无稽型定理。

（2）无稽型逻辑：除去居间型定理，必含无稽型定理，但不含无谓型定理。

（3）居间型逻辑：只含居间型定理，不含其他型。

（4）不一致逻辑：只有一个，就是全公式集For（警告：不要认为不一致逻辑是由不一致定理组成的！）[①]。

我们拿一张K4-逻辑的地图（图1-4）来结束本小节，它被注入了一点点"麦金森眼光"。

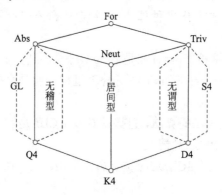

图1-4　K4-逻辑的类型

三、对应理论——萨奎斯特定理及K4-逻辑的意义

无可否认，模态逻辑令人有些费解，尤其是它们的定理中有多个模态算子叠置着或嵌套着的时候，更让人觉得不知所云。这酿成了长时期的思

[①] 参见康宏逵的《模态、自指和哥德尔定理——一个优美的模态分析案例（代序）》（马库斯 R B 等：《可能世界的逻辑》，康宏逵译，上海，上海译文出版社，1993 年，第29～31 页）。

想混乱。甚至在关系语义学诞生之后，还有人坚持，真正有用的模态逻辑应当以一度公式为限。美国逻辑学者波洛克（J. L. Pollock）的见解很具有代表性，他说："凡熟悉文献的人都知道，关于模态命题的现存理论究竟哪一种才是把[模态概念]正确地形式化了，存在着大量的争论。多数争论涉及某些含迭代模态的原理（其中一个模态算子出现在另一个的辖域内）。例如，关于□p⊃□□p这条原理应不应当看成有效的，就有相当大的分歧。然而，当哲学家和逻辑学家把模态逻辑应用到具体问题的时候，他们很少需要含迭代模态的原理。就多数实用目的来说，只含一层模态的原理便是所需要的一切。"①

　　波洛克似乎不愿承认，为解开模态逻辑原理——特别是含迭代模态的原理——如何解释的难题，关系语义学已经打造了一把好钥匙。这把好钥匙为"对应理论"，其中心思想是把一个模态公式的意义归结为使该公式有效的那类框架$\mathfrak{F}=\langle W,\ R\rangle$中关系R的特殊性质。既然波洛克提到了K4的公理，本书就从它入手。

　　人们常常把K4的公理称为"传递性公理"，理由在于它对应于传递性，或者说它表达着传递性。这话的确切含义其实是说下面命题中的等值式成立。

命题1.1　$\mathfrak{F}\vDash\square p\rightarrow\square\square p$，当且仅当$\mathfrak{F}$满足谓词公式：
$$\forall x\forall y\forall z\,(xRy\wedge yRx\rightarrow xRz)$$
简言之，$\mathfrak{F}\vDash\square p\rightarrow\square\square p$，当且仅当$\mathfrak{F}$是一传递框架。

证明

（⇐）设$\mathfrak{F}$是一传递框架。令$\mathfrak{M}$是$\mathfrak{F}$上任何模型，x是$\mathfrak{F}$中任何点，设$(\mathfrak{M},\ x)\vDash\square p$。这意味着，对$x$的每个R-后继$y$，$(\mathfrak{M},\ y)\vDash p$。根据传递性，$x$的每个R-后继的R-后继$z$都是$x$本身的一个R-后继，因而有$(\mathfrak{M},z)\vDash p$。由此可见，$(\mathfrak{M},\ x)\vDash\square\square p$。这表明了$\mathfrak{F}\vDash\square p\rightarrow\square\square p$。（⇒）设$\mathfrak{F}$不是传递框架。这时，$\mathfrak{F}$中必含三点$x,\ y,\ z$使得$xRy,\ yRz$，但$\neg xRz$。令$\mathfrak{V}(p)=x\uparrow$，令$\mathfrak{M}=\langle\mathfrak{F},\ \mathfrak{V}\rangle$，自然会有$(\mathfrak{M},\ x)\vDash\square p$。可是，点$z\notin\mathfrak{V}(p)$，$z$又是$x$的R-后继的R-后继，所以$(\mathfrak{M},\ x)\nvDash\square\square p$。这表明了$\mathfrak{F}\nvDash\square p\rightarrow\square\square p$。∎

　　关系语义学最初的成功靠的就是发现了一批发人深省的对应结果。例如，系统 T 的公理□p→p对应于自返性，系统 B 的公理p→□◇p对应于对称性，系统 S4 的公理□p→□□p对应于传递性，系统 S5 的公理◇p→

① Pollock，J. L. et al，"Basic modal logic"，*The Journal of Symbolic Logic*，Vol.32，1967，pp. 355～365.

$\square\Diamond p$对应于欧几里得性。在当时起过两个大作用：一方面，它们大大简化了许多模态公理相互间的独立性的证明技术，使一味仰仗繁而又繁的有穷矩阵的传统退出舞台；另一方面，它们也大大方便了模态逻辑系统的完全性证明，尤其是在典范模型这种有力的方法盛行之后。

然而早期的对应结果都有一个共同的局限性，在于那时几乎所有引人注目的模态公式都对应于一阶的关系性质，就是说，它们所对应的关系性质都是可以用只含 R 和 $=$ 的一阶公式来表达的。但是，这类"一阶可定义的"模态公式并不代表一般情况。一般说来，模态公式的对应关系性质是二阶的，其表达式中含有消不掉的二阶一元谓词。最早被人感觉到"非一阶可定义"的模态公式是以下两个例子：

$$ma：\square\Diamond p \rightarrow \Diamond\square p$$
$$grz：\square(\square(p \rightarrow \square p) \rightarrow p) \rightarrow p$$

更细致地说，这两例还有差别。ma在传递框架上会变成一阶可定义的，grz依然不可能。体验一下ma和grz的语义分析的微妙之处，对本书读者是有益的。

命题1.2　设$\mathfrak{F}$是一传递框架。$\mathfrak{F}\models\square\Diamond p \rightarrow \Diamond\square p$，当且仅当$\mathfrak{F}$满足一阶公式$\forall x\exists y(xRy \wedge \forall z(yRz \rightarrow y=z))$（每一点都通达一活终点[①]，这称为"麦金塞条件"）。

证明

($\Leftarrow$) 令$\mathfrak{M}$是传递框架$\mathfrak{F}$上任何模型，x是$\mathfrak{F}$中任何点，又设$(\mathfrak{M}, x)\models\square\Diamond p$。这时，对$x$的每个$R$-后继$y$，$(\mathfrak{M}, y)\models\Diamond p$。然后，令$y_0$是从$x$可通达的一个活终点，理当也有$(\mathfrak{M}, y_0)\models\Diamond p$。可是，对于活终点$y_0$，$y_0\uparrow=\{y_0\}$，这蕴涵着$(\mathfrak{M}, y_0)\models\Diamond p \leftrightarrow \square p$。足见$(\mathfrak{M}, y_0)\models\square p$，所以$(\mathfrak{M}, x)\models\Diamond\square p$。($\Rightarrow$)先来建立：

引理1.1　设A是一非空集，S是A上一传递关系。又设：
$$\forall a\in A\exists b\in A(aSb \wedge a\neq b)$$
这时存在A的一对不相交子集B和C使得
$$\forall b\in B\exists c\in C(bSc)\text{且}\forall c\in C\exists b\in B(cSb)$$

证明

从引理的假设出发，应用所谓"不独立选择原理"，可以得出A中的一个相邻项互异的S-序列：
$$a_0Sa_1Sa_2S\cdots$$

---

① 点$x\in W$称为$\mathfrak{F}$中的终点，如果$x\uparrow^-=\varnothing$，即x的真后继集是空集。

鉴于S的传递性，如果该序列中出现重复的项，其中也必定要出现相邻的互异对称项，如$a_iSa_{i+1}Sa_i$；只要取$B=\{a_i\}$和$C=\{a_{i+1}\}$便可达到目的。反之，如果该序列中永不出现重复项，取$B=\{a_n : n$是偶数$\}$和$C=\{a_n : n$是奇数$\}$便可达到目的。■

现在，让我们假定框架$\mathfrak{F}$不满足麦金塞条件，因而$\mathfrak{F}$中存在一点x使得$\forall y(xRy \to \exists z(yRz \wedge y\neq z))$。这个事实与$R$的传递性一起蕴涵着引理1.1的一个特例：
$$\forall y\in x\uparrow \exists z\in x\uparrow(yRz \wedge y\neq z)$$
其中$x\uparrow$充当A而R充当S。所以，根据引理1.1，存在$x\uparrow$的一对不相交子集Y和Z，使得

(♣)　　　　　　　$\forall y\in Y \exists z\in Z(yRz)$，$\forall z\in Z \exists y\in Y(zRy)$

下一步，取所有这样的对子的集合：

$\Pi=\{\langle Y, Z\rangle : Y$和$Z$是$x\uparrow$的满足(♣)的不相交子集$\}$，再按对子的两个"坐标"的包含关系给$\Pi$排序，也就是在$\Pi$上定义这样的序$\prec$：
$$\langle Y, Z\rangle \prec \langle Y', Z'\rangle，当且仅当Y\subseteq Y'且Z\subseteq Z'$$
很明显，$\prec$是一偏序。同样很明显，Π的每条$\prec$-链$\{\langle Y_i, Z_i\rangle : i\in I\}$都有一$\prec$-上界$\langle \bigcup_{i\in I} Y_i, \bigcup_{i\in I} Z_i\rangle$在$\Pi$中。集合论中有一条著名原理与选择公理等价，名为"曹恩引理"（Zorn's lemma），说的是：如果S将集合A偏序，A的每条S-链又都有一S-上界在A中，那么A有一S-极大元。把曹恩引理应用到有序集$(\Pi, \prec)$，得到Π的一个$\prec$-极大元：
$$\langle Y^*, Z^*\rangle$$
关于这个极大元，有两个重要论断不可不提。

论断1.1　$Y^* \cup Z^*=x\uparrow$。

证明

首先，建立一个命题：
$$\alpha:　\forall a\in x\uparrow\backslash(Y^* \cup Z^*)\exists b\in x\uparrow\backslash(Y^* \cup Z^*)[aRb \wedge a\neq b]$$
建立它的办法是表明$\neg\alpha \to \alpha$。假定α假，$x\uparrow$就会有一既不在Y^*中又不在Z^*中的元素a，a的任何真后继要么在Y^*中，要么在Z^*中。为省文计，只考虑前一种情况。既然a不在Z^*中，$\langle Y^*, Z^*\rangle \neq \langle Y^*, Z^* \cup \{a\}\rangle$。前文提过，$\mathfrak{F}$不满足麦金塞条件这一假设蕴涵着$x\uparrow$的元素$a$确有真后继，如方才所设，这些后继在$Y^*$中，可见$\langle Y^*, Z^* \cup \{a\}\rangle \in\Pi$且$\langle Y^*, Z^*\rangle \prec \langle Y^*, Z^* \cup \{a\}\rangle$。这与$\langle Y^*, Z^*\rangle$是$\Pi$的$\prec$-极大元的事实相矛盾。

其次，为了归谬，设$x\uparrow\backslash(Y^* \cup Z^*)\neq\varnothing$。对这个非空集应用引理，会从真命题$\alpha$得出$x\uparrow\backslash(Y^* \cup Z^*)$的一对不相交子集$Y_0$和$Z_0$使得$\forall b\in Y_0 \exists c\in$

$Z_0(bRc)$且$\forall c\in Z_0\exists b\in Y_0(cRb)$。然而，这么一来，$\langle Y^*\cup Y_0,Z^*\cup Z_0\rangle\in$
Π会成为极大元$\langle Y^*,Z^*\rangle$的一个异于自身的$\prec$-后继，矛盾。这表明$x\uparrow\setminus$
$(Y^*\cup Z^*)=\emptyset$，也就是说，$Y^*\cup Z^*=x\uparrow$。　　■

论断1.2　Y^*和Z^*在$x\uparrow$中对R而言是共尾的。

证明

回忆：集合$B\subseteq A$在A中对S而言是共尾的，当且仅当$\forall a\in A\exists b\in B(aSb)$。我们只讨论$Y^*$在$x\uparrow$中的共尾性，$Z^*$雷同。

集合$x\uparrow$被划分成了Y^*与Z^*两部分。设$w\in x\uparrow$。如果$w\in Z^*$，当然有$y\in Y^*$使得wRy。如果$w\in Y^*$，则有$z\in Z^*$使得wRz，又有$y\in Y^*$使得zRy。鉴于R是传递关系，所以有$y\in Y^*$使得wRy。　　■

最后，再看$\mathfrak{F}$中不满足麦金塞条件的那一点x。应当注意，迄今为止的一切论述都没有排除$x\uparrow=\emptyset$的情况。假设$x\uparrow=\emptyset$，x是一死点，将同时有$(\mathfrak{F},x)\vDash\Box\Diamond p$与$(\mathfrak{F},x)\vDash\Box\Diamond\neg p$。足见，

$$\mathfrak{F}\nvDash\Box\Diamond p\to\Diamond\Box p$$

假定$x\uparrow\neq\emptyset$。根据论断1.1，存在不相交集Y^*和Z^*使得

$$x\uparrow=Y^*\cup Z^*$$

根据论断1.2，$\forall w\in x\uparrow\exists y\in Y^*\exists z\in Z^*(wRy\wedge wRz)$。现在，只要取框架$\mathfrak{F}$中的一个赋值$\mathfrak{V}$，令$\mathfrak{V}(p)=Y^*$，又令$\mathfrak{M}=\langle\mathfrak{F},\mathfrak{V}\rangle$，有$(\mathfrak{M},x)\vDash\Box\Diamond p$与$(\mathfrak{M},x)\vDash\Box\Diamond\neg p$。足见$\mathfrak{F}\nvDash\Box\Diamond p\to\Diamond\Box p$。　　■

本书给予命题1.2的证明足够详细，没有省略任何重要的细节，还不习惯抽象推论的读者不妨自己找找ma的反模型。

麦金塞公理ma只不过是"相对"一阶可定义的，人们已经用几种不同的方法（如超积、骆文汉-司寇伦定理）揭示了它在任意框架上的一阶不可定义性。

对应理论并不幻想给所有模态公式找出一阶对应物。然而，它的确能够给所有模态公式找出二阶对应物，而且方法是能行的。事实上，对每个模态公式φ，都不难决定一个集论公式$ST(\varphi)$，称为φ的标准翻译。ST的递归定义如下：令x是一固定的个体变号，

> $ST(p)=x\in P$，这里$p\in\mathrm{Var}$；
> $ST(\bot)=x\neq x$ [①]；
> $ST(\psi\wedge\chi)=ST(\psi)\wedge ST(\chi)$；
> $ST(\psi\vee\chi)=ST(\psi)\vee ST(\chi)$；

---

① 本书将"$\bot$"翻译为"$x\neq x$"。

➤ $ST(\psi \to \chi) = ST(\psi) \to ST(\chi)$

➤ $ST(\Box\psi) = \forall y(xRy \to [y/x]ST(\psi))$，这里 y 是按个体变号集的某一固定枚举不在 $ST(\psi)$ 中出现的第一个变号，$[y/x]\, ST(\psi)$ 是指在 $ST(\psi)$ 中把 y 代入 x 的结果。

另外，从 $\neg$，$\top$，$\Diamond$ 的定义得出：

➤ $ST(\neg\psi) = \neg ST(\psi)$；

➤ $ST(\top) = x = x$ [①]；

➤ $ST(\Diamond\psi) = \exists y(xRy \wedge [y/x]\, ST(\psi))$，这里 y 是按固定枚举不在 $ST(\psi)$ 中的第一个变号。

在以上定义中，只要做一小小改动，将原子公式 p 的译本 $ST(p) = x \in P$ 改成 $ST(p) = Px$ ——这意味着不把 P 看作集变号而看作谓词变号——φ 的标准翻译 $ST(\varphi)$ 就从集论公式变成谓词公式了。本书特意采取集论记法是为了醒目和方便。

对 φ 的标准翻译 $ST(\varphi)$ 中所有的集变号 $P_1, \cdots, P_n$ 实行概括，产生全称二阶公式 $\forall P_1 \cdots \forall P_n\, ST(\varphi)$，称为 φ 的闭标准翻译。设模态公式 φ 含命题变号 $p_1, \cdots, p_n$。很明显，只要把 P_i 看成在任意给定赋值 $\mathfrak{V}$ 下指派给 p_i 的集合，就有等值式：

$$(\mathfrak{F}, w) \vDash \varphi \text{，当且仅当 } \mathfrak{F} \vDash \forall P_1 \cdots \forall P_n\, ST(\varphi)\,[w]$$

$$\mathfrak{F} \vDash \varphi \text{，当且仅当 } \mathfrak{F} \vDash \forall P_1 \cdots \forall P_n \forall x\, ST(\varphi)$$

这两个等值式是整个对应理论的基石，但直接提供的有用信息是很少的。可以说，对应理论所面对的困难课题之一便是如何发掘这两个等值式的潜在效力。

在这方面，grz 的语义分析是很有指导意义的一例。它的古典对应物颇为复杂，兼有一阶成分与二阶成分，又兼有模态可定义的成分与模态不可定义的成分。

命题1.3 $\mathfrak{F} \vDash \Box(\Box(p \to \Box p) \to p) \to p$，当且仅当 $\mathfrak{F}$ 满足

（1）传递性：$\forall x \forall y(xRy \to \forall z(yRz \to xRz))$；

（2）自返性：$\forall x(xRx)$；

（3）反对称性：$\forall x \forall y(xRy \wedge yRz \to x = y)$；

（4）诺特性：不存在一条由两两互异的点组成的无穷上升链。

证明

($\Longleftarrow$) 假定 $\mathfrak{F}$ 满足（1）～（4）但 $\mathfrak{F} \nvDash \Box(\Box(p \to \Box p) \to p) \to p$。这时，

---

① 本书将"$\top$"翻译为"$x=x$"。请注意，前面一个等号"$=$"标明的是翻译的结果。相信读者能看出两个等号使用的差异，不致产生混淆，因此不再使用其他符号标记翻译的结果。

有 $\mathfrak{F}$ 上的模型 $\mathfrak{M}$ 和 $\mathfrak{F}$ 中的自返点 x_0，使得

$(\mathfrak{M}, x_0) \vDash \neg p, \ \Box(\Box(p \to \Box p) \to p), \ \Box(p \to \Box p) \to p, \ \Diamond(p \wedge \Diamond \neg p)$

　　从 $(\mathfrak{M}, x_0) \vDash \Diamond(p \wedge \Diamond \neg p)$，有 x_0 的 R-后继 x_1，又有 x_1 的 R-后继 x_2，使得

$$(\mathfrak{M}, x_1) \vDash p, \ (\mathfrak{M}, x_2) \vDash \neg p$$

由于 R 是传递的，x_2 也是 x_0 的 R-后继。于是，又能像 x_0 那样得出 $(\mathfrak{M}, x_2) \vDash \Diamond(p \wedge \Diamond \neg p)$，进而产生 x_2 的两个 R-后继 x_3 和 x_4，使得

$$(\mathfrak{M}, x_3) \vDash p, \ (\mathfrak{M}, x_4) \vDash \neg p$$

它们也都是 x_0 的 R-后继。依此类推，看出 $\mathfrak{F}$ 中存在一无穷的 R-序列：

$$x_0, x_1, x_2, x_3, x_4, \cdots$$

如果该序列有重复的项，必定会有互异的对称点。这将破坏 R 的反对称性。足见，该序列只能是一条由互异点组成的无穷上升链，与（4）所要求的诺特性矛盾。

　　$(\Rightarrow)$ 这一部分可以利用 grz 的标准翻译解决一部分问题。假定：

$$\mathfrak{F} \vDash \Box(\Box(p \to \Box p) \to p) \to p$$

根据模态公式与其闭标准翻译在任意框架上的等值性，对 $\mathfrak{F}$ 中的任何点 x，有

$$\mathfrak{F} \vDash \forall P(ST(\Box(\Box(p \to \Box p) \to p)) \to ST(p))\,[x]$$

对二阶量词 $\forall P$ 可以应用全称示例规则，用 W 的任何子集来替换 P。出乎意料，点 x 的真后继集：

$$x{\uparrow}^- = \{ y \in W : xRy \wedge x \ne y \}$$

就是一个特别合适的 W 的子集。当把 $x{\uparrow}^-$ 代入集变号 P 之后，得到

$$\mathfrak{F} \vDash \forall y \in x{\uparrow}(\forall z \in y{\uparrow}(z \in x{\uparrow}^- \to \forall u \in z{\uparrow}(u \in x{\uparrow}^-)) \to y \in x{\uparrow}^-) \to x \in x{\uparrow}^-$$

请注意，这个蕴涵式的后件 $x \in x{\uparrow}^-$ 是荒谬的。所以，$\mathfrak{F}$ 应该满足它的前件的否定。从这里开始，应用谓词逻辑的常识，便可以推出（1），（2），（3）。这件趣事，留给读者去做。

　　为了表明 $\mathfrak{F}$ 也满足（4），设 $\mathfrak{F}$ 不满足它，其中出现一条各项互异的无穷上升链：

$$x_0, x_1, x_2, x_3, x_4, \cdots$$

取 $\mathfrak{F}$ 上的赋值 $\mathfrak{V}$，令

$$\mathfrak{V}(p) = W \setminus \{ x_n : n \text{ 是偶数} \}$$

再令 $\mathfrak{M} = \langle \mathfrak{F}, \mathfrak{V} \rangle$。现在考虑任意 $y \in x_0{\uparrow}$。如果有一偶数 n 使得 $y = x_n$，$(\mathfrak{M}, y) \vDash \Diamond(p \wedge \Diamond \neg p)$；否则 $(\mathfrak{M}, y) \vDash p$。可见，对所有 $y \in x_0{\uparrow}$，$(\mathfrak{M},$

$y) \models \Box(p \to \Box p) \to p$。所以，

$$(\mathfrak{M}, x_0) \models \Box(\Box(p \to \Box p) \to p), \neg p$$

$\mathfrak{M}$ 成了 grz 的一个反模型，这与 $\mathfrak{F} \models grz$ 的假定相违。　　■

自返的传递关系称为拟序，反对称的拟序称为偏序，因此命题1.3也可表述为：$\mathfrak{F} \models grz$，当且仅当 $\mathfrak{F}$ 是一诺特式偏序框架。诺特性是一种二阶性质，它在二阶语言中比较直观的表达方式之一是

$$\neg \exists f\colon \omega \to W(f(n)Rf(n+1) \wedge \forall m > n(f(n) \ne f(m)))$$

此处 $f\colon \omega \to W$ 指从自然数集到世界集的函数。这恰好是说 $\mathfrak{F}$ 中不存在各项互异的无穷上升链。

读者可能会问：能不能把诺特性换成某种一阶公式或一阶公式集，从而使 grz 变成一阶可定义的？

命题1.4　grz 不是一阶可定义的。

证明

假定相反，有一阶公式集 σ，对任何框架 $\mathfrak{F}$，$\mathfrak{F} \models grz$，当且仅当 $\mathfrak{F}$ 满足 σ。考虑一类特殊的一阶公式：

$$\alpha_n = \bigwedge_{0 \leq i < j \leq n} (a_i R a_j \wedge \neg a_j R a_i)$$

此处 a_0，a_1，a_2，$\cdots$ 是一阶语言的个体常号。很明显，偏序框架 $\mathfrak{F}$ 满足 α_n，当且仅当 $\mathfrak{F}$ 含长度 $\geq n$ 的 R-上升链。所以，无穷的一阶公式集

$$\sigma \cup \{\alpha_n : 0 \leq n < \omega\}$$

的每个有穷子集都有一满足它的框架 $\mathfrak{G}$。这时，按照一阶语言的紧致性定理，整个无穷集 $\sigma \cup \{\alpha_n : 0 \leq n < \omega\}$ 也有一个满足它的框架 $\mathfrak{G}^*$。既然 $\mathfrak{G}^*$ 满足 σ，那么，按归谬假设，应该有 $\mathfrak{G}^* \models grz$。这是荒谬的，因为 $\mathfrak{G}^*$ 不可能不含各项互异的无穷上升链！

找出模态公式的某种信息量很大的对应关系性质，哪怕只是一阶关系性质，也需要创造性，有时还需要高度的创造性。模态逻辑学者为把这种创造性难度降到最低限度花费了许多精力。可惜，至今为止，能够令模态逻辑学者自豪的唯一大的正面结果只有一个，就是挪威奥斯陆大学数学系的硕士生萨奎斯特（H. Sahlqvist）1975年发表的"萨奎斯特定理"[①]。原证明过长，所以此后20余年虽有人提这个定理，却无人敢讲。直到意大利人桑宾（G. Sambin）给它另作了一番格外明晰的表述，局面才得到改观[②]。

---

① Sahlqvist，H.，"Completeness and correspondence in the first and second order semantics for modal logic"，*Studies in Logic and the Foundations of Mathematics*，Vol.82，1975，pp.110~143.

② Sambin，G. et al，"A topological proof of Sahlqvist's theorem"，*The Journal of Symbolic Logic*，Vol.54 1989，pp. 992~999.

这里要效仿桑宾的精神来讲解萨奎斯特的经典结果，但是注重算法而不注重证明。

为准确起见，必须区分两种对应。令 φ 是一模态公式，α 是只含二元谓词 R 和 $=$ 的一阶公式，x 为其中唯一的自由变号。"φ 局部对应于公式 α"的意思是：对任何框架 $\mathfrak{F}$，对 $\mathfrak{F}$ 中任何点 w，

$$(\mathfrak{F}, w) \vDash \varphi，当且仅当 \mathfrak{F} \vDash \alpha\,[w]$$

"φ 全局对应于句子 $\forall x\alpha$"的意思是：对任何框架 $\mathfrak{F}$，

$$\mathfrak{F} \vDash \varphi，当且仅当 \mathfrak{F} \vDash \forall x\alpha$$

前一类 φ 称为**局部一阶可定义的**，后一类 φ 称为**全局一阶可定义的**。两类之间的关系相当微妙。例如，虽然麦金塞公理 $\Box\Diamond p \to \Diamond\Box p$ 在传递框架上是局部一阶可定义的，但是很奇怪，在任意框架上，$(\Box p \to \Box\Box p) \wedge (\Box\Diamond p \to \Diamond\Box p)$ 仅是全局一阶可定义的，不是局部一阶可定义的。局部的一阶可定义性蕴涵全局的，反之不然。

萨奎斯特定理给出一大批模态公式的局部一阶可定义性。从对应理论的眼光看，它是一种强的结果。这是首先值得注意的特点。

其次，萨奎斯特定理所谈的一大批模态公式——人称"萨奎斯特公式"，或"萨奎斯特-范本腾公式（Sahlqvist-van Benthem formula）"——是靠它们的语法特征划分出来的。

从命题变号与常号借助于 $\wedge$，$\vee$，$\Box$，$\Diamond$ 形成的模态公式称为**正公式**。从命题变号的否定与命题常号借助于 $\wedge$，$\vee$，$\Box$，$\Diamond$ 形成的模态公式称为**负公式**。一个负公式 $\varphi(\neg p_1, \cdots, \neg p_n)$ 的否定等值于正公式 $\varphi^*(p_1, \cdots, p_n)$，此处公式 φ^* 是 φ 的对偶，它是把 φ 中的 $\bot$，$\top$，$\wedge$，$\vee$，$\Box$，$\Diamond$ 分别替换成 $\top$，$\bot$，$\vee$，$\wedge$，$\Diamond$，$\Box$ 的结果。

形如

$$\Box^{m_1} p_1 \wedge \cdots \wedge \Box^{m_k} p_k \quad (m_i \geqslant 0)$$

的模态公式称为**强正公式**，此处 $p_1, \cdots, p_k$ 不必是不同的命题变号。按约定，$\Box^0 p_i = p_i$。

从强正公式与负公式借助于 $\wedge$ 和 $\Diamond$ 形成的模态公式称为**无拘束公式**。

以一个无拘束公式 ψ 为前件，以一个正公式 χ 为后件的蕴涵式

$$\psi \to \chi$$

称为"基本萨奎斯特公式"。这是本书的命名法。

按本义，一个萨奎斯特公式 φ 是若干形如

$$\Box^m(\psi \to \chi) \quad (m \geqslant 0)$$

的模态公式的合取式，其中χ是正公式，ψ是从命题变号，命题变号的否定和命题常号借助于∧，∨，□，◇形成的，但没有未被否定的命题变号出现在某个□的辖域内形如γ∨δ或◇γ的子公式中。

萨奎斯特定理（对应部分）　每个萨奎斯特公式φ都是局部一阶可定义的，其对应一阶公式可以从φ的结构能行地找到。

其实我们不必研究萨奎斯特公式φ本身，因为φ的每个合取支□^{m}(ψ→χ)经适当改述总可以化为形如

$$\Box^m(\psi_1 \vee \cdots \vee \psi_k \to \chi)$$

的公式，而后者又分明等值于合取式：

$$\Box^m(\psi_1 \to \chi) \wedge \cdots \wedge \Box^m(\psi_k \to \chi)$$

其中所有"小"蕴涵式ψ$_i$→χ（1≤i≤k）都是一个基本萨奎斯特公式。只要找到形如ψ→χ的基本萨奎斯特公式的一阶对应物，就不愁我们的目的达不到了。

桑宾为寻找基本萨奎斯特公式的一阶对应物所制定的算法的最大优点是，几乎相当于给萨奎斯特定理作了一个完备的证明。本书仿照桑宾，先把他的算法应用到简单至极的模态公式□p→p。想来，下面写出的每一步都绝不会引起怀疑：

$$(\mathfrak{F}, x) \models \Box p \to p$$

当且仅当，$\mathfrak{F} \models \forall PST(\Box p \to p)[x]$　　　　（1）模态公式局部对应于其闭标准翻译

当且仅当，$\mathfrak{F} \models \forall P(\forall y(y \in x {\uparrow} \to y \in P) \to x \in P)[x]$

　　　　　　　　　　　　　　　　（2）详细写出$ST(\Box p \to p)$

当且仅当，$\mathfrak{F} \models \forall P(x{\uparrow} \subseteq P \to x \in P)[x]$　（3）集合包含关系⊆的定义

当且仅当，$\mathfrak{F} \models x \in \bigcap\{P : x{\uparrow} \subseteq P\}[x]$　（4）全称量词∀P与交运算的联系

当且仅当，$\mathfrak{F} \models x \in x{\uparrow}[x]$（即$xRx$）　（5）集论原理$\bigcap\{P : Y \subseteq P\} = Y$

这是一个纯粹的例子，它体现了桑宾算法的两个要点。

第一，在从（2）到（3）这个貌似无聊的一步，得出了表达式$x{\uparrow} \subseteq P$，本书称之为"P-公部式"，因为它给出了当下考虑的全体集合P的公共部分。

第二，基于集合论中交的性质从（3）过渡到（5）的时候，实际上是在公式$x \in P$中把集合P换成了P-公共部分$x{\uparrow}$。不是对任意一个公式，而只是对正公式的译本允许这样做，否则不能维持变换的等值性。为此，需要一条"交引理"。

以 $\Box p \to p$ 充基本萨奎斯特公式 $\psi \to \chi$ 的例子当然忽略掉了一些可能的复杂现象。例如，无拘束公式 ψ 也许含算子 $\Diamond$，也许含从不同命题变号形成的强正公式 $\Box^{m_1} p \wedge \Box^{m_2} q \wedge \Box^{m_3} r$ 之类，也许 ψ 还含负公式。另外，正公式 χ 也许有很复杂的结构，这是表述交引理时不得不考虑的。

现在讲桑宾算法。某些步骤的例解以习题的格式附在算法后面，望读者对照阅读。

桑宾算法　桑宾算法是针对任意的基本萨奎斯特公式设计的。许多模态公式不具备基本萨奎斯特公式的形式，经过改述，才能变成某个与它演绎等价的基本萨奎斯特公式。例如：

$$\Box \neg p \to \neg p, \quad \neg(\Box p \wedge \neg p), \quad p \vee \Diamond \neg p, \quad \Box \neg q \wedge p \to \neg q$$

作为基本萨奎斯特公式来看，都不合格，但是都跟 $\Box p \to p$ 演绎等价。诸如此类的预备性变换常常不可少，然而无章法可循，略去不谈。

给定一个含命题变号 $p_1, \cdots, p_n$ 的基本萨奎斯特公式：

$$\psi \to \chi \tag{1-1}$$

应当分三阶段来找它的局部一阶对应物。

Ⅰ. 写出闭标准译本

形如式（1-1）的基本萨奎斯特公式的闭标准译本是

$$\forall P_1 \cdots \forall P_n ST(\psi \to \chi)$$

也就是

$$\forall P_1 \cdots \forall P_n (ST(\psi) \to ST(\chi)) \tag{1-2}$$

其中唯一的自由变号是 x，同时，按标准翻译 ST 的定义，其中所有的约束变号都不会与 x 相同，也都不会彼此相同。

显然，模态公式（1-1）局部对应于古典公式（1-2），然而式（1-2）不是一阶公式，而是二阶的。桑宾算法的任务在于把它一步一步转换为某个等值于它的一阶公式。

Ⅱ. 改述前件 $ST(\psi)$

第一步，把来自 $\Diamond^m$ 的量词尽量向前移（习题1.1）。

无拘束公式 ψ 中各个强正公式和各个负公式的前方常有叠置的可能性算子 $\Diamond^m$。在 ψ 的译本 $ST(\psi)$ 中，这些算子 $\Diamond^m$ 都要被改写成形如 $\exists t(sR^m t \wedge \cdots)$ 的表达式。依照惯例，R^m 有归纳定义：

$sR^0 t$，当且仅当 $s=t$，　$sR^{m+1} t$，当且仅当 $\exists r(sRr \wedge rR^m t)$

两条谓词逻辑原理：

$$(\exists s\alpha(s) \wedge \beta) \leftrightarrow \exists s(\alpha(s) \wedge \beta), \text{ 设 } s \text{ 不在 } \beta \text{ 中}$$

$$(\exists s\alpha(s) \to \beta) \leftrightarrow \forall s(\alpha(s \to \beta), \text{ 设 } s \text{ 不在 } \beta \text{ 中}$$

根据这两条原理，式（1-2）等值于：

$$\forall P_1 \cdots \forall P_n (\exists y_1 \cdots \exists y_l (\mathrm{Rel} \wedge \mathrm{SPos} \wedge \mathrm{Neg}) \to \mathrm{Pos})$$

等值于：

$$\forall P_1 \cdots \forall P_n \forall y_1 \cdots \forall y_l (\mathrm{Rel} \wedge \mathrm{SPos} \wedge \mathrm{Neg} \to \mathrm{Pos})$$

因而，经过全称量词互换和内移，又等值于：

$$\forall y_1 \cdots \forall y_l (\mathrm{Rel} \to \forall P_1 \cdots \forall P_n (\mathrm{SPos} \wedge \mathrm{Neg} \to \mathrm{Pos})) \qquad (1\text{-}3)$$

在这里，Rel 是 l 个"关系式"$sR^m t$ 的合取，SPos 是 ψ 中所有强正公式的译本的合取，Neg 是 ψ 中（也许是移走了前方的算子 $\Diamond^m$ 之后剩下的）若干负公式的译本的合取，Pos 则无非是 $ST(\chi)$，改变了写法而已。

第二步，从 SPos 找出 P_i-公共部分（参见习题1.2）。

方才说过，SPos 是 ψ 中所有强正公式的译本的合取。每个"极小"强正公式 $\Box^m P_i$ 在译本中被改写成了全称公式：

$$\forall t(t \in s \uparrow^m \to t \in P_i)$$

因而等值于：

$$s \uparrow^m \subseteq P_i$$

依照惯例，$\uparrow^m$ 也有归纳定义：

$$s \uparrow^0 = \{s\}, \quad s \uparrow^{m+1} = \{t : \exists r(t \in r \uparrow \wedge r \in s \uparrow^m)\}$$

容易看出，$t \in s \uparrow^m$ 与 $sR^m t$ 是一回事；出于技术理由，本书在 SPos 中取集论记法，而在 Rel 中保存关系记法。

对每个 $P_i (1 \leqslant i \leqslant n)$，如果 SPos 中总共出现 k 个"极小"强正公式 $\Box^{m_1} P_i, \cdots, \Box^{m_k} P_k$ 的译本，这些译本的合取式无疑将等值于集论公式：

$$s_1 \uparrow^{m_1} \cup \cdots \cup s_k \uparrow^{m_k} \subseteq P_i$$

（$s_1, \cdots, s_k$ 不必不同）。有人把 $s_1 \uparrow^{m_1} \cup \cdots \cup s_k \uparrow^{m_k}$ 称为 R-项，缩写成 T_i [①]。本书称 $T_i \subseteq P_i$ 为 P_i-公部式，因为它给出了当下考虑的全体集合 P_i 的公共部分。

请注意，本书在这里始终假定 $k \geqslant 0$。假使 $k = 0$，约定 $T_i = \emptyset$，而 $\emptyset \subseteq P_i$ 是永真的。这样，便不妨认为 SPos 等值于 n 个 P_i-公部式的合取：

$$\bigwedge_{1 \leqslant i \leqslant n} T_i \subseteq P_i$$

没有一个集变号 P_i 被漏掉。这当然是为表述方便。

经过诸如此类的记法转换，第一步得到的式（1-3）变成了

$$\forall y_1 \cdots \forall y_l (\mathrm{Rel} \to \forall P_1 \cdots \forall P_n (\bigwedge_{1 \leqslant i \leqslant n} T_i \subseteq P_i \wedge \mathrm{Neg} \to \mathrm{Pos})) \qquad (1\text{-}4)$$

[①] Chagrov, A. et al, *Modal Logic*, Oxford, Oxford University Press, 1997, pp. 347~354.

第三步，把Neg的否定移往后件（参见习题1.3）。

负公式的译本Neg保留在前件中会碍事（妨碍交引理的应用）。根据命题逻辑原理：

$$(\alpha \wedge \beta \to \gamma) \leftrightarrow (\alpha \to \neg\beta \vee \gamma)$$

从式（1-4）立刻得出：

$$\forall y_1 \cdots \forall y_l (\mathrm{Rel} \to \forall P_1 \cdots \forall P_n (\bigwedge_{1\le i\le n} T_i \subseteq P_i \to \neg \mathrm{Neg} \vee \mathrm{Pos}))$$

前文曾经提过，负公式$\varphi(\neg p_1, \cdots, \neg p_n)$的否定等值于一个正公式$\varphi^*(p_1, \cdots, p_n)$。负公式的译本同样如此，因此$\neg\mathrm{Neg}\vee\mathrm{Pos}$等值于一个不再含"负"集变号$\overline{P_i}$的公式，记为$\Pi$os。于是，

$$\forall y_1 \cdots \forall y_l (\mathrm{Rel} \to \forall P_1 \cdots \forall P_n (\bigwedge_{1\le i\le n} T_i \subseteq P_i \to \Pi\mathrm{os}(\varphi^*(p_1,\cdots,p_n)))) \quad (1\text{-}5)$$

在整个第Ⅱ阶段，我们只关注$ST(\psi) \to ST(\chi)$的前件，改述它的各个部分。只在最后一步，才让后件消极地接受了从前件来的赠品$\neg\mathrm{Neg}$，从Pos变成Πos。

现在终于走到第Ⅲ阶段，后件Πos要扮演主角了。

Ⅲ. 在Πos中用T_i替换P_i

令$\alpha(P)$是一模态公式的标准译本，含单个自由变号x。当$\alpha(P)$在（克里普克）框架$\mathfrak{F}=\langle W, R\rangle$上有了解释时，用$\overline{\alpha}(P)$来指称对集变号$P$的给定值，$\mathfrak{F}$中所有满足$\alpha(P)$的点的集合，即

$$\overline{\alpha}(P)=\{w\in W: \mathfrak{F}\models \alpha(P)[w]\}$$

根据桑宾的一项观察，能够建立交引理。

交引理 设$\alpha(P_1,\cdots,P_n)$是一正公式的译本，在框架$\mathfrak{F}=\langle W, R\rangle$上有解释。对每个$Y\subseteq W$，都有等式：

$$\bigcap\{\overline{\alpha}(P_1,\cdots,P_i,\cdots,P_n):Y\subseteq P_i\}=\overline{\alpha}(P_1,\cdots,\bigcap\{P_i:Y\subseteq P_i\},\cdots,P_n)$$

现在注意，$\Pi\mathrm{os}(P_1,\cdots,P_n)$是正公式，含单个自由变号$x$，含$n$个集变号$P_i$。所以，式（1-5）的后件产生：

$$\forall P_1 \cdots \forall P_n (\bigwedge_{1\le i\le n} T_i \subseteq P_i \to x\in \overline{\Pi\mathrm{os}}(P_1,\cdots,P_n))$$

当且仅当$x\in\bigcap\{\overline{\Pi\mathrm{os}}(P_1,\cdots,P_n): \bigwedge_{1\le i\le n} T_i\subseteq P_i\}$ （全称量词与交的联系）

当且仅当$x\in\overline{\Pi\mathrm{os}}(\bigcap\{P_1:T_1\subseteq P_1\},\cdots,\bigcap\{P_n:T_n\subseteq P_n\})$（应用$n$次交引理）

当且仅当$x\in\overline{\Pi\mathrm{os}}(T_1,\cdots,T_n)$ $\qquad (\bigcap\{P_i:T_i\subseteq P_i\}=T_i)$

最后这个集论公式等值于$\Pi\mathrm{os}(T_1,\cdots,T_n)$。这样一来，式（1-5）变成了它

的一阶对应物：

$$\forall y_1 \cdots \forall y_l (\mathrm{Rel} \to \Pi os(T_1, \cdots, T_n)) \qquad (1\text{-}6)$$

桑宾算法的讲解到此结束。就其要点而言，它无非是从式（1-1）开始，相继构造式（1-2）～式（1-6）的能行过程。

习题1.1　用桑宾算法验证：

（1）$\diamond \square p \to p$局部对应于一阶公式：

$$\forall y (xRy \to yRx)$$

（2）$p \to \square (\neg p \to \square (p \to \square p))$局部对应于一阶公式：

$$\forall y \forall z \forall u(xRy \wedge yRz \wedge zRu \wedge x \neq u \to x = y \vee y = z \vee z = u)$$

提示：（1）中逻辑B的公理表达对称性，（2）中逻辑K2.2的公理表达R-链的长度≤ 3[①]。（1）容易验证。为了验证（2），先要改写，例如，改写成：

$$\diamond (p \wedge \diamond (\neg p \wedge \diamond p)) \to p$$

它的闭标准译本是

$$\forall P(\exists y(xRy \wedge y \in P \wedge \exists z(yRz \wedge z \notin P \wedge \exists u(zRu \wedge u \in P))) \to x \in P)$$

把来自$\diamond$的量词尽量向前移，会产生：

$$\forall y \forall z \forall u(\underbrace{xRy \wedge yRz \wedge zRu}_{\mathrm{Rel}} \to \forall P(\underbrace{y \in R \wedge u \in P}_{\mathrm{SPos}} \wedge \underbrace{z \notin P}_{\mathrm{Neg}} \to \underbrace{x \in P}_{\mathrm{Pos}}))$$

接下去呢？

习题1.2　用桑宾算法验证：

（1）$p \wedge \square p \wedge \square^2 p \wedge \cdots \wedge \square^n p \to \square^{n+1} p$局部对应于

$$\forall y(xR^{n+1}y \to x = y \vee xRy \vee \cdots \vee xR^n y)$$

（2）$\square(\square p \to q) \vee (\diamond \square q \to p)$局部对应于

$$\forall y(xRy \wedge \neg yRx \to \forall z(xRz \to zRy))$$

提示：（1）就是本章第一节第三部分提到的tra_n，它的前件是一个很整齐的强正公式。一眼便看出它的闭译本等值于

$$\forall P(x\uparrow^0 \cup x\uparrow^1 \cup \cdots \cup x\uparrow^n \subseteq P \to x\uparrow^{n+1} \subseteq P)$$

该怎么做是显然的。tra_n只含一个命题变号，并不典型。

（2）中逻辑K3.2的公理表达框架的"钉子状"[②]也要改写，例如，改写成：

$$\diamond(\square p \wedge \neg q) \wedge \diamond \square q \to p$$

[①] 参见本书第一编第二章第二节的第二部分。
[②] 同①。

经过量词前移、抽取公共部分之后，它的译本变成：

$$\forall y\forall z(\underbrace{xRy \wedge xRz}_{\text{Rel}} \rightarrow \forall P\forall Q(\underbrace{y \overset{\uparrow}{\subseteq} P \wedge z \overset{\uparrow}{\subseteq} Q}_{P\text{-},Q\text{-公部式}} \wedge \underbrace{y \notin Q}_{\text{Neg}} \rightarrow \underbrace{x \in P}_{\text{Pos}}))$$

需要做的是把 $y\notin Q$ 的否定移往后件，然后在 $y\in Q \vee x\in P$ 中用 $y{\uparrow}$ 换 P、用 $z{\uparrow}$ 换 Q。

习题1.3 用桑宾算法验证：

（1）$\Diamond p \wedge \neg p \rightarrow \Box p$ 局部对应于一阶公式：

$$\forall y(xRy \wedge x \neq y \rightarrow \forall z(xRz \rightarrow z = y))$$

（2）$p \rightarrow \Box(\Diamond p \rightarrow p)$ 局部对应于：

$$\forall y\forall z(xRy \wedge yRz \rightarrow x = y \vee y = z)$$

提示：（1）的闭译本，经过前两步处理之后，得到

$$\forall y(\underbrace{xRy}_{\text{Rel}} \rightarrow \forall P(\underbrace{y \overset{\uparrow 0}{} \subseteq P}_{P\text{-公部式}} \wedge \underbrace{x \in P}_{\text{Neg}} \rightarrow \underbrace{\forall z(xRz \rightarrow z \in P)}_{\text{Pos}}))$$

将 $x\notin P$ 的否定移往后件，得到

$$\forall y(\underbrace{xRy}_{\text{Rel}} \rightarrow \forall P(\underbrace{y \overset{\uparrow 0}{} \subseteq P}_{P\text{-公部式}} \rightarrow \underbrace{x \notin P \vee \forall z(xRz \rightarrow z \in P)}_{\text{Pos}}))$$

只差最后一步了。

（2）中逻辑K1.2的公理表达框架的"扇子状"[①]。又需要改写，不妨改写成：

$$\Diamond(\Diamond \neg p \wedge p) \rightarrow p$$

习题1.4 先用桑宾算法验证吉奇公理 $\Diamond\Box p \rightarrow \Box\Diamond p$ 局部对应于 $\forall y\forall z(xRy \wedge xRz \rightarrow \exists u(yRu \wedge zRu))$，这称为R的收敛性。然后说明（$\Diamond\Box p \rightarrow \Box\Diamond p) \wedge (q \rightarrow \Box(\neg q \rightarrow \Box(q \rightarrow \Box q)))$）——这是两个基本萨奎斯特公式的合取——表达框架的"梭子状"[②]。

想把桑宾算法应用到具体的萨奎斯特公式的人们，应当明白什么时候才会用得有价值。这里有三点似乎值得初学者留意。第一，在本章第二节的第二部分已经说过，不一致的模态公式很容易判定。一旦碰到，立刻会知道它与⊥演绎等价，因而与矛盾的谓词公式（如 $x\neq x$）相对应。所以，再诉诸桑宾算法便多此一举。第二，如果碰到最小正规逻辑K的定理（一个模态公式是不是K的定理也可判定，详见莱蒙（E. J. Lemmon）的书[③]），

① 参见本书第一编第二章第二节的第二部分。
② 同①。
③ Lemmon，E.J. et al，*The "Lemmon Notes"：An Introduction to Modal Logic*，Oxford，Blackwell，1977，pp. 40～49.

也不必靠桑宾算法就能确定它与T演绎等价,与普遍有效的谓词公式(如 $x=x$)相对应。第三,有的萨奎斯特公式是合取式(多重必然化),但其合取支中间既有无谓型的又有无稽型的,所以,整个合取式必属不一致型。这时,也不要理睬,不要劳桑宾算法的大驾。

回想图1-4中列出的8个一致的K4-逻辑可以发现,除去GL,其余7个的特征性公理全是十分简单的萨奎斯特公式,全都有很短的一阶对应物(表1-1),请读者试试自己应用桑宾算法的能力。

表1-1 8个一致的K4-逻辑及其对应的关系性质

逻辑	对应的关系性质	名称	读法
K4	$\forall x\,(x\uparrow^2\subseteq x\uparrow)$	传递性	每一点的后继的后继是它的后继
D4	$\forall x\,(x\uparrow\neq\varnothing)$	持续性	每一点都是活点
Q4	$\forall x\,(x\uparrow=\varnothing\vee\exists y\in x\uparrow(y\uparrow=\varnothing))$	濒死性	每一非死点都是濒死点
S4	$\forall x(x\in x\uparrow)$	自返性	每一点都是自返点
GL	(i) $\forall x\,(x\uparrow^2\subseteq x\uparrow)$	传递性	同上
	(ii) $\forall x(x\notin x\uparrow)$	禁自返性	每一点都是禁自返点
	(iii) $\neg\exists f:\omega\to W(f(n)Rf(n+1)\wedge\forall m$ $>nf(n)\neq f(m))$	诺特性	不存在两两互异点的无穷上升链
Neut	$\forall x\,(x\uparrow\subseteq\{x\})$	?	每一非死点的后继是它自身
Triv	$\forall x\,(x\uparrow=\{x\})$	?	每一点的后继恰好是它自身
Abs	$\forall x\,(x\uparrow=\varnothing)$	?	每一点都是死点

K4-逻辑GL=K4$\oplus la$与Grz=S4$\oplus grz$极为相似,虽然前者属无稽型,后者属无谓型。实际上,$\mathfrak{F}\models la$,当且仅当$\mathfrak{F}$是诺特式严格偏序①框架。用命题1.3与命题1.4的类似证法不难建立la的对应关系性质及其二阶本性。同时,传递性公理$\square p\to\square\square p$在K中从公式$la$和$grz$可推演也已经证实,所以它们的公理化可简约为GL=K$\oplus la$和Grz=K$\oplus grz$。

任何K4-逻辑只在这类或那类传递框架上才有效。根据这一语义特征,K4-逻辑可以统称为"传递逻辑"。然而,对应理论使我们认识更多的东西,不妨聊举数例。

作为D4的扩充,无谓型K4-逻辑的框架都是持续框架,只含活点。作为Q4的扩充,无稽型K4-逻辑的框架都是濒死框架,每一活点必须是濒死点。至于一个居间型K4-逻辑,由于既非D4的扩充又非Q4的扩充,它的框架至少含一死点又至少含一个通达活点的活点,但这样的两部分可以是相

---

① 禁自返的传递关系称为严格偏序。

互隔离的（从最大的居间型K4-逻辑Neut看得很清楚，它的对应框架是○●，由一个孤立死点与一个孤立活点组成）。

麦金森分类法不应当造成无谓型与无稽型处处"对称"的错觉。例如，S4和Grz的框架的自返性无疑是它们属无谓型的语义根源，但GL的框架的禁自返性却不足以使它成为无稽型的，必须加上诺特性才行，因为禁自返的传递框架上的逻辑完全可以是居间型的乃至无谓型的。

四、具备有穷深度、有穷宽度或有穷肥度的K4-逻辑

"团"概念对理解传递框架的结构是很有用的。无论$\mathfrak{F} = \langle W, R \rangle$是怎样的传递框架，$\mathfrak{F}$上总归有一种如下的等价关系：对任何$x, y \in W$，

$$x \sim y, \text{ 当且仅当 } x = y \text{ 或者}(xRy \text{且} yRx)$$

（请读者自行核实$\sim$确是等价关系，即自返的、对称的、传递的关系。自然，不预设R的传递性，$\sim$未必是等价关系。）

由$\sim$诱发的等价类称为团。含x的团$\{y \in W : x \sim y\}$照例不写成$[x]_{\sim}$，而写成：

$$C(x)$$

团的一个语义特征是同一个团内不同的点对"模态化"公式永远一视同仁，就是说，对任何公式φ，对任何$y \in C(x)$，在基于$\mathfrak{F}$的模型$\mathfrak{M}$中都会有

$$(\mathfrak{M}, x) \vDash \Box \varphi, \text{ 当且仅当}(\mathfrak{M}, y) \vDash \Box \varphi$$

$$(\mathfrak{M}, x) \vDash \Diamond \varphi, \text{ 当且仅当}(\mathfrak{M}, y) \vDash \Diamond \varphi$$

每个传递框架$\mathfrak{F} = \langle W, R \rangle$由$\sim$诱发一个"商框架"，名为$\mathfrak{F}$的骨架，可以记为

$$\rho\mathfrak{F} = \langle \rho W, \rho R \rangle$$

此处

$$\rho W = \{C(x): x \in W\}, \quad C(x)\rho R C(y), \text{ 当且仅当 } xRy。$$

显而易见，ρR依然是传递的。同时，ρR是自返的（禁自返的），当且仅当R是自返的（禁自返的）。然而，不管R如何，ρR永远是反对称的。所以，假使$\mathfrak{F}$原是拟序框架，$\rho\mathfrak{F}$将变成偏序框架；假使$\mathfrak{F}$原是偏序或严格偏序框架，$\rho\mathfrak{F}$仍与$\mathfrak{F}$同构。

ρR的反对称性使人们能在团与团之间定义一种先后次序。我们说团C先于团C'（C'后于C），当且仅当$C\rho R C'$并且$C \neq C'$；C是$\mathfrak{F}$中的一个终团（始团），当且仅当$\mathfrak{F}$中没有团后于（先于）C；C是$\mathfrak{F}$中的末团（首团），当且仅当C后于（先于）$\mathfrak{F}$中其他一切团。注意：末团或者首团是唯一的，但终团或始团不是。

团分三种：

➤ 萎团——由单个禁自返点组成；

➤ 简团——由单个自返点组成；

➤ 真团——由两个以上的自返点组成。

人们喜欢用

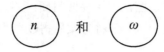

表示含n点的团和含可数无穷多点的团，也喜欢用

表示基数不定的非萎团。

从团的先后与种类着眼，可以把常见K4-逻辑的框架[①]的特征看得很清楚。这里引例，分组陈述于下。

➤ K4：无特殊条件；D4：没有终团是萎团；S4：没有团是萎团；Q4：每个非萎团先于一终萎团；GL：每个团是萎团，而且先于一终萎团。

➤ K4B：只有一个团（萎团或非萎团）；D4B=S5；S5=S4B：只有一个团，必是非萎团；Q4B=Abs：只有一个团，必是萎团（参见图1-5）[②]。

（a） K4B 的框架　　　（b） S5 的框架　　　（c） Q4B 的框架

图1-5　K4B、S5 和 Q4B 的框架特征

下面介绍深度、宽度与肥度概念，它们对理解传递框架的结构也很重要。

（A）关于深度

先作一些助探讨论。模态逻辑学者向来不谈非传递框架的深度，却没有谁认真讲过原因。形成这个传统的理由看来不止一个，但主要理由之一大概是形如

$$x_0 R x_1 R x_2 \cdots R x_n R x_0$$

---

① 不考虑可以由不相交并生成的框架。

② 回忆 B 指 $p \to \square\Diamond p$，表达 R 的对称性。

的圈在非传递框架中使"深度"概念染上任意性，不是良定义的。

例1.6　图1-6a出示一个带圈的禁传递框架$\mathfrak{G}=\langle U,\ S\rangle$，试问它的深度是多少？想必要从$\mathfrak{G}$中把最长的一条点链找出来，把这条点链的长度看成$\mathfrak{G}$的深度。然而，这时点$x_k$旁边的圈来"捣乱"，让人看不清哪一条链配当选。图1-6b列举了三种选法：一种有意躲开圈，造了不够长的链；一种为选更长的链而走进了圈，但不使圈封闭；还有一种为造最长（？）的链而不惜准许点x_k重复一次。三种方案所得$\mathfrak{G}$的"深度"迥然不同，分别是n，$k+n$和$2n+1$！

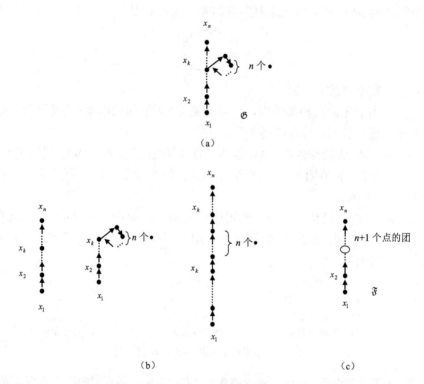

图1-6　禁传递框架$\mathfrak{G}$及其点链的不同选法、传递框架$\mathfrak{F}$

一旦将目光局限于传递框架，即使有圈，圈的干扰也消失了。例如，只要把图1-6a中的禁传递框架$\mathfrak{G}$改成图1-6c中跟它类似的传递框架$\mathfrak{F}=\langle W,\ R\rangle$，那么点$x_k$旁边的圈便属于同一个团，而把同一个团中所有点看成深度相同的点无疑是符合直观的。所以，作为传递框架，$\mathfrak{F}$有言之成理的唯一深度，就是n。

总而言之，"深度"一词只对传递框架才有意义，而且任何传递框架

$\mathfrak{F}$ 的深度都应当与其骨架 $\rho\mathfrak{F}$ 的深度是一回事。

令 $\mathfrak{F}=\langle W,\ R\rangle$ 是一传递框架。我们说 $\mathfrak{F}$ 具备深度 n，记为

$$d(\mathfrak{F})=n^{\textcircled{1}}$$

意思是指存在着取自 $\mathfrak{F}$ 中互异团的点所构成的一条长度为 n 的链 $x_1Rx_2R\cdots Rx_n$（这当然蕴涵点 $x_1,\cdots,x_n$ 两两不同，而且 $\neg x_{i+1}Rx_i$），但不存在长度大于 n 的这类点链。在相反的情况下，对每个 $n<\omega$，$\mathfrak{F}$ 都包含一条出自互异团的 n 点链，我们就说具备深度 ∞。

在模态语言中，怎样表达限制（传递框架的）深度的条件呢？用塞格伯里（K. Segerberg）[2]所设计的一类模态公式，通称 bd_n，其定义是归纳的：

$$bd_1 = \Diamond\Box\, p_1 \to p_1$$

$$bd_{n+1} = \Diamond(\Box\, p_{n+1} \wedge\neg\, bd_n) \to p_{n+1}$$

在任意框架上（而不只是在传递框架上），bd_n 局部对应于一阶公式 $\forall y(y\in x\uparrow^n \to x\notin y\uparrow^n)$，因此它全局对应于一阶句子：

$$\forall x\forall y\,(y\in x\uparrow^n \to x\notin y\uparrow^n)$$

或者写成：

$$\neg\exists x\exists y\,(y\in x\uparrow^n \wedge x\in y\uparrow^n)$$

请读者留意，bd_n 是一基本萨奎斯特公式，其一阶对应物可用桑宾算法能行地得出。这个一阶对应物自身并不描述任意框架的深度，因为无所谓"任意框架的深度"这种东西。所以，我们有命题1.5。

命题1.5　设 $\mathfrak{F}$ 是一传递框架。$\mathfrak{F}\vDash bd_n$，当且仅当 $d(\mathfrak{F})\leqslant n$。

对每个 $n<\omega$，都有一 K4-逻辑：

$$\mathrm{K4BD}_n = \mathrm{K4}\oplus bd_n$$

由于 bd_n 蕴涵 bd_{n+1}，按包含关系，这些逻辑构成一无穷下降链：

$$\cdots \subseteq \mathrm{K4BD}_n \subseteq \cdots \subseteq \mathrm{K4BD}_3 \subseteq \mathrm{K4BD}_2 \subseteq \mathrm{K4BD}_1$$

给定一 K4-逻辑 L，如果有一 $n<\omega$ 使得 $\mathrm{K4BD}_n$ 是 L 的子逻辑，L 就称为有穷深度的传递逻辑。反之，如果没有，L 就是无穷深度的。

（B）关　于　宽　度

宽度概念不仅像深度概念一样预设着框架的传递性，而且还预设着框

---

① 可以用 $d(x)$ 来表示传递框架 $\mathfrak{F}$ 中一个点 $x\in W$ 的深度。仿照范因（K. Fine）的办法，令 $d(x)=\infty$ 如果 $\mathfrak{F}$ 包含一条无穷上升 $\breve{R}$-链 $x\breve{R}x_1\breve{R}x_2\breve{R}\cdots$；否则 $d(x)=\sup\{d(y)+1\colon x\breve{R}y\}$。对任意 $\mathfrak{F}$ 中的团 $C(x)$（其中 $x\in W$），用 $d(C(x))$ 表示 $C(x)$ 的深度，并且令 $d(C(x))=d(x)$。记住，一个团中的所有的点的深度都是相同的，它们的深度就代表该团的深度。无论 $x\uparrow$（$x\in W$）中包含一条无穷上升还是无穷下降 $\breve{R}$-链，$d(x)$ 都不会是一个自然数（一有穷序数），这时 x 被称为 $\mathfrak{F}$ 中的无穷深度的点。

② 注意：按瑞典语发音，他的姓氏尾音 rg 读作 rj。

架的有根性。这些有必要作一些助探讨论。

　　框架$\mathfrak{F}=\langle W, R\rangle$中的点集$X\subseteq W$称为$\mathfrak{F}$中的一个反链，如果$X$中任何一对点$x, y$都是不可比较的，即$x\neq y$且$\neg xRy$且$\neg yRx$。框架$\mathfrak{F}$的宽度是多少，只看$\mathfrak{F}$中极大反链的基数是多少。这似乎言之成理，但不给$\mathfrak{F}$加上一定的限制，很难言之成理。

　　例1.7　按方才所给出的意义去谈论非传递框架的宽度，恐怕是自寻烦恼。请看图1-7a中的（有根的）禁传递框架，试问该框架中的极大反链是集合A，还是集合$A\cup B$，还是集合$A\cup B\cup C$？

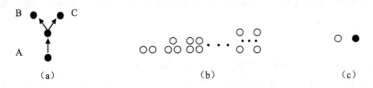

图 1-7　有根和无根的框架示例

　　想避免诸如此类的混乱，最好的办法是只考虑传递框架，而不是去修改原本很自然的"反链"概念。

　　再看图1-7b中出示的那无穷多个无根（传递）框架，它们分别是由含$2, 3, 4, \cdots, \omega$个自返点的反链构成。既然这些反链的基数各不相同，对应框架的"宽度"就应当各不相同，分别为$2, 3, 4, \cdots, \omega$。然而，所有这些具备不同"宽度"的框架上的逻辑毫无二致，都是单自返点框架的逻辑$\text{Log}\circ=\text{Triv}$。

　　为了使不同的宽度发生不同的语义效应，必须转而考虑有根框架，让反链中的点至少有一公共前趋。这是由模态语义学的本性决定的。

　　现在来定义有根传递框架$\mathfrak{F}=\langle W, R\rangle$的宽度。传递框架$\mathfrak{F}$称为有根的，如果至少存在一点$x\in W$使得

$$x{\uparrow}^+ = W$$

此处$x{\uparrow}^+ = x{\uparrow}\{x\}$（当$x$是自返点时，$x{\uparrow}^+ = x{\uparrow}$）；$x$是框架$\mathfrak{F}$的一个根，但一般说来根不是唯一的。传递框架$\mathfrak{F}$有根$x$蕴涵着它的骨架$\rho\mathfrak{F}$有根$C(x)$。有根传递框架$\mathfrak{F}$的宽度与$\rho\mathfrak{F}$的宽度本质上是一样的，因为$\mathfrak{F}$中任一反链都是由$\rho\mathfrak{F}$中互不通达的互异团内抽取一点而构成的。

　　宽度的定义方式与深度相仿。如果框架$\mathfrak{F}$含有一n点反链但不含基数更大的反链，$\mathfrak{F}$具备宽度n，记为

$$w(\mathfrak{F}) = n$$

如果对每个 $n<\omega$，$\mathfrak{F}$ 都含 n 点反链，$\mathfrak{F}$ 具备宽度 ∞。

宽度概念对无根传递框架没有定义，很自然，却也很不方便。本书前文提过，有些（居间）逻辑的框架由隔离开来的两部分组成，不可能是有根的，而它们的许多扩充和许多子逻辑的框架则是有根的。假使不想容忍一大族有宽度逻辑中间不断出现无宽度的"奇点"，尽可人为地约定：无根传递框架的宽度是其有根子框架的宽度的上确界；在这些有根子框架的宽度无上界的情况下，它的宽度是 ∞（参见图1-7c中最简单的例子——Neut的框架）。

范因设计过一类模态公式，通称为 bw_n，定义如下：对 $n\geqslant 1$，

$$bw_n = \bigwedge_{i=0}^{n} \Diamond\, p_i \to \bigvee_{0\leqslant i\neq j\leqslant n} \Diamond\,(\,p_i \wedge (p_j \vee \Diamond\, p_j\,))$$

它们是基本萨奎斯特公式。应用桑宾算法，不难看出 bw_n 的全局性一阶对应物是

$$\forall x \forall y_0 \cdots \forall y_n (\bigwedge_{i=0}^{n} y_i \in x\uparrow \wedge \bigwedge_{0\leqslant i\neq j\leqslant n} y_i \neq y_j \to \bigvee_{0\leqslant i\neq j\leqslant n} y_j \in y_i\uparrow)$$

（特言之，bw_1 演绎等价于 $\Box(\Box p \wedge p \to q) \vee \Box(\Box q \wedge q \to p)$，表达 R 的连通性）所以，我们有命题1.6。

命题1.6　设 $\mathfrak{F}$ 是一传递框架。如果 $\mathfrak{F}$ 有根，$\mathfrak{F} \vDash bw_n$，当且仅当 $w(\mathfrak{F}) \leqslant n$。如果 $\mathfrak{F}$ 无根，$\mathfrak{F} \vDash bw_n$，当且仅当 $\mathfrak{F}$ 的每个有根子框架 $\mathfrak{G}$ 都具备宽度 $w(\mathfrak{G}) \leqslant n$；因此，按约定，$\mathfrak{F} \vDash bw_n$，当且仅当 $w(\mathfrak{F}) \leqslant n$。

类似 $\mathbf{K4BD}_n$，对每个 $n<\omega$，本书定义一 K4-逻辑：

$$\mathbf{K4BW}_n = \mathbf{K4} \oplus bw_n$$

这些逻辑也按包含关系构成一无穷下降链。K4-逻辑 L 是有穷宽度的还是无穷宽度的，取决于有无一 $n<\omega$ 使得 $\mathbf{K4BW}_n$ 是 L 的子逻辑。

（C）关　于　肥　度

令 $\mathfrak{F}=\langle W, R\rangle$ 是任意传递框架，令 C 是 $\mathfrak{F}$ 中的一个团。我们把 C 中自返点的数目称为 C 的肥度，记为

$$ft(C)^{①}$$

根据这个定义，任何萎团的肥度为0，任何简团的肥度为1，任何真团的肥度 $\geqslant 2$，而任何无穷团的肥度应为该团的基数（当无需区分时可以用 ∞ 笼统地表示）。

框架 $\mathfrak{F}$ 的肥度：

---

① 这里借用克拉赫特 *Tools and Techniques In Modal Logic*（Amsterdam，Elsevier Science B.V，1999，p. 402）中提及肥度时所使用的符号。

$$ft(\mathfrak{F})$$

是其中所有团的肥度的上确界。特言之，$ft(\mathfrak{F})$是自然数$n<\omega$，如果$\mathfrak{F}$含肥度为n的团而不含肥度更大的团。

为表达限制有穷肥度的条件，克拉赫特（M. Kracht）设计了模态公式 bf_n[①]。对$n\geqslant 1$，

$$bf_n = p_0 \rightarrow \neg \square^+ \bigwedge_{0\leqslant i\neq j\leqslant n} (p_i \rightarrow \neg p_j \wedge \Diamond p_j)$$

这不是萨奎斯特公式。然而，不必诉诸任何算法，也很容易有命题1.7。

命题1.7 设$\mathfrak{F}$是一传递框架。$\mathfrak{F}\vDash bf_n$，当且仅当$0<ft(\mathfrak{F})\leqslant n$。

类似地，可以引进一整族K4-逻辑：对$n\geqslant 1$，

$$K4BF_n = K4 \oplus bf_n$$

显而易见，逻辑$K4BF_n$ $(n\geqslant 1)$形成一条无穷下降链。

第三节 临界的传递逻辑——K4-逻辑格中的濒表格逻辑

临界逻辑，顾名思义，就是满足某种临界性质的模态逻辑。本书所研究的临界性质，又称之为濒表格性（pretabularity），是一种在给定逻辑格中作为非表格逻辑所具有的极大性。它的任何一个真扩充都只被一个有穷框架所刻画，即表格逻辑（tabular logic）。

一、逻辑格中的濒表格逻辑

在了解濒表格逻辑之前，先引入逻辑格的概念。

令L是一正规逻辑，令NExt$L$是L的全体正规扩充集。对任何逻辑 L_1，$L_2\in$NExt$L$，L_1与L_2的上确界$L_1\oplus L_2$和下确界$L_1\cap L_2$都在NExt$L$中，可见偏序集：

$$\langle \text{NExt}L, \subseteq \rangle$$

是一个格[②]。为省文计，仍用符号NExt$L$[③]表示这个格，称之为L的正规扩充格。

对任意正规逻辑L_1和L_2，如果$L_1\subseteq L_2$，NExtL_2被称为NExtL_1子格。

---

① Kracht. M., *Tools and Techniques In Modal Logic*，Amsterdam，Elsevier Science B.V.，1999，p. 402.

② 参见 S. Burris 和 H. P. Sankappanavar 的 *A Course in Universal Algebra*（New York Springer-Verlag，1981，pp. 4～8）"格"的定义。

③ 该符号采用的是查格罗夫和扎哈里雅雪夫 *Modal Logic*（Oxford，Oxford University Press，1997）中使用的符号。事实上本书中绝大部分符号在不做特别说明的情况下都借用于该书。

如果恰好有 $L_1 \neq L_2$，则 $\mathrm{NExt}L_2$ 被称为 $\mathrm{NExt}L_1$ 真子格。显然，所有正规扩充格中的最大者是NExtK。本书则着重研究它的真子格：

$$\mathrm{NExtK4}^{①}$$

及该子格的某些重要真子格，如NExtD4、NExtQ4。已经知道，所有这些逻辑格都是完备的，都是分配的，都有相对伪补从而构成伪布尔代数。

"濒表格逻辑"是一相对于给定格的概念。

令 L_0 是一正规逻辑，正规逻辑 $L \in \mathrm{NExt}L_0$。L 是 $\mathrm{NExt}L_0$ 中的濒表格逻辑，如果 L 本身不是表格的但 L 在 $\mathrm{NExt}L_0$ 中的一切真扩充都是表格的。

换言之，如上定义的 L 在 $\mathrm{NExt}L_0$ 中是极大的非表格逻辑，尽管在更大的格（如 L_0 的拟正规扩充格 $\mathrm{Ext}L_0$）中未必也是极大的。本书关注的临界的传递逻辑指的正是传递逻辑格中的濒表格逻辑，即NExtK4中的濒表格逻辑[②]。已有的结果使得我们原则上有可能描述传递逻辑格的上部，对NExtK却没有这种可能。因为它的上部是表格与非表格逻辑的杂居区。正如布洛克（W. J. Blok）所表明的，从Abs（=Log•）和Triv（=Log○）起，每个表格逻辑在NExtK中都有一直接前趋的连续统[③]，其中当然不乏只有有穷多个表格扩充的非表格逻辑，而它们正是"格论判据"的反例。

二、传递的表格逻辑和濒表格逻辑的已知定理

现在来回顾关于传递的表格逻辑和濒表格逻辑的一些已知结果，但不考虑雷巴科夫（V. V. Rybakov）最先针对NExtS4建立的类似结果[④]。这些已知定理中的大部分将在后文证明传递的濒表格逻辑的语义判据中被使用。

"表格逻辑"按其定义方式是一个语义概念，然而表格性是有语法判据的。令

$$alt_n = \Box\, p_1 \vee \Box(p_1 \rightarrow p_2) \vee \cdots \vee \Box(p_1 \wedge \cdots \wedge p_n \rightarrow p_{n+1}), \ n \in \omega$$

$$tra_n = \bigwedge_{i=1}^{n} \Box^{\,i} p \rightarrow \Box^{n+1} p, \ n \geq 1$$

我们有定理1.1。

① 后文中，在不发生混淆的情况下，本书将常用"K4-逻辑格"或"传递逻辑格"来代替"NExtK4"。

② 本书后文将经常用"传递（逻辑格中）的濒表格逻辑"来代替"NExtK4 中的濒表格逻辑"这样的提法。

③ Blok, W. J., "On the Degree of Incompleteness in Modal Logics and the Covering Relation in the Lattice of Modal Logics", *Technical Report 78~07*, *Department of Mathematics*, *University of Amsterdam*, 1978。

④ Maksimova, L. L. et al, "Lattices of Modal Logics", *Algebra and Logic*, Vol.13, 1974, pp.105~122.

定理1.1（劳滕伯格[①]）　在NExtK中，L是表格的，当且仅当对某个$n \in \omega$，$tra_n \wedge alt_n \in L$。传递逻辑格中，L是表格的，当且仅当对某个$n \in \omega$，$alt_n \in L$[②]。

从贝克（K. A. Baker）关于合同分配簇中有穷代数的一般定理[③]可以得出。

定理1.2　在NExtK中，每个表格逻辑都是有穷可公理化，因而都是可判定的。

传递逻辑格比NExtK好的性状是它有所谓"表格性的格论判据"：

定理1.3　（布洛克）在传递逻辑格中，L是表格的当且仅当它只有有穷多个正规扩充[④]。

定理1.4　（布洛克）在传递逻辑格中，每个表格逻辑都有有穷多个直接前趋，它们也都是表格的[⑤]。

应用曹恩引理不难证明。

定理1.5　（劳滕伯格）在NExtK中，每个非表格逻辑都包含在一个濒表格逻辑中[⑥]。

定理1.6　（布洛克）在传递逻辑格中，每个濒表格逻辑都是有穷可逼近的[⑦]。

上述定理1.5和定理1.6对解决传递逻辑格的濒表格性判据问题有决定意义。

定理1.7　（布洛克）在传递逻辑格中，存在不可数多个濒表格逻辑，但是只存在可数多个有穷深度的濒表格逻辑[⑧]。

最后一条定理涉及传递逻辑格的一类子格 $NExtKBD_n$。可以证明：每当$n > 2$，$NExtKBD_n$ 有连续统的基数，因此其中非有穷可公理化的逻辑和不可判定的逻辑也有那么多。然而，对于其中的濒表格逻辑，有以下定理。

定理1.8　（查格罗夫）在传递逻辑格中，每个有穷深度的濒表格逻辑

① 括号里标注的是定理的证明者。
② 参见劳滕伯格 "Der Verband der normalen verzweigten Modallogiken"（*Mathematische Zeitschrift*，Vol.156，1977，pp. 123~140）。后文将经常援引该定理，为行文简洁，本书将其称为"表格性的语法判据"。
③ Baker, K. A., "Finite equational bases for finite algebras in a congruence distributive equational class", *Advances in Mathematics*，Vol.24，1977，pp. 207~243.
④ Blok, W. J., "Pretabular varieties of modal algebras", *Studia Logica*，Vol.39，1980，pp. 101~124.
⑤ 同④。
⑥ Rautenberg, W., "Der Verband der normalen verzweigten Modallogiken", *Mathematische Zeitschrift*，Vol.156，1977，pp. 123~140.
⑦ 参见布洛克 "Pretabular varieties of modal algebras"（*Studia Logica*，Vol.39，1980，pp. 101~124）。"有穷可逼近性"即"有穷框架性"。
⑧ Blok, W. J., "Pretabular varieties of modal algebras", *Studia Logica*，Vol.39，1980，pp. 101~124.

都是有穷可公理化的和可判定的①。

下面几条定理都是关于传递逻辑格的子格NExtS4、NExtD4和NExtGL中濒表格逻辑的结果，本书第二章将对这些结果进行详细分析。

定理1.9～定理1.11不仅直接为传递逻辑格的三个重要子格提供了关于濒表格逻辑的完全的描述，也为这三个格提供了能行的表格性判据。

定理1.9 （马克西莫娃、叶萨基亚和梅思赫侬）在NExtS4中有且只有5个濒表格逻辑，并给出了它们的刻画框架②。

定理1.10 （布洛克和梅思赫侬）在NExtD4中有且只有10个濒表格逻辑，并给出了它们的刻画框架③。

定理1.11 （布洛克）在NExtGL中有且只有$\aleph_0$个濒表格逻辑，并给出了它们的刻画框架④。

前人对传递逻辑格的子格NExtS4、NExtD4和NExtGL的濒表格逻辑的研究结果和方法将影响本书对传递濒表格逻辑的研究视角。本书会尽可能地描述所有传递的濒表格逻辑的刻画框架，也会按照有穷深度和无穷深度的标准对濒表格逻辑进行分类。本书的结果和研究方法是对已知结果的发展，绝不是现有方法的简单应用。这一点将在第二章中有所论述。

① Chagrov，A. V.，"Modelling of computation process by means of propositional logic"，Dissertation，Russian Academy of Science，1998.
② Maksimova，L. L.，"Pretabular extensions of Lewis S4"，*Algebra and Logic*，Vol.14，1975，pp.16～33；Esakia，L. L. et al，Five critical modal systems，*Theoria*，Vol.40，1977，pp.52～60.
③ Blok，W.J.，"Pretabular varieties of modal algebras"，*Studia Logica*，Vol.39，1980，pp.101～124.
④ 参见布洛克"Pretabular varieties of modal algebras"（*Studia Logica*，Vol.39，1980，pp.101～124）。该定理的某些错误被查格罗夫修正，参见查格罗夫"Nontabularity-pretabularity，antitabularity，coantitabularity"（*Algebraic and Logical Constructions*，1989，pp.105～111）。

第二章　历史的回顾：1940～1980 年

本章重新审视传递逻辑格的濒表格逻辑研究的发展过程，总结前人在方法论方面累积的值得重视的经验。历史情境和技术细节不是注意的重点。为了观念的清晰表述，本书会适时地使用某些数学语言。

第一节　孤 例 S5

濒表格逻辑的研究，起步晚，进步慢。1970年以前，哪怕局限于传递逻辑格的子格NExtS4，人们也仅知道一个濒表格逻辑，即路易士的5个著名系统S1～S5中最大的一个：

$$S5=S4 \oplus p \rightarrow \Box \Diamond p$$

S5的濒表格性来之不易，是经历长时间间隔分两步建立的：第一步，1940年杜根吉（J. Dugundji）运用亨里矩阵证明S5本身根本不可能有有穷刻画矩阵[①]；第二步，1951年司克罗格斯（S. J. Scroggs）运用亨里矩阵证明S5的每个真扩充都不可能没有有穷刻画矩阵[②]。

一、亨里矩阵——球的对偶

20世纪30年代初，为显示路易士的"严格蕴涵系统"都有无穷多个基数各异的代数模型，哈佛大学的青年逻辑学家亨里（P. Henle）引进了一类简单的模态矩阵，后被命名为"亨里矩阵"。而且，早在引进之初，亨里就知道凡满足S5的矩阵必有一等价的——也就是证实相同的模态公式的——亨里矩阵[③]。

亨里矩阵是一模态代数$\mathfrak{H}=\langle H, \wedge, \vee, \neg, 1, 0, \Box \rangle$，其中$\langle H, \wedge, \vee, \neg, 1, 0 \rangle$是任意布尔代数，而模态运算$\Box$被定义为

[①] Dugundji, J., "Note on a property of matrices for Lewis and Langford's calculi of propositions", *The Journal of Symbolic Logic*，Vol.5，1940，pp. 150～151.

[②] Scroggs, S. J., "Extensions of the Lewis system S5", *The Journal of Symbolic Logic*，Vol.16，1951，pp. 112～120.

[③] 参见路易士和兰福德（C. H. Langford）*Symbolic Logic*（New York，Dover Publications，1959，pp. 492～502）。据笔者所知，那里第一次向逻辑界通报了亨里的这项发现。

$$\Box x = \begin{cases} 1, & \text{如果 } x = 1 \\ 0, & \text{如果 } x \neq 1 \end{cases}$$

亨里实际使用的是亨里矩阵的一种更为直观的特例，其中基集 H 是正整数集 $\{1, 2, \cdots, n\}$ 的幂集；布尔代数运算 $\wedge$，$\vee$ 和 $\neg$ 分别是集运算 $\cap$，$\cup$，$\backslash$；1 和 0 分别是全集 $\{1, 2, \cdots, n\}$ 和空集 $\emptyset$。模态运算 $\Box$ 的定义则是

$$\Box x = \begin{cases} \{1, 2, \cdots, n\}, & \text{如果 } x = \{1, 2, \cdots, n\} \\ \emptyset, & \text{如果 } x \neq \{1, 2, \cdots, n\} \end{cases}$$

这些都是有穷矩阵。如果取全体正整数集的幂集充当基集 H，可以得到无穷的亨里矩阵。

亨里跟他的同代人一样，不大可能预见到过了 30 年左右才姗姗而来的克里普克语义学，否则他一定会指出亨里矩阵与一类简单的框架成对偶。每个有穷的模态代数 $\mathfrak{A}=\langle A, \wedge, \vee, \neg, 1, 0, \Box\rangle$ 都等价于某个模态框架 $\mathfrak{F}=\langle W, R\rangle$[①]，通称代数 $\mathfrak{A}$ 的对偶，记为 $\mathfrak{A}_+$。按照定义，W 是 $\mathfrak{A}$ 中全体原子的集合（回想：A 的元素 a 是代数 $\mathfrak{A}$ 中的原子，当且仅当①$a \neq 0$；②对 $\mathfrak{A}$ 中每个元素 x，$x \leqslant a$ 蕴涵着 $x = 0$ 或 $x = a$；简言之，原子是一非零的极小元），R 是 W 上的如下关系：

$$xRy, \quad \text{当且仅当} \forall z \in A(x \leqslant \Box z \to y \leqslant z)$$

当我们把代数 $\mathfrak{A}$ 的对偶 $\mathfrak{A}_+$ 的定义应用到亨里矩阵的时候，可以看出，任何有穷亨里矩阵 $\mathfrak{H}=\langle H, \wedge, \vee, \neg, 1, 0, \Box\rangle$ 的对偶 $\mathfrak{A}_+$ 都应当是一个极其无趣的有穷框架 $\mathfrak{F}=\langle W, R\rangle$，其中 W 上的可通达性关系 R 是全关系——$R = W \times W$！事实上，取 $\mathfrak{H}$ 中任意一对原子 x 和 y（可以相同），再设 $z \in H$。这时，要么 $z = 1$，要么 $z \neq 1$。如果 $z = 1$，那么 $x \leqslant \Box z \to y \leqslant z$ 的后件 $y \leqslant z$（$=1$）真；如果 $z \neq 1$，那么 $x \leqslant \Box z \to y \leqslant z$ 的前件 $x \leqslant \Box z$（$=0$）假。无论在哪种情况下，该蕴涵式都是真的，这就意味着 xRy 永远成立。给可通达性关系 R 为全关系的框架冠以"球"的称呼是颇生动的。让我们把有穷亨里矩阵的对偶称为"球"，同时约定把"球"表示成一个圆而不一定不标出球中的元素。在必要时，可以将球的基数写在圆内。

再说明一次，有穷亨里矩阵 $\mathfrak{H}$ 等价于与它成对偶的有穷球 $\mathfrak{H}_+$，就是

① 参见查格罗夫和扎哈里雅雪夫 *Modal Logic*（Oxford，Oxford University Press，1997，p. 215）定理 7.47。

说，对任何模态公式 φ，$\mathfrak{H} \models \varphi$，当且仅当 $\mathfrak{H}_{+} \models \varphi$。

二、杜根吉公理的语义功能

杜根吉发表于1940年的文章，题为"注路易士-兰福德命题演算矩阵的一种性质"[①]。这位年轻人的本行是拓扑学，此文只是他在模态逻辑领域的一次客串。当时他对S5及其子逻辑的非表格性问题萌生了兴趣，知识渊博、经验丰富的模态代数学家麦金塞（J. C. C. McKinsey）劝他借鉴哥德尔的方法[②]试一试。

借鉴谈何容易！

为显示S5的非表格性，杜根吉必须表明每个有穷的亨里矩阵都满足一限制矩阵基数的模态公式，但该公式在S5中不可证，因为它不被基数更大的有穷亨里矩阵所满足。找出这样的模态公式不容易。有穷矩阵的基数限制是一种纯数学的性质，那个时代的学者却从未思考过任何纯数学性质的"模态可定义性问题"。幸运的是，1932年哥德尔证明直觉主义命题演算Int的非表格性的时候[③]，给出了表达有穷伪布尔代数的基数限制的直觉主义公式，不妨称为

哥德尔公理 F_n　　　　$\bigvee_{1 \leqslant i < j \leqslant n+2} (p_i \supset\subset p_j)$，此处 $n = 1, 2, 3, \cdots$

麦金塞要杜根吉借鉴的东西首先就是这组公式。不过，照抄肯定行不通，因为哥德尔公理并不是模态公式，其中的等值号 $\supset\subset$ 根本不是实质等值号。我们不知道杜根吉是否想过用哥德尔设计的一种语法变换T把直觉主义公式 F_n 翻译成模态公式[④]。但即使他想，也不会成功。变换T的要点在于给直觉主义公式的每个子公式前面加一个必然号。T于是诱发一映射：

$$\tau : \text{ExtInt} \rightarrow \text{NExtS4}$$

对任何 $L = \text{Int} + \{\varphi_i : i \in I\}$，$\tau L = \text{S4} \oplus \{T(\varphi_i) : i \in I\}$。既然最强的哥德尔公理 F_1 与排中律 $p \vee \neg p$ 演绎等价，便可推出：

$$\tau \text{Cl} = \tau(\text{Int} + F_1) = \tau(\text{Int} + p \vee \neg p)$$
$$= \text{S4} \oplus T(p \vee \neg p) = \text{S4} \oplus \square p \vee \square \neg \square p = \text{S5}$$

这说明：哥德尔翻译T不可能产生在S5中不可证的模态公式。

---

① Dugundji, J., "Note on a property of matrices for Lewis and Langford's calculi of propositions", *The Journal of Symbolic Logic*, Vol.5, 1940, pp. 150~151.

② Gödel, K., "Zum intuitionistischen Aussagenkalkül", *Anzeiger der Akademie der Wissenschaften in Wien*, Vol.69, 1932, pp. 65~66.

③ 同②。

④ Gödel, K., "Eine Interpretation des intuitionistischen Aussagenkalküls", *Ergebnisse eines Mathematischen Kolloquiums*, Vol.4, 1933, pp. 39~40.

尽管如此，杜根吉仍旧从哥德尔的文章里获得灵感，把哥德尔公理中的直觉主义等值号 $\supset\subset$ 改成严格等值号，设计出他所需要的一个模态公式序列：

$$\text{杜根吉公理 } D_n \qquad \bigvee_{1\leqslant i<j\leqslant n+2} \Box(p_i \leftrightarrow p_j)$$

不难验证，对每个 $n\in\omega$，D_n 演绎等价于稍简单的公式：

$$alt_n \qquad \Box p_1 \vee \Box(p_1 \to p_2) \vee \cdots \vee \Box(p_1 \wedge \cdots \wedge p_n \to p_{n+1})$$

为了让读者放心，下面大致勾勒 alt_n 在逻辑 $K \oplus D_n$ 中的语法推演。第一步，把 D_n 改写成：

$$\alpha \vee \beta$$

这里，

$$\alpha = \bigvee_{1\leqslant i\leqslant n+1} \Box(p_i \leftrightarrow p_{n+2}), \quad \beta = \bigvee_{1\leqslant i<j\leqslant n+1} \Box(p_i \leftrightarrow p_j)$$

第二步，在 α 中把常号 $\top$ 代入变号 p_{n+2}，得到：

$$\bigvee_{1\leqslant i\leqslant n+1} \Box p_i$$

注意其中每个析取支 $\Box p_i$（$i>1$）都可证蕴涵 $\Box(p_1 \wedge \cdots \wedge p_{i-1} \to p_i)$[1]，从而得出：

$$\alpha^* = \Box p_1 \vee \bigvee_{1<i\leqslant n+1} \Box(p_1 \wedge \cdots \wedge p_{i-1} \to p_i) = alt_n$$

第三步，把 β 中每个析取支 $\Box(p_i \leftrightarrow p_j)$ 减弱成 $\Box(p_1 \wedge \cdots \wedge p_{j-1} \to p_j)$，于是从 β 产生：

$$\beta^* = \bigvee_{1<i\leqslant n+1} \Box(p_1 \wedge \cdots \wedge p_{j-1} \to p_j)$$

显而易见，$\alpha^* = \Box p_1 \vee \beta^*$。由此可见，$\alpha^* \vee \beta^* = \alpha^* = alt_n \in K \oplus D_n$。

杜根吉公理 D_n 与 alt_n 的演绎等价可以确保它们二者发挥同样的语义功能。正像 alt_n 一样，一般说来，D_n 只能表达一个克里普克框架 $\mathfrak{F}=\langle W, R\rangle$ 的"局部有穷性"：

$$\mathfrak{F}\models D_n[x], \text{ 当且仅当 } |x\uparrow|\leqslant n, \text{ 此处 } x\uparrow=\{y\in W : xRy\}$$

然而，在有根的传递框架 $\mathfrak{F}$ 上，D_n 表达着框架的"总体有穷性"：

$$\mathfrak{F}\models D_n, \text{ 当且仅当 } |W|\leqslant n+1$$

特言之，对有根的拟序框架 $\mathfrak{F}$，

$$\mathfrak{F}\models D_n, \text{ 当且仅当 } |W|\leqslant n[2]$$

---

[1] 当 $i=1$ 时，显然有 $\Box p_1$ 可证蕴涵 $\Box p_1$。

[2] 参见塞格伯里 "An essay in classical modal logic"（*Filosofiska Studier 13*，Uppsala，*University of Uppsala*，1971，p. 53）的论述，那里忽略了修饰词"有根的"不能少。

可见，如果有穷亨里矩阵 $\mathfrak{H}$ 是某个 n 元球的对偶，那么，按它的构造法，杜根吉公理便这样限制它的基数：

$$\mathfrak{H} \vDash \mathrm{D}_n，当且仅当 \mid H \mid \leqslant 2^n$$

应当指出，原先针对S5及其子逻辑提出的杜根吉公理事实上是传递逻辑格及其一切子格中一条普遍适用的非表格性判据，因为有

$$L \in \mathrm{NExtK4} 是非表格的，当且仅当对所有 n \in \omega，\mathrm{D}_n \notin L$$

不过，还要假以时日，模态逻辑学界才学得会这么看待杜根吉公理的作用。

哥德尔揭示直觉主义逻辑Int的非表格性之后，立即推断Int有无穷多的"逾直觉主义"的表格扩充。杜根吉既是效仿哥德尔，无疑也会想到S5同样该有无穷多个一致的表格扩充，例如：

$$S5 \oplus \mathrm{D}_1，S5 \oplus \mathrm{D}_2，S5 \oplus \mathrm{D}_3，\cdots$$

他没有提这个系理，大概觉得类比不足道，自己又解决不了另一个困难得多的问题：S5是不是只有这样的一致扩充？这个问题意义重大，一旦有肯定的解，S5将成为有史以来第一个濒表格逻辑的实例。

三、司克罗格斯为濒表格性的标准证法奠基

杜根吉留下的大问题，拖延10年才由司克罗格斯一举解决。司克罗格斯是麦金塞在俄克拉何马农业机械学院的学生，他在后者指导下完成硕士论文《路易士系统S5的扩充》[①]，建立了S5的濒表格性。这位硕士生的结果称得上"史无前例"，前人表明了Int的非表格性（哥德尔）和S1～S5的非表格性（杜根吉），却始终没有找出一个濒表格逻辑（请注意Int根本不是濒表格的），尽管S5分明摆在那里！

司克罗格斯所想做的事其实不必动用多么高深的技术手段，要求他做些细腻工作的部分主要是精确表述和周密论证亨里已经懂得的代数事实：每个满足S5的有穷矩阵同构于有穷多个有穷亨里矩阵的直积，从而等价于其中基数最大者。司克罗格斯的成功不靠这些，靠的是敏锐地洞察濒表格性——不为普通非表格逻辑所具有的一种特殊性质——从何而来。他的文章中为数甚多的预备性定理可以浓缩成如下三大论据[②]：

论据1：S5被全体有穷亨里矩阵的类H所刻画。

论据2：S5的每个真扩充 L 被H的某有穷子类 H_L 所刻画。

论据3：H中的有穷亨里矩阵可以按基数大小排成一条无穷上升链

---

① Scroggs，S. J.，"Extensions of the Lewis system S5"，*The Journal of Symbolic Logic*，Vol.16，1951，pp. 112～120.

② 同①。

$\mathfrak{H}_1$，$\mathfrak{H}_2$，$\mathfrak{H}_3$，…。这里$\mathfrak{H}_n$是$\mathfrak{H}_{n+1}$的子代数，因此这些矩阵上的逻辑构成一条无穷下降链：$\mathrm{Log}\mathfrak{H}_1 \supset \mathrm{Log}\mathfrak{H}_2 \supset \mathrm{Log}\mathfrak{H}_3 \supset \cdots$。

论据1、2只断定S5及其扩充的有穷可逼近性，对S5的濒表格性起决定作用的是论据3，正是它使S5有别于普通有穷可逼近的逻辑。令人吃惊，这三条论据足够了。

司克罗格斯定理 对S5的任何一致扩充L，或者L=S5，或者L有一有穷刻画矩阵，一句话，S5是濒表格逻辑。

证明

令$\mathfrak{H}_1$，$\mathfrak{H}_2$，$\mathfrak{H}_3$，…是上述论据3中的亨里矩阵序列。令

$$G=\{n\in\omega : \mathfrak{H}_n \vDash L\}$$

设G无界。按论据3，$G=\omega$，所以$L\subseteq \bigcap_{1\leqslant n\in\omega} \mathrm{Log}\mathfrak{H}_n$。按论据1，$\bigcap_{1\leqslant n\in\omega} \mathrm{Log}\mathfrak{H}_n=$S5。可见，$L$=S5。

设G有界。取G中最大数$k\in\omega$，有$\mathfrak{H}_k\vDash L$。另外，对任意$\varphi\notin L$，按论据2，存在一有穷亨里矩阵$\mathfrak{H}_i\in\mathbf{H}_L$，$\mathfrak{H}_i\vDash L$但$\mathfrak{H}_i\nvDash\varphi$。由于$\mathfrak{H}_i\vDash L$，$i\leqslant k$，因而$\mathfrak{H}_i$是$\mathfrak{H}_k$的子代数。所以，按论据3，从$\mathfrak{H}_i\nvDash\varphi$可得$\mathfrak{H}_k\nvDash\varphi$。这表明：对所有$L$的非定理$\varphi$，总有$\mathfrak{H}_k\nvDash\varphi$。可见，$\mathfrak{H}_k$是$L$的有穷刻画矩阵。■

前文说过，有穷亨里矩阵与有穷球互为对偶。现在，即使忘记所谈的模态代数是亨里矩阵，所谈的克里普克框架是球，司克罗格斯的证明方法对含K4的许多别的濒表格逻辑照样适用。完全可以认为，他的方法暗示着一条应用范围很广但略显含糊的原理。用代数术语来表述，这条原理是：

L是一个濒表格逻辑，如果存在一有穷代数的可数类C使得① L被C刻画；② L的真扩充被C的某有穷子类刻画；③ C中的代数可以按给定参数π排成无穷上升链$\mathfrak{C}_1$，$\mathfrak{C}_2$，$\mathfrak{C}_3$，…，其中$\mathfrak{C}_n$是$\mathfrak{C}_{n+1}$的子代数或同态象。

也可以改用模型论术语来表述：

L是濒表格的，如果存在一有穷框架的可数类C使得① L被C刻画；② L的真扩充被C的某有穷子类刻画；③ C中的框架可以按给定参数π排成无穷上升链$\mathfrak{C}_1$，$\mathfrak{C}_2$，$\mathfrak{C}_3$，…，其中$\mathfrak{C}_n$是$\mathfrak{C}_{n+1}$的约本[①]或生成子框架。

为简明起见，今后把以上原理中提到的无穷上升链称作"基于（参数）π的司克罗格斯-链"。

当然，必须再过20年，这条原理的效验才会超越S5。根据司克罗格斯定理，异于S5的濒表格逻辑必须在与S5不可比较的那些逻辑中间去找，那个年代的人却很难想象与S5不可比较的逻辑能有多少。

---

① 又称p-同态象。

第二节 走 出 孤 例

　　1950～1970年可以看成是一个继续搜索个别的濒表格逻辑的时期。其间唯一的重大事件是达梅特（M. Dummett）找出了第一个濒表格的逾直觉主义逻辑LC=Int+ $(p \to q) \vee (q \to p)$。他把这个了不起的结果发表在1959年的《一个有可数矩阵的命题演算》一文中[①]。不久，托马斯（I. Thomas）给出LC的所有表格扩充的公理化[②]，使这项成果臻于完备。遗憾的是，达梅特的发现尽管重要，却也像司克罗格斯的重要发现一样，在当时并没有直接促进模态领域的濒表格逻辑研究。因为在当时，人们仅掌握一种把逾直觉主义逻辑解释成模态逻辑的方法，那就是哥德尔翻译 T。然而，T 不能保存濒表格性。特言之，τLC 是非濒表格逻辑S4.3：

$$\tau\mathrm{LC} = \tau(\mathrm{Int} + (p \to q) \vee (q \to p))$$
$$= \tau\mathrm{Int} \oplus \top((p \to q) \vee (q \to p))$$
$$= \mathrm{S4} \oplus \Box(\Box p \to \Box q) \vee \Box(\Box q \to \Box p)$$
$$= \mathrm{S4.3}$$

这个事实是达梅特与莱蒙（E. J. Lemmon）合作在同一年发表的另一篇著名文章中建立的[③]。也正是在那篇文章里，他们证明 τCl=S5，从而显示出 T 也不保存表格性。

　　1970年以前，濒表格逻辑的研究并非止步不前，而应该说收获颇丰，可惜缺少自觉性。一个模态逻辑史家如果看重事情的本质，而不止是津津乐道所谓"发明权"，他就没有任何理由不承认索波青斯基（R. Sobociński）在这方面的贡献。

一、索波青斯基在 $\mathcal{K}$ 族中的遭遇

　　索波青斯基原籍波兰，系华沙学派大师勒希涅夫斯基（S. Leśniewski）的得意门生，以精通勒氏系统闻名。第二次世界大战后期流亡美国，任教于圣母大学，《圣母形式逻辑杂志》创刊后出任主编。从1964年开始，索波青斯基由NExtS4中划出一个"非路易士的"子族 $\mathcal{K}$，跟他的年轻同行一起做

---

① Dummett，M. A. E.，"A propositional calculs with denumerable matrix"，*The Journal of Symbolic Logic*，Vol.24，1959，pp. 97～106.

② Thomas，I.，"Finite limitations on Dummett's LC"，*Notre Dame Journal of Formal Logic*，Vol.3，1962，pp. 170～174.

③ Dummett，M. et al，"Modal logics between S4 and S5"，*Zeitschrift für Mathematische Logik und Grundlagen der Mathematik*，Vol.5，1959，pp. 250～264.

了多年的研究[①]。他的 $\mathcal{K}$ 族几乎等于NExtS4.1。然而，按他本人的准确定义，

$$\mathcal{K}=\{L\in\mathrm{NExtS4.1} : \mathrm{Triv}\nsubseteq L\}$$

他选中 $\mathcal{K}$ 族的动机至今不为人理解，就连他的合作者舒姆（G. F. Schumm）都感慨："为什么一个人应当对这些特殊系统发生兴趣，作者从来不曾完全说清楚，尽管普赖尔（A. Prior）顺便提示过 $\square\diamondsuit p \to \diamondsuit\square p$ 这个公式在构造有终止时间的时态逻辑方面也许有用。"[②]舒姆不知道自己差点点到要害了。其实，索波青斯基当时说不明白的"洞见"放到今天很好懂。想搜索演绎力强的与S5不可比较的逻辑就是他的动机，至少是主要动机，而且他的抉择是很高明的。

回忆索波青斯基自创的术语：公式 φ 是非路易士的，如果S5 $\oplus\varphi=$ Triv；逻辑 L 是非路易士的，如果① $L\neq$ Triv且② L 包含非路易士公式，换言之，S5 $\oplus L=$ Triv。根据这样的定义，以下蕴涵式显然成立：

$$L是非路易士逻辑\Rightarrow L\nsubseteq S5且S5\nsubseteq L$$

事实上，$L\subseteq$ S5蕴涵着S5 $\oplus L=$ S5 $\neq$ Triv，与②矛盾。S5 $\subset L$ 蕴涵着有一 $n\in\omega$ 使得 $L=$ S5 $\oplus D_n$（司克罗格斯定理的系）；结果，当 $n=1$ 时 $L=$ Triv，与①矛盾；当 $n>1$ 时S5 $\oplus L\neq$ Triv，与②矛盾。当然，上述蕴涵式的逆不成立（试取 $L=$ GL），可见，"非路易士"逻辑族并不是路易士逻辑族的补类，只不过是该补类的一个真子类。这个真子类太宽，无从下手，索波青斯基因此专注于更窄的类：

$$\mathcal{K}=\{L\in\mathrm{NExtS4.1} : \mathrm{Triv}\nsubseteq L\}$$

这里S4.1 $=$ S4 $\oplus\square\diamondsuit p \to \diamondsuit\square p$ 是由麦金塞创立的系统，为突出它的确是 $\mathcal{K}$ 族的基础，他改称为K1。麦金塞早知道S5 $\oplus$ S4.1 $=$ Triv，因此必有蕴涵式：

$$L\in\mathcal{K}\Rightarrow L\nsubseteq S5且S5\nsubseteq L$$

尽管逆蕴涵式仍然不成立（试取 $L=$ S4 $\oplus\diamondsuit \, alt_2$）。

索波青斯基的高明如何见得呢？他盯住 $\mathcal{K}$ 族就在无意间抓住了拟序逻辑格NExtS4的一个基本特征。

基本特征　在NExtS4中，任何濒表格逻辑 $L=\mathrm{Log}\mathfrak{F}$，要么等于S5，要么属于 $\mathcal{K}$ 族。

证明大意。

作为NExtS4的一个濒表格逻辑，$L=\mathrm{Log}\mathfrak{F}$ 包含定理：

① Sobociński, B., "Family K of the Non-Lewis modal systems", *Notre Dame Journal of Formal Logic*, Vol.5, 1964, pp. 313～318; Sobociński, B., "Modal system S4.4", *Ibid*, Vol.5, 1964, pp. 305～312; Sobociński, B., "Certain extensions of modal system S4", *Notre Dame Journal of Formal Logic*. Vol.11, 1970, pp. 347～368.

② 参见舒姆 "Review"（*The Journal of Symbolic Logic*，Vol.37，1972，pp. 182～183）。

$$Z \qquad \Box(\Diamond p \to \Box \Diamond p) \lor \Box(\Box \Diamond q \to \Diamond \Box q)$$

理由在于：L 的无穷刻画框架 $\mathfrak{F}$，除非是无穷球，否则，既不能含真终团，又不能不含终团（这时 $\mathfrak{F}$ 中会出现一条无穷上升链，后文将排除这种可能性）。所以，该刻画框架 $\mathfrak{F}$ 必须满足如下的关系条件：

$$\forall x \forall y((xRy \to yRx) \lor \exists z(yRz \land \forall w(zRw \to z = w)))$$

读作：每一点的非对称后继至少可通达一简终团（或者说，可通达一个只通达它自身的自返点）。既然 L 含定理 Z，我们不妨把 L 看成是它的一个子逻辑：

$$L' \oplus Z$$

的扩充，此处 S4 $\subseteq L' \subset$ S5。可是，戈德布拉特（R. Goldblatt）早年的一项工作[①]告诉我们，对这样的 L'，永远有

$$L' \oplus Z = \text{S5} \cap (L' \oplus \Box \Diamond p \to \Diamond \Box p)$$

由此可见，要么 $\Diamond p \to \Box \Diamond p \in L$；要么 $\Box \Diamond p \to \Diamond \Box p \in L$。换言之，要么 $L =$ S5，要么 $L \in \mathcal{K}$。

NExtS4 中异于 S5 的濒表格逻辑全部在 NExtS4.1 中。事实本来如此也必然如此，只要索波青斯基在 $\mathcal{K}$ 族中追寻演绎力强的系统，迟早要碰上濒表格成员。如图 2-1 所示，

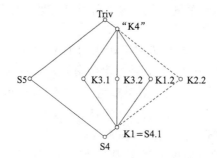

图 2-1　NExtS4 中的濒表格逻辑

NExtS4 中可能有的濒表格逻辑，总共 5 个，其中

K3.1=S4.3 $\oplus \Box(\Box(p \to \Box p) \to p) \to p$，

K3.2=S4.1 $\oplus \Box(\Box p \to q) \lor (\Diamond \Box q \to p)$，

K1.2=S4 $\oplus p \to \Box(\Diamond p \to p)$，

K2.2=S4.2 $\oplus p \to \Box(\neg p \to \Box(p \to \Box p))$ [②]。

① Goldblatt, R. I., "A study of Z modal systems", *Notre Dame Journal of Formal Logics*，Vol.15，1974，pp. 289～294.

② S4.2=S4 $\oplus \Diamond \Box p \to \Box \Diamond p$。

除去最末一个，其余都是索波青斯基构造（或参与构造）和命名的。

他知道自己碰到了濒表格逻辑吗？最初肯定不知道。虽然图2-1中的系统"K4"=S4.1⊕$p \to (\diamondsuit \square p \to \square p)$始终被他看成K3.1，K3.2和K1.2的代表性后继，他却说不出"K4"是不是表格的。1971年确证"K4"被一个4元矩阵刻画以后，他应当明白那三个系统只有表格性真扩充了。

二、塞格伯里的"司克罗格斯定理"

1970年前后，逻辑学界对濒表格性的自觉到达一个前所未见的高度。那一年，继模态逻辑里的S5、逾直觉主义逻辑里的LC之后，在相干逻辑领域，第一个濒表格系统RM也脱颖而出了。这个结果是由邓恩（J. M. Dunn）在《R-Mingle及其扩充的代数完全性结果》一文中证明的。这篇文章对我们重新体验当时美国逻辑学者中间的"司克罗格斯热"是有帮助的。文章开篇，邓恩就指出他师法的榜样[1]：

> 希勒·齐·司克罗格斯在《路易士系统S5的扩充》[2]中建立了有关模态句子演算S5的"正规"扩充的一些令人瞩目的事实，其中最值得一提的是所有这样的真扩充都具备有穷刻画矩阵。本文的要义便是类似的事实对相干句子演算R-Mingle（RM）也成立。

在正文中，邓恩很自豪地宣称他的推理"是模仿司克罗格斯的"，自始至终不忘寻找自己的处理法与那位前辈的"平行"之处。而且，从此以后，邓恩就总爱用"司克罗格斯性质"来称呼今人所谓"濒表格性"。

深受司克罗格斯鼓舞的模态逻辑学者为数不少，最突出的是正在斯科特（D. Scott）指导下写学位论文的瑞典人塞格伯里。他推崇司克罗格斯到这样的地步，凡是揭示一个逻辑L的濒表格性的元定理，他一律泛称之为"司克罗格斯公理"。不过，与代数迷邓恩不同，塞格伯里是用克里普克语义学来工作的，他向自己提出的任务是以这种新技术来验证NExtS4中已知的几个逻辑的濒表格性。大体说来，他很成功。1971年初，他作了题为"两个司克罗格斯定理"的报告[3]，宣布K3.1和K1.2的濒表格性。同年秋又在专著《论古典模态逻辑》[4]中论证了索波青斯基已经遭遇

① Dunn, J. M., "Algebraic completeness results for R-mingle and its extensions", *The Journal of Symbolic Logic*, Vol.35, 1970, pp. 1～13.
② Scroggs, S. J, "Extensions of the Lewis system S5", *The Journal of Symbolic Logic*, Vol.16, 1951, pp. 112～120.
③ Segerberg, K., "Two Scroggs' theorems", *The Journal of Symbolic Logic*, Vol.36, 1971, pp. 697～698.
④ Segerberg, K., "An essay in classical modal logic", *Filosofiska Studier 13*, Uppsala, University of Uppsala, 1971.

的所有4个逻辑的濒表格性。跟后者一样，他不知道NExtS4中第5个濒表格逻辑K2.2的存在。这里用表2-1来说明塞格伯里的主要贡献。

表2-1　塞格伯里的主要贡献一览

逻辑	单一刻画框架的几何特征	指标
S5	无穷球 ω	ω^1
K3.1	无穷链 $\cdots\!\to\!\circ\!\to\!\circ$ （ω 个$\circ$）	$1^{\cdot\omega}$
K3.2	无穷钉 ω	$\langle\,\omega\,,1\rangle$
K1.2	无穷扇 $\cdots$ （ω 个$\circ$）	?
K2.2	无穷梭 $\cdots$ （ω 个$\circ$）	?

试问塞格伯里是如何得到这些濒表格性结果的？从本质上说，他依然靠的是司克罗格斯创立的标准证法，先建立有关逻辑 $L\in$ NExtS4 及其真扩充的有穷可逼近性，然后考察 L 的有穷框架的司克罗格斯-链。然而，假使认为塞格伯里仅仅是把一些例行公事的把戏搬进克里普克语义学，那就错了。为了防止误解，有必要加几条按语。

按语2.1　塞格伯里第一个找出表达传递框架的深度 $\leqslant n$ 的模态公式 B_n，还证明了一个极概括的语义原理：对每个正整数 n，K4B_n 的每个正规扩充都具备有穷模型性。在NExtS4中，除了K3.1，其他4个濒表格逻辑都是有穷深度逻辑，只要对它们应用上述语义原理，就能立刻得出它们的有穷可逼近性。塞格伯里正是这样做的，需要他检查那些逻辑有没有限制深度的公理。对他来说，这很容易。

S5有公理（或定理）$p\to\Box\Diamond p$，对应于关系性质：
$$\forall x\forall y(xRy\to yRx)$$
可见 $B_1\in$ S5。

K3.2有公理 $\Box(\Box p\to q)\vee(\Diamond\Box q\to p)$，对应于关系性质：
$$\forall x\forall y(xRy\wedge\neg yRx\to\forall z(xRz\to zRy))$$
这蕴涵 $B_2\in$ K3.2。

K1.2有公理 $p\to\Box(\Diamond p\to p)$，对应于关系性质：
$$\forall x\forall y\forall z(xRy\wedge yRz\to x=y\vee y=z)$$
所以 $B_2\in$ K1.2。

（塞格伯里所不知道的）K2.2有公理 $p\to\Box(\neg p\to\Box(p\to\Box p))$，对应的关系条件是
$$\forall x\forall y\forall z\forall u(xRy\wedge yRz\wedge zRu\wedge x\neq u\to x=y\vee y=z\vee z=u)$$

表明 $B_3 \in$ K2.2。

按语2.2　NExtS4中唯一的无穷深度的濒表格逻辑K3.1=S4.3Grz恰好宽度为1，就是说 $\square(\square p \rightarrow q) \vee \square(\square q \rightarrow p) \in$ K3.1。早在1966年，布勒（R. Bull）已经用代数方法建立了"布勒定理"：S4.3的每个正规扩充都具备有穷模型性[①]。塞格伯里也曾顺便提及不难从布勒定理推出S4.3Grz的"司克罗格斯定理"[②]，但他并未满足于此，因为他追求更精确的刻画结果"S4.3Grz被全体有穷线序所刻画"，为此要先证明"S4Grz被全体有穷偏序所刻画"。在这件事情上，他碰到了大困难[③]。

S4Grz客观上是非典范逻辑[④]，因为它的典范模型的底部框架⟨W_{S4Grz}, R_{S4Grz}⟩未必是处处反对称的。按照流行的办法，从这个典范模型转到它的莱蒙过滤，可证得有穷性，反对称性仍付诸阙如，必须找一个禁对称关系来替代原关系才行。塞格伯里看出莱蒙过滤中每个团（包括真团在内）都不可能不含一虚末点，因此需要把原来的有穷模型改造成一个反对称的有穷模型[⑤]。

诚然，塞格伯里的S4Grz研究并非白手起家，有格热高契克（A. Grzegorczyk）的工作[⑥]替他引路。然而，他是完全靠自己的独创精神才发现了一个非典范逻辑的有穷模型性可以得自不同寻常的"选择性过滤"。

按语2.3　塞格伯里第一个把"p-同态"[⑦]概念引入模态语义学，首见于1968年的文章[⑧]（他原来设计的名称为pseudo-epimorphism，可以译成"伪-满态射"，但其实是一种同态）。这个术语上的革新对他的濒表格逻辑研究是不可少的。

在有穷模态代数所组成的司克罗格斯-链 $\mathfrak{C}_1$，$\mathfrak{C}_2$，$\mathfrak{C}_3$，… 中，$\mathfrak{C}_n$ 如果不是 $\mathfrak{C}_{n+1}$ 的同态象的话，就是 $\mathfrak{C}_{n+1}$ 的子代数。形成子代数的运算在模型论中的对偶不是形成生成子框架的运算，而是塞格伯里引进的 p-同态运算。所以，与上述代数的链相对应，在有穷模态框架所组成的司克罗格斯-链

---

① Bull，R.，"That all normal extensions of S4.3 have the finite model property"，*Zeitschrift für Mathematische Logik und Grundlagen der Mathematik*，Vol.12，1966，pp. 341～344.

② Segerberg，K.，"An essay in classical modal logic"，*Filosofiska Studier 13*，Uppsala，University of Uppsala，1971，p. 166.

③ Segerberg，K.，"An essay in classical modal logic"，*Filosofiska Studier 13*，Uppsala，University of Uppsala，1971，pp. 96～103.

④ 正如读者了解的：S4Grz=Grz=K $\oplus$ *grz*=K4 $\oplus$ *grz*=S4 $\oplus$ *grz*。

⑤ 同③。

⑥ Grzegorczyk，A.，"Some relational systems and the associated topological spaces"，*Fundamenta Mathematicae*，Vol.60，1976，pp. 223～231.

⑦ 又被称为"归约"。

⑧ Segerberg，K.，"Decidability of S4.1"，*Theoria*，Vol.34，1968，pp. 7～20.

$\mathfrak{C}'_1$，$\mathfrak{C}'_2$，$\mathfrak{C}'_3$，……中，$\mathfrak{C}'_n$ 如果不是 $\mathfrak{C}'_{n+1}$ 的生成子框架，就是 $\mathfrak{C}'_{n+1}$ 的 p-同态象。实际上，有穷球（有穷链、有穷钉、有穷扇、有穷梭）的司克罗格斯-链都是如此，无一例外。

从表面看，塞格伯里只靠把司克罗格斯-链的这种或那种特例应用到与球不同的拟序框架就大获成功。他所失极少，无非遗漏了一个濒表格逻辑而已。好奇心强的人兴许还会替塞格伯里惋惜，因为他仿佛只差一步就可以彻底解决濒表格逻辑在NExtS4中的分布问题。但是，要消除这一步之差，他至少要把他对拟序框架的总的认识提到一个新的高度。从塞格伯里的指标理论在辨别濒表格方面的无力，可以看出些端倪。他发展指标理论的意图是给框架配上数字指标，用指标与指标之间的关系来反映对应框架上逻辑之间的关系。这种想法显然可取，尽管他只针对连通的传递框架详细制定了指标理论，而把偏序指标理论留待来日[1]（他没有给出扇的指标，原因在这里）。然而，即使他的指标理论足够完备，能覆盖拟序框架的全体（？），那也会是"主次不分"的，只顾收容拟序框架的每一细部的数字特征，体现不出哪些特征是与濒表格性有本质联系的。

第三节　NExtS4 的简单性

20世纪70年代初，NExtS4中濒表格逻辑的研究者感受到来自逾直觉主义领域的一股强大的动力。整个60年代，逾直觉主义领域发生过一些与模态领域相类似的事情。原先独一无二的濒表格逻辑LC不再是孤例了。1963年，杰出的苏联学者杨柯夫（V. A. Jankov）找到两个逻辑，LP_2 和 LQ_3，都是濒表格的[2]。这两个逻辑引起日本学者的兴趣，它们的全体表格扩充由细井（T. Hosoi）和小野（H. Ono）在1970年一篇文章[3]中作了全面的描述。至此，逾直觉主义逻辑的格ExtInt的研究者面临一个崭新的任务：不能再满足于验证个别系统的濒表格性，要学会一个不漏地找出一切可能的濒表格系统。1971年，人们从全苏代数讨论会上的报告[4]看到了这一新目

① Segerberg, K., "An essay in classical modal logic", *Filosofiska Studier 13*, Uppsala, University of Uppsala, 1971, pp. 146~147.

② Jankov, V. A., "Some superconstructive propositional calculi", *Soviet Mathematics Doklady*, Vol.4, 1963, pp. 1103~1105.

③ Hosoi, T. et al, "The intermediate logics on the second slice", *Journal of the Faculty of Science, University of Tokyo*, Vol.17, 1970, pp. 457~461.

④ Kuznetsov, A. V., "Some properties of the structure of varieties of Pseudo-boolean algebras", *Proceedings of the XIth USSR Algebraic Colloquium*, Kishinev, 1971, pp. 255~256; Maksimova, L. L., "Quasifinite superintuitionist logics", *11th All-Union Colloquium, Resume of Communications and Papers*, Kishinev, 1971, pp. 258~259.

标可望达到的预兆。

库兹涅佐夫（A.V. Kuznetsov）的报告[①]针对伪布尔代数簇的格，首次引进"表格簇"和"濒表格簇"这两个术语，并刻画出这两个簇的一些重要特征。既然ExtInt与伪布尔代数簇的格是对偶同构的，他实际上是用"簇"的语言在表述ExtInt的上部的一些良好性质：表格逻辑的直接前趋也是表格的，表格逻辑正好是只有有穷多个扩充的逻辑，濒表格逻辑都是有穷可逼近的。一个逻辑格假使缺少这些性质，处理它的上部会十分困难。库兹涅佐夫关注表格性的判定问题，他希望靠描述给定格中全部濒表格成员的办法来得到该问题的肯定解[②]。他的所有这些新观念和新结果深深影响了当时苏联新一代的逻辑学者，马克西莫娃（L. L. Maksimova）是其中一个。

马克西莫娃的报告[③]只宣布ExtInt中每个非表格逻辑都是3个极大非表格逻辑之一的子集。然而，这变成她此后3年间一系列工作的开端。

1972年秋，马克西莫娃发表《濒表格的逾直觉主义逻辑》一文，证明ExtInt中有且只有3个濒表格逻辑：达梅特的LC，杨柯夫的LP_2和LQ_3[④]。三者分别为无穷链、无穷梭和无穷扇上的逾直觉主义逻辑。马克西莫娃抓住了刻画濒表格逻辑的有穷框架类的3个起决定作用的参数，即深度、内分枝度和外分枝度。她的处理法基本上是代数的，但也处处诉诸伪布尔代数与表示它们的偏序框架之间的对偶性。应当说，她为逾直觉主义逻辑制定的濒表格性判据具有充分的一般性，推广到NExtS4中的拟序逻辑已经不存在什么了不得的困难。

然而，马克西莫娃似乎是个不容易满足的人。她期望把3个濒表格的逾直觉主义逻辑直截了当地翻译成濒表格的模态逻辑。经过艰苦的研究，她终于在1974年如愿以偿地解决了这个大问题。在她与雷巴科夫合著的文章《模态逻辑的格》[⑤]第3节中，她用代数术语定义了一种不同于τ的映射σ：

$$\sigma : \text{ExtInt} \to \text{NExtS4}$$

简言之，对每个$L \in \text{ExtInt}$，

$$\sigma L = \tau L \oplus \text{Grz}$$

① Kuznetsov，A. V.，"Some properties of the structure of varieties of Pseudo-boolean algebras"，*Proceedings of the XIth USSR Algebraic Colloquium，Kishinev*，1971，pp. 255～256.
② Rautenberg，W. et al，"Willem Blok and modal logic"，*Studia Logica*，Vol.83，2006，pp. 15～30.
③ Maksimova，L. L.，"Quasifinite superintuitionist logics"，*11th All-Union Colloquium，Resume of Communications and Papers，Kishinev*，1971，pp. 258～259.
④ Maksimova，L. L.，"Pretabular superintuitionistic logics"，*Algebra and Logic*，Vol.11，1972，pp. 308～314.
⑤ Maksimova，L. L. et al，"Lattices of modal logics"，*Algebra and Logic*，Vol.13，1974，pp. 105～122.

σ能够保存濒表格性和表格性。利用σ，马克西莫娃得出3个濒表格的模态逻辑，即

$$\sigma\mathrm{LC}=\mathrm{S4.3Grz}, \quad \sigma\mathrm{LP_2}=\mathrm{S4.2B_3Grz}, \quad \sigma\mathrm{LQ_3}=\mathrm{S4B_2Grz}$$

只要再补上从σ得不到的另外两个，便万事大吉。

一、MEM 定 理

我们暂不仔细回顾马克西莫娃的这些工作，直接跳到它们的最终产物，也就是她所发现同时也被叶萨基亚（L. L. Esakia）与梅思赫依（V. Yu. Meskhi）所发现的"基本定理"[①]。这个定理应当以他们三人的姓氏命名，不妨简称"MEM定理"。

MEM定理　在NExtS4中恰好有5个濒表格逻辑，即前文提到的S5，K3.1，K3.2，K1.2和K2.2。

乍看有点不可思议，NExtS4是个大格，包含着$2^{\aleph_0}$个逻辑，如何得出只有5个是濒表格的，而其余的非表格逻辑都是它们的真部分呢？MEM定理的创建者对此从未作非形式说明，但他们的洞察力分明来自他们首创的"五参数法"。可以毫不夸张地说，MEM定理的主要论据是靠这种方法找到的。

考虑一有穷拟序框架类C上的逻辑$\mathrm{Log}C$[②]。同时让我们思考两个问题：①$\mathrm{Log}C$什么时候是非表格的（而不是表格的）？②$\mathrm{Log}C$什么时候是濒表格的（而不仅是非表格的）？

不嫌空洞，尽可这样回答问题①：$\mathrm{Log}C$是非表格的，当且仅当C是可数集（而不是有穷集）。然而这远没有触及C的根本特征。懂得传递框架总有深度、肥度、宽度这三个参数的人们会改取更好一点的回答：$\mathrm{Log}C$是非表格的，当且仅当C中全体框架的深度、肥度、宽度中间至少有一个是无界的。联想问题②就会发现基于这种"三参数法"的非表格性判据太宽泛，抓不住某些本质的差异。事实上，一个传递框架在终端呈现的肥度与不在终端呈现的肥度不同，在终端呈现的宽度与不在终端呈现的宽度不同。这类差异在解答问题②的时候决不能置之不理。

例2.1　设想$\mathrm{Log}D=\mathrm{S4.3BD_2}$。这时，组成可数类$D$的有穷线序框架均有深度2，均含一大小不等的终团，均含一大小不等的始团，因此它们的终端肥度与非终端肥度都是无界的。用图2-2a中央的框架表示D中所有有

[①] Maksimova, L. L., "Pretabular extensions of Lewis S4", *Algebra and Logic*, Vol.14, 1975, pp.16~33; Esakia, L. L. et al, "Five critical modal systems", *Theoria*, Vol.40, 1977, pp.52~60.

[②] 将$\mathrm{Log}C$定义如下：$\mathrm{Log}C=\{\varphi\in\mathrm{For}:\forall\mathfrak{F}\in C(\mathfrak{F}\vDash\varphi)\}$。

穷线序框架的公共几何形状，其中 m_1 和 m_2 分别是终端肥度和非终端肥度。当然，$\text{Log}D$ 不是濒表格逻辑，只是一可以沿两个方向扩充的非表格逻辑。一方面，从终端肥度着眼，可以靠生成运算把 D 中每个框架变成一个球，足见 $\text{Log}D \subset \text{Log}D'$，此处 D' 是全体有穷球的类；$\text{Log}D'$ =S5 是濒表格逻辑。另一方面，从非终端肥度着眼，又可以通过归约运算把 D 中每个框架变成一颗钉，足见 $\text{Log}D \subset \text{Log}D''$，此处 D'' 是全体有穷钉的类；$\text{Log}D''$ =K3.2 是濒表格逻辑。

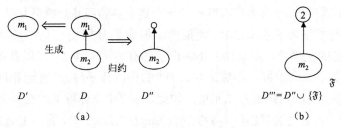

图 2-2　框架的变形示例（1）

例2.2　　与例2.1相仿，对比终端宽度与非终端宽度的差异，详见图2-3a。这里同样既有 $\text{Log}E \subset \text{Log}E'$ 又有 $\text{Log}E \subset \text{Log}E''$，$E'$ 是全体有穷扇的类而 E'' 是全体有穷梭的类。又一次，$\text{Log}E$ 不是濒表格的，它的真扩充 $\text{Log}E'$ =K1.2 和 $\text{Log}E''$ =K2.2 才是。

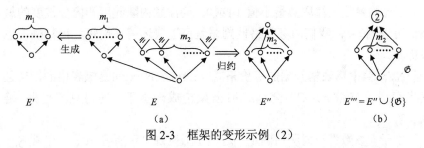

图 2-3　框架的变形示例（2）

为顾及非表格逻辑如何沿着不同的方向扩充为不同的濒表格逻辑，必须把稍显粗糙的3个参数换成5个参数：深度、外隆起度、内隆起度、外分枝度、内分枝度（顾名思义，在叶萨基亚与梅思赫依1977年合写的文章[1]中有准确的定义）。相应地，基于三参数法的非表格性判据也可换成基于五参数法的，这对理解濒表格性更有利。

非表格性判据　$\text{Log}C \in \text{NExtK4}$ 是非表格的，当且仅当 C 中全体有穷框架的5个参数中至少有一个是无界的。

---

① Esakia，L. L. et al，"Five critical modal systems"，*Theoria*，Vol.40，1977，pp. 52～60.

二、NExtS4中濒表格逻辑的判据

现在继续来思考我们的问题②：可数类 C 还要满足哪些条件，$\text{Log}C$ 才是濒表格的？例2.1和例2.2证实，必要条件之一是 C 中的框架决不能有一个以上的参数是无界的，否则 $\text{Log}C$ 一定能沿一个以上的方向产生非表格的真扩充。然而，这还不是充分必要条件，下面的才是：

NExtS4中的濒表格性判据　　$\text{Log}C \in \text{NExtS4}$ 是濒表格的，当且仅当 C 中全体有穷框架的5个参数中有唯一的一个是无界的而其余的都取极小值。

这个判据很容易由MEM定理推出，但我们只想当它是一条助探原理，解释它的正确性。观察图2-2b中出示的有穷框架类 D'''（以及图2-3b中的 E'''；鉴于二者雷同，不赘述）。D''' 的构成几乎与 D'' 完全相同，仅多出一个框架 $\mathfrak{F}$，其终团为二元集。如此，D''' 中全体框架的公共外隆起度就成了2，麦金塞公理 $\Box\Diamond p \to \Diamond\Box p \in \text{Log}D'' \backslash \text{Log}D'''$，足见 $\text{Log}D''' \subset \text{Log}D''$，$\text{Log}D''$ 不是濒表格的。这一切只是因为 D''' 中的一个框架 $\mathfrak{F}$ 的外隆起度不取极小值1。

一个无界参数是否遍取全体自然数为值无关紧要，从数学的观点看，遍取全体为好。若规定"参数"指上述5个参数之一，再规定由有穷拟序框架组成的"基于参数 π 的司克罗格斯-链"，是指 π 遍取全体自然数为值而异于 π 的参数一律取其最小值（1或0，要注意内隆起度和内分枝度的最小值可以为0），我们的濒表格性判据就可以表述得很简短、很精确，也很优雅。

NExtS4中濒表格判据的等价格式　　$\text{Log}C \in \text{NExtS4}$ 是濒表格的，当且仅当存在一参数 π，C 中全体有穷框架构成一基于 π 的司克罗格斯-链 $\mathfrak{F}_1$，$\mathfrak{F}_2$，$\mathfrak{F}_3$，⋯。

由于"参数"一词所指确定，这里不必附加"对所有 $n \in \omega$，$\mathfrak{F}_n$ 是 $\mathfrak{F}_{n+1}$ 的约本或生成子框架"这一要求，因为这已"按定义为真"。新格式的判据有一直接后承：

NExtS4中濒表格逻辑的分类　　$\text{Log}C \in \text{NExtS4}$ 是濒表格的，当且仅当 C 是全体有穷链类，全体有穷球类，全体有穷钉类，全体有穷扇类或全体有穷梭类。

据揣测，MEM定理的创建者发现这个惊人结果或许也是靠某种参数分析，跟上面所做的参数分析多少相近。指出这一点是因为这三个人证明MEM定理的方法虽然更简洁，却大大削减了原参数分析所提供的信息。

在他们的证明中最显眼的论据，一是所谓"切出引理"，二是5个逻辑S5～K2.2的不可比较性。我们说，框架𝔊可以从框架𝔉切出，如果从𝔉经有穷多次生成运算和归约运算能得到𝔊。不难证明：

切出引理 设𝔉是任意有穷拟序框架。当𝔉包含链时从𝔉可切出一链；当𝔉包含团时，如果团在终端，可切出一球；否则可切出一钉；当𝔉包含扇时，如果扇在终端，可切出一扇；否则可切出一梭。

不可比较性引理 逻辑S5～K2.2是两两不可比较的。

直接证法是从每一个逻辑中举出它独有的某定理。也可以采取间接证法，从刻画每一个逻辑的有穷框架类中举出它独有的某框架，例如图2-4所出示的框架。

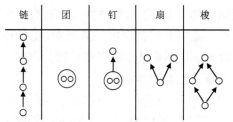

图2-4 5类有穷框架

MEM定理的证明 令Σ是NExtS4中的濒表格逻辑集，令$\Sigma^* = \{S5，K3.1，K3.2，K1.2，K2.2\}$。求证$\Sigma = \Sigma^*$。

（1）设$L \in \Sigma$，已知濒表格逻辑是有穷可逼近的，令C_L是刻画L的有穷拟序框架类，$\text{Log}C_L = L$必定是非表格的，因而C_L中框架至少有一参数π是无界的。根据切出引理，存在框架类C使得

$$\text{Log}C_L \subseteq \text{Log}C$$

此处C是全体有穷链或球或钉或扇或梭，依参数π而定。但$\text{Log}C_L$没有非表格的真扩充，所以$\text{Log}C_L = \text{Log}C$。既然必有一$\Sigma^*$中的系统被$C$刻画，$L = \text{Log}C_L = \text{Log}C \in \Sigma^*$。这表明$\Sigma \subseteq \Sigma^*$。

（2）设$L \in \Sigma^*$，Σ^*中的系统都是非表格的，按曹恩引理，任何非表格逻辑是某濒表格逻辑的子逻辑。因此，存在一$L^* \in \Sigma$使得$L \subseteq L^*$。根据（1），$L^* \in \Sigma^*$。这么一来，L和L^*都在Σ^*中。按不可比较性引理，$L = L^*$，因而$L \in \Sigma$。这表明$\Sigma^* \subseteq \Sigma$。∎

三、MEM定理的系理

MEM定理发人深省，它有某些系理同样如此。下面介绍出自马克西

莫娃的两个系理。

濒表格性的又一判据　在NExtS4中，L是濒表格逻辑，当且仅当NExt$L$是一序型为$1+\omega^{*}$的线序集。

这条判据与刻画 L 的有穷框架排成一条基于唯一参数 π 的司克罗格斯-链（见上文）有显而易见的联系，新颖之处在于从NExt$L$的序型来看濒表格的 L。一般来说，对于不是濒表格的逻辑 L'，NExt$L$，仅是偏序集；当这样的 $L'\in$NExt$L$时，NExtL'的确是线序集，但它的序型是某自然数 n。

表格性的可判定性　存在一种算法，对任意公式 φ，它总能判定S4$\oplus\varphi$是不是表格的。

正如库兹涅佐夫所期待的，在NExtS4中，表格性的判定算法可以等同于各个濒表格逻辑的判定工序。这里总共只有有穷多个濒表格逻辑，同时每一个都是有穷可逼近的有穷公理化逻辑，因而都是可判定的。给定公式 φ，我们只需要检查 φ 是不是某个濒表格逻辑的定理。如果是，S4$\oplus\varphi$是非表格的；如果相反，它是表格的。

举例，令 $\varphi=(\square\lozenge p\to\lozenge\square p)\wedge(p\to(\lozenge\square p\to\square p))$，S4$\oplus\varphi$ 就是$\mathcal{K}$族中的表格逻辑"K4"。当年"K4"使索波青斯基困惑的原因之一是从 φ 看不出有无杜根吉公理在"K4"中可证，况且他还怀疑给S4添上那类公理必导致表格性。他最终被说服先是靠托马斯在与"K4"等价的系统SR中给出 alt_2 的语法推演[1]；然后又靠泽曼（J. J. Zeman）一丝不苟地验证"K4"被一个与框架$\circ\to\circ$成对偶的四元矩阵所刻画[2]。可是，在今天，任何掌握了S5~K2.2的判定工序的人都不必花那么多心血。他可以在基数极小的球上造出$\square\lozenge p\to\lozenge\square p$的反模型，在基数极小的链、钉、扇、梭上造出 $p\to(\lozenge\square p\to\square p)$的反模型（参见图2-5；放在一点的左、右侧的变号 p 分别表示 p 在有关模型中在该点上真与假）。

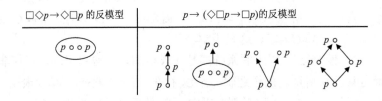

| $\square\lozenge p\to\lozenge\square p$ 的反模型 | $p\to(\lozenge\square p\to\square p)$的反模型 |

图 2-5　两个公式的反模型

① Thomas，I.，"Decision of K4"，*Notre Dame Journal of Formal Logic*，Vol.8，1967，pp. 337~338.
② Zeman，J. J.，"A study of some systems in the neighborhood of S4.4"，*Ibid.*，Vol.12，1971，pp. 341~357.

这证明 φ 不在任何濒表格逻辑中，"K4"是表格的。不仅如此，从这些反模型能够看出，使 φ 有效的框架 $\mathfrak{F}$ 必须有深度<3，内外隆起度<2，内外分枝度<2，所以 $\mathfrak{F}$ 或是∘或是∘→∘。这就是说，"K4"$=$Log∘$\cap$Log$\overset{\circ}{\uparrow}=Log\overset{\circ}{\uparrow}$。

第四节　传递逻辑格 NExtK4 还在向我们挑战

NExtS4中的濒表格性有了完满的刻画之后，下一个大目标自然该是传递逻辑格NExtK4。这项潜伏着重重困难的事业于1980年由布洛克拉开序幕[①]。

一、代数学家布洛克勘查NExtK4，他留下的主要问题是什么

布洛克是从波斯特代数、闭包代数转向模态逻辑的，但不久便以不完全性度方面的结果震动了逻辑界。与以往的模态代数学者相比，他更善于发掘一些强有力的泛代数原理在模态逻辑中的效用，关于合同分配簇中子直不可约代数的荣松引理（Jónsson's lemma）就是最突出的一例。这个特色在1980年文章中十分显著。例如，依靠荣松引理，他证明了传递代数簇的格具备许多好的性质：簇K是表格的，当且仅当K只有有穷多个子簇；表格簇的盖子（cover）也是表格的；表格簇只有有穷多个盖子。更出人意料的是，他竟然同时表明全体模态代数簇的格没有这些好的性质，倒是正好相反，某些表格簇有$2^{\aleph_0}$个非表格的盖子，这些盖子只有有穷多个子簇。

本节介绍布洛克的代表作《濒表格的模态代数簇》[②]中的主要方法和主要结果。考虑绝大多数读者一时不易掌握泛代数概念及技术，我们将改用模型论语言来转述他所有的工作。这肯定会使原文中大量有趣又有用的代数信息流失殆尽，但不妨碍人们了解他的工作的逻辑意义。

布洛克论及传递逻辑格中濒表格逻辑的基数的两大中心结果，本书表述成"第一定理"与"第二定理"（为了让人记住这位不幸早逝的荷兰学者，还要冠以布洛克之名）。他们是有点出乎那时人的意料的。NExtS4的简单性对模态逻辑学者当然是一种很大的诱惑。在这样的诱惑下，他们当中的一些人曾经预测，处理NExtS4中濒表格性的方法可以推广到传递逻辑

① Blok, W. J., "Pretabular varieties of modal algebras", *Studia Logica*, Vol.39, 1980, pp. 101～124.
② 同①。

格乃至更大的格[布洛克有一位年长的朋友劳滕伯格（W. Rautenberg）——他也曾"半独立地"获得MEM定理——一度持过分乐观的期待[①]。无论如何，这是在暗示传递逻辑格中濒表格逻辑的分布问题不会过分复杂。有了布洛克的两个定理，诸如此类的预测一扫而空，再没有立足之地。

　　与NExtS4相比，传递逻辑格是极其复杂的。但是，倘若不甘心就此拜倒在复杂性面前，那就不妨想一想布洛克为摆脱复杂性的困扰有没有做什么。经过我们反复思索，结论是"做过一些，做得不多"。从布洛克两个定理的内容本身来看，他并未提出给传递逻辑格中的濒表格性制定判据的问题，更谈不上解决问题，因此，只靠掘取布洛克已有技术的潜力是难以解决这个问题的。可以说，"判据问题"是布洛克未能解决的最重要且最困难的问题。而其他问题，例如，传递逻辑格中表格性的可判定性、NExtQ4中濒表格逻辑的分布，都是次要的、从属的。既然这样，下面对布洛克的研究工作的评论理应从"判据问题"着眼，因此，他的方法与原有参数方法之间的关系也将成为讨论的对象。

二、无穷深度领域中的连续统

　　表述布洛克的两个定理，需要区分传递逻辑的深度是有穷的还是无穷的。众所周知，深度$\leq n$的传递框架是模态可定义的。塞格伯里曾经引入一组公式B_0，如今通称bd_n，其归纳定义为

$$bd_1 = \diamondsuit\square\, p_1 \rightarrow p_1$$

$$bd_{n+1} = \diamondsuit(\square\, p_{n+1} \wedge \neg bd_n) \rightarrow p_{n+1}$$

容易验证，对任何传递框架$\mathfrak{F}$，$\mathfrak{F} \models bd_n$，当且仅当$\mathfrak{F}$的深度$d(\mathfrak{F}) \leq n$。正规逻辑$\mathrm{K4BD}_n = \mathrm{K4} \oplus bd_n$是深度$\leq n$的传递框架类上的逻辑。逻辑$L$称为有穷深度的，如果存在$n \in \omega$使得$L \in \mathrm{NExtK4BD}_n$；否则$L$称为无穷深度的[②]。

　　布洛克第一定理　在传递逻辑格中存在$2^{\aleph_0}$个无穷深度的濒表格逻辑。

　　证明

　　仿布洛克，首先构造一深度无穷、宽度为2的0-生成框架$\mathfrak{F}_M$的连续统。令N是全体非零自然数的集合，令$1 \in M \subseteq N$。对每个这样的M，取克里普克框架$\mathfrak{F}_M = \langle W, R_M \rangle$，此处$W$是笛卡儿积$N \times \{0, 1\}$，$R_M$定义如下：

---

① 参见 W. Rautenberg "Der Verband der normalen verzweigten Modallogiken"（*Mathematische Zeitschrift*，Vol.156，pp. 123～140）第 5 节的开始语。
② 参见第一编第一章第二节的第四部分。

$$(m,i)\,R_M(n,j),\text{ 当且仅当 }\begin{cases} i=j, & m>n \\ i=1,j=0, & m>n \\ i=0,j=1, & m>n+1 \\ i=j=0,m=n, & m\notin M \\ i=j=1,m=n, & m\in M \end{cases}$$

从最后这两个定义条件不难看出，M的组成决定$\mathfrak{F}_M$中同一层上的两点中哪一个是禁自返的，哪一个是自返的：

$(m,0)$在$\mathfrak{F}_M$中禁自返，当且仅当$m\in M$，当且仅当$(m,1)$在$\mathfrak{F}_M$中自返

$(m,1)$在$\mathfrak{F}_M$中禁自返，当且仅当$m\notin M$，当且仅当$(m,0)$在$\mathfrak{F}_M$中自返

可是，无论M的组成如何，同一层上总归有一点自返而另一点禁自返，因为：

$(m,1)$在$\mathfrak{F}_M$中禁自返，当且仅当$(m,1-i)$在$\mathfrak{F}_M$中自返

下面的图2-6a出示了方才定义的那类框架的一例，其中$M=\{1,3,\cdots\}$但$M\cap\{2,4,5\}=\varnothing$。应当着重指出，假定$1\in M$的用意在于保证框架$\mathfrak{F}_M=\langle W,R_M\rangle$是0-生成的，即每一点$w\in W$都可以用一无变号公式$\chi_w$——称为$w$在$\mathfrak{F}_M$中的特征公式——来定义：

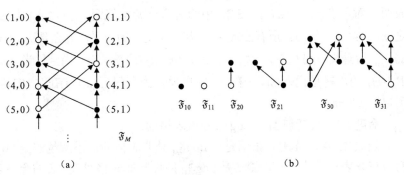

(a)　　　　　　　　　　　　(b)

图2-6 框架$\mathfrak{F}_M$示例

$$\mathfrak{F}_M\models\chi_{(m,i)}[w],\text{ 当且仅当 }w=(m,i)$$

实际上，根据R_M的定义，$1\in M$蕴涵着$(1,0)$是$\mathfrak{F}_M$中唯一的死点。由此便可得出构造特征公式$\chi_{(m,i)}$的递归规则：

（1）$\chi_{(1,0)}=\square\bot$，$\chi_{(1,1)}=\square\neg\chi_{(1,0)}\wedge\neg\chi_{(1,0)}$；

（2）设$\chi_{(m,i)}$已有定义。设$(m+1,i)$是禁自返点，而$(m+1,1-i)$是自返点。这时，用$w\!\uparrow$指w的R_M-后继集，用$w\!\uparrow$指w的真R_M-后继集，应当有

$$\chi_{(m+1,\,i)} = \bigwedge_{n\leqslant m} \neg\, \chi_{(n,\,j)} \wedge \Box \bigvee_{(n,\,j)\in(m+1,\,i)\uparrow} \chi_{(n,\,j)}$$

$$\chi_{(m+1,\,1-i)} = \bigwedge_{n\leqslant m} \neg\chi_{(n,\,j)} \wedge \neg\chi_{(m+1,\,i)} \wedge$$

$$\Box(\chi_{(m+1,\,i)} \to \bigvee_{(n,\,j)\in(m+1,\,1-i)\uparrow^{-}} \chi_{(n,\,j)}) \wedge$$

$$\Box(\neg\chi_{(m+1,\,i)} \to \bigwedge_{n\leqslant m(n,\,j)\in(m+1,\,1-i)\uparrow^{-}} \neg\, \chi_{(n,\,j)})$$

要注意，因为在0-生成框架 $\mathfrak{F}_M$ 中无变号公式 $\chi_{(m,\,i)}$ 被唯一的点（m, i）所满足，因此永远有

$$\mathfrak{F}_M \vDash \Box^+(\chi_{(m,\,i)} \to p) \vee \Box^+(\chi_{(m,\,i)} \to \neg p) \qquad（2\text{-}1）$$

此处，$\Box^+\varphi$ 指 $\Box\varphi \wedge \varphi$。

布洛克第一定理从两个预备性命题得出，我们依次勾勒它们的证法。

命题2.1　如果 $M \neq M'$，那么 $\mathrm{Log}\mathfrak{F}_{M'} \neq \mathrm{Log}\mathfrak{F}_M$。

假定 $\mathrm{Log}\mathfrak{F}_{M'} = \mathrm{Log}\mathfrak{F}_M$。这时，$\mathfrak{F}_{M'} \vDash \mathrm{Log}\mathfrak{F}_M$。鉴于式（2-1），

$$\mathfrak{F}_{M'} \vDash \Box^+(\chi_{(m,\,i)} \to p) \vee \Box^+(\chi_{(m,\,i)} \to \neg p)$$

这意味着在 $\mathfrak{F}_{M'}$ 中至多有一点满足 $\mathfrak{F}_M$ 中每一点 $(m,\ i)$ 的特征公式 $\chi_{(m,\,i)}$。既然 $1 \in M'$，在 $\mathfrak{F}_{M'}$ 中 $(1,\ 0)$ 满足 $\chi_{(1,\,0)}$。于是，利用 $\chi_{(m,\,i)}$ 的递归定义可以表明，对所有 $(m,\ i) \in W$，在 $\mathfrak{F}_{M'}$ 中恰好有一点 w 满足 $\chi_{(m,\,i)}$，而且 w 必定是 $(m,\ i)$ 自身。然而，所有公式 $\chi_{(m,\,i)}$ 都是无变号的，又都能完全决定 $(m,\ i)$ 的 $R_{M'}$-后继集，可见 $\mathfrak{F}_{M'} \cong \mathfrak{F}_M$。因此，$(m,\ i)\, R_{M'}\,(m,\ i)$，当且仅当 $(m,\ i)\, R_{M'}\,(m,\ i)$，就是说，$(m,\ i)$ 在 $\mathfrak{F}_{M'}$ 中自返，当且仅当 $(m,\ i)$ 在 $\mathfrak{F}_M$ 中自返。所以，$M' = M$。

命题2.2　对任何 M，$\mathrm{Log}\mathfrak{F}_M$ 是濒表格的。

既然 $\mathfrak{F}_M$ 深度无穷，很清楚，$\mathrm{Log}\mathfrak{F}_M$ 是非表格的。不清楚的是 $\mathrm{Log}\mathfrak{F}_M$ 有没有非表格的真扩充，令 L 是 $\mathrm{Log}\mathfrak{F}_M$ 的任一非表格扩充，L 的全体表格扩充形成一无穷序列 $\mathrm{Log}\mathfrak{G}_1$，$\mathrm{Log}\mathfrak{G}_2$，$\mathrm{Log}\mathfrak{G}_3$，…。于是，对每个 $n \geqslant 1$，$\mathrm{Log}\mathfrak{F}_M \subseteq \mathrm{Log}\mathfrak{G}_n$。现在要表明有穷有根框架 $\mathfrak{G}_n$ 一定是 $\mathfrak{F}_M$ 的生成子框架。考虑传递逻辑K4的0-生成通用框架 $\mathfrak{F}_{K4}(0)$[①]。根据 $\mathfrak{F}_{K4}(0)$ 的性质，它有唯一生成子框架是 $\mathfrak{F}_M$（的同构象），又有唯一生成子框架是 $\mathfrak{G}_n$（的同构象）；而且由于 $\mathfrak{F}_M$ 只能归约到它自身，$\mathfrak{G}_n$ 不可能是 $\mathfrak{F}_M$ 的约本。在这种情况下，假使 $\mathfrak{G}_n$ 不是 $\mathfrak{F}_M$ 的生成子框架，它与 $\mathfrak{F}_M$ 的关系必定符合图2-7：

---

① 参见查格罗夫和扎哈里雅雪夫 *Modal Logic*（Oxford，Oxford University Press，1997，p. 260），更早也更容易明白的说明见 F. Bellissima "Post complete and 0-axiomatizable modal logics"（*Annals of Pure and Applied Logic*，Vol.47，1990，pp. 121~144）。

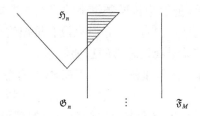

图 2-7 在某种情况下的 $\mathfrak{G}_n$ 和 $\mathfrak{F}_M$ 的关系

图2-7中的框架 $\mathfrak{H}_n$ 是 $\mathfrak{F}_M = \langle W, R_M \rangle$ 与 $\mathfrak{G}_n = \langle U_n, S_n \rangle$ 的交合部，即 $\mathfrak{H}_n = \langle W \cap U_n, R_M \cap S_n \rangle$。这样一来，$\text{Log}\mathfrak{F}_M \oplus \text{Log}\mathfrak{G}_n = \text{Log}\mathfrak{H}_n \neq \text{Log}\mathfrak{G}_n$，因此 $\text{Log}\mathfrak{F}_M \nsubseteq \text{Log}\mathfrak{G}_n$。这个矛盾迫使我们论定，对每个 $n \geq 1$，$\mathfrak{G}_n$ 是一 $\mathfrak{F}_M$ 的点生成子框架。既然有穷框架序列 $\mathfrak{G}_1$，$\mathfrak{G}_2$，$\mathfrak{G}_3$，… 包含着 $\mathfrak{F}_M$ 的越来越大的点生成子框架，那么，对 $\mathfrak{F}_M$ 的每个点生成子框架 $\mathfrak{F}_{m_i}$（参见图2-6b中的例子）都存在一足够大的 $\mathfrak{G}_n$ 使得 $\mathfrak{F}_{m_i}$ 是 $\mathfrak{G}_n$ 的生成子框架。可见，

$$\text{对所有}(m, i) \in M,\quad \mathfrak{F}_{m_i} \vDash L$$

因此 $L \subseteq \text{Log}\mathfrak{F}_M$。与 $\text{Log}\mathfrak{F}_M \subseteq L$ 合在一起，这会产生 $L = \text{Log}\mathfrak{F}_M$。总之，$\text{Log}\mathfrak{F}_M$ 的每个真扩充都是表格的。

布洛克第一定理至此证毕。 ■

布洛克的框架 $\mathfrak{F}_M$ 禁止人们把NExtS4中三种等价的濒表格性判据推广到传递逻辑格中的无穷深度逻辑。给定 $\mathfrak{F}_M$，令 C 是 $\mathfrak{F}_M$ 的全体点生成子框架的类。虽然 C 中框架的深度是无界的，其宽度为2而不取极小值1，因此第一种判据不适用。又 C 中任何一对深度相同的框架 $\mathfrak{F}_{m_0}$ 与 $\mathfrak{F}_{m_1}$ 都不能同构地嵌入对方，这种不可比较性使 C 的成员无法排成一基于深度的司克罗格斯-链，因此第二种判据不适用。又 $\mathfrak{F}_{m_0}$ 与 $\mathfrak{F}_{m_1}$ 不可比较导致 $\text{Log}\mathfrak{F}_{m_0}$ 与 $\text{Log}\mathfrak{F}_{m_1}$ 不可比较，因此NExtLog$C$根本不是线序集，第三种判据也不适用。提醒读者，时至今日，仍然有模态逻辑学者把这类判据漫不经心地从NExtS4搬到整个的传递逻辑格 NExtK4[①]。这种现象似乎表明布洛克第一定理对认识传递逻辑格的结构的意义还没有开始被认真对待。

三、有穷深度领域中的替换术与复制术

当视野扩大到传递逻辑格的时候，需要重新制定濒表格性判据；它们

[①] 例如，见克拉赫特 *Tools and Techniques in Modal Logic*（Amsterdam，Elsevier Science B.V.，1999，p. 410）的习题 279。

.

应当有足够的概括性,能够把传递逻辑格的已知或未知子格中的濒表格性判据作为特殊情况包括在自身中。布洛克没有提出这个问题,然而第二定理的证明中埋藏着有助于我们思考的重要线索。

布洛克第二定理　在传递逻辑格中存在 $\aleph_0$ 个有穷深度的濒表格逻辑。

证明与勘误

据布洛克观察,如果有穷有根框架类 C 上的逻辑 $\text{Log}C$ 是一有穷深度的濒表格逻辑,那么我们可以不失一般性地假定 C 中所有框架总是按两种方式之一从单独一个既不含真团又不含复本的框架 $\mathfrak{F}$ 形成的。一种方式是把构成 $\mathfrak{F}$ 的根的自返点改成大小不一的真团,不妨简称"替换术";另一方式是把 $\mathfrak{F}$ 的根上方某一自返点或禁自返点改成为数不等的复本,使得根成为它们的直接前趋,不妨简称"复制术"。于是,按照布洛克的这项观察结果,每一个有穷深度的濒表格逻辑 $\text{Log}C$ 决定于一个有穷有根框架类 C 的组成,每一个这样的类 C 又来源于一个无真团又无复本的有穷有根框架。因此,无真团又无复本的有穷有根框架的总数是有穷深度的濒表格逻辑的总数的一个上界。假定布洛克的观察是对的,为建立第二定理便只需要有命题2.3。

命题2.3　对每个 $n \in N$[①],深度为 n 的无真团又无复本的传递框架只有有穷多个。

在给定传递框架 $\mathfrak{F}=\langle W, R\rangle$ 中,含两个或更多对称点的团称为"真团"。又令 $x\uparrow^-$ 是点 x 的真后继集,对两个互不通达的自返点或禁自返点 w 和 w',当 $w\uparrow^-=w'\uparrow^-$ 时,我们说 w 与 w' 互为"复本"。仿布洛克,把从 $\mathfrak{F}$ 中消去一切真团的归约记为 ν_γ,把从 $\mathfrak{F}$ 中消去一切复本的归约记为 ν_λ,把这两种归约所产生的(在合同关系 γ 和 λ 下的)商框架分别记为

$$\mathfrak{F}/\gamma \text{ 和 } \mathfrak{F}/\lambda$$

很明显,命题2.3等价于论断"对任何深度为 n 的框架 $\mathfrak{F}$,$(\mathfrak{F}/\gamma)/\lambda$ 只含有穷多个深度为 n 的点",后者不难由一个串值归纳得出。因为,假定该论断对所有 $k<n$ 成立。这时,$(\mathfrak{F}/\gamma)/\lambda$ 只含有穷多个深度 $<n$ 的点。令 X 是所有这样的点的集合,X 的非空子集数必定是一自然数 r,然而,对 X 的每个非空子集 Y,在 $(\mathfrak{F}/\gamma)/\lambda$ 的深度为 n 的点中间,至多有一个自返点 u 和一个禁自返点 v 使得

$$u\uparrow^-=Y=v\uparrow^-$$

所以,$(\mathfrak{F}/\gamma)/\lambda$ 中深度为 n 的点的总数 $m_n \leqslant 2r$,因而 m_n 也是一自然数。

---

① 提醒读者:N 是全体非零自然数的集合。

从现在起要着重考虑所有可能深度为 n 的不含真团又不含复本的有穷有根框架。设它们的总数为 m_n。我们将用符号：

$$\mathfrak{F}_j^n \quad (\text{此处} 1 \leqslant j \leqslant m_n)$$

来指这些框架的某一给定枚举中的第 j 项。我们还将引进记号：

$$\mathfrak{F}_j^n(C_m) \text{ 和 } \mathfrak{F}_j^n(D_m^w)$$

用前者指把 $\mathfrak{F}_j^n$ 的根改成 m 元真团的结果，用后者指把 $\mathfrak{F}_j^n$ 的非根点 w 改成它的 m 个复本的结果。前面提到的布洛克的那项观察结果于是可以表述成命题2.4。

命题2.4　设濒表格逻辑 $\mathrm{Log}C \in \mathrm{NExtK4BD}_n$，$C$ 是一有穷有根（传递）框架的可数类。这时，或者存在一 $\mathfrak{F}_j^n$ 使得

$$C = \{\mathfrak{F}_j^n(C_m) : m = 1, 2, 3, \cdots\}$$

或者存在一 $\mathfrak{F}_j^n$ 使得

$$C = \{\mathfrak{F}_j^n(D_m^w) : m = 1, 2, 3, \cdots\}$$

仿布洛克，写出主要的论证步骤，但几乎都不讲理由。

令 $C = \{\mathfrak{F}_i : i = 1, 2, 3, \cdots\}$。进一步，令 $C_\gamma = \{\mathfrak{F}_i / \gamma : i = 1, 2, 3, \cdots\}$。$C_\gamma$ 或者只含有穷多个两两不同构的框架，或者含无穷多个。因此，我们面对的情况只有以下两种。

情况1：C_γ 是有穷集。由于 C 刻画一濒表格逻辑，可以假定 C_γ 是一元集，换言之，存在一 $\mathfrak{F} = \langle W, R \rangle$，对所有 $i \in N$，$\mathfrak{F}_i / \gamma \cong \mathfrak{F}$。这时，存在一深度为 n 的无真团又无复本的有穷有根框架 $\mathfrak{F}_j^n$ 使得

$$\mathfrak{F} / \lambda \cong \mathfrak{F}_j^n \quad (\text{此处} 1 \leqslant j \leqslant m_n)$$

既然 W 是有穷集，那就存在一点 $w_0 \in W$ 使得 w_0 在各 $\mathfrak{F}_i$ 中的 v_γ-原象是大小不等的真团。显然，w_0 一定是 $\mathfrak{F}$ 的根，因而也是 $\mathfrak{F}_j^n$ 的根。于是我们可以假定 C 中的框架是对 $\mathfrak{F}_j^n$ 应用替换术的产物，即 $C = \{\mathfrak{F}_j^n(C_m) : m = 1, 2, 3, \cdots\}$。

情况2：C_γ 是无穷集。既然 $\mathrm{Log}C$ 按假设是一濒表格逻辑，既然 $\mathrm{Log}C \subseteq \mathrm{Log}C_\gamma$，我们可以假定 $C = C_\gamma$，换言之，C 中所有框架 $\mathfrak{F}_i$ 本来就不含真团，但 C 刻画一濒表格逻辑，所以必定存在一深度为 n 的无真团又无复本的有穷有根框架 $\mathfrak{F}_j^n$ 使得

$$\text{对所有} i = 1, 2, 3, \cdots, \quad \mathfrak{F} / \lambda \cong \mathfrak{F}_j^n \quad (\text{此处} 1 \leqslant j \leqslant m_n)$$

又因为 W_j^n 是有穷集，必定存在一点 $w \in W_j^n$ 使得 w 在各 $\mathfrak{F}_i$ 中的 v_λ-原象是 w

的为数不等的复本。点 w 当然不能是 $\mathfrak{F}_j^n$ 的根，只能处在根的上方。它的深度该是多少呢？布洛克使用一个站不住脚的归谬，试图从 $\mathfrak{F}_j^n$ 的深度为 n 推出 w 的深度不可能不是 $n-1$。其实，正确的归谬得不出 w 在 $\mathfrak{F}_j^n$ 中具有某一固定深度，仅仅能够得出 w 在各 $\mathfrak{F}_i$ 中的复本都应当是根的直接后继。改正了这个错误之后，我们可以像布洛克那样假定 C 中的框架是对 $\mathfrak{F}_j^n$ 应用复制术的产物。更确切地说，$C=\{\mathfrak{F}_j^n(D_m^w):m=1,2,3,\cdots\}$，但这里 $\mathfrak{F}_j^n(D_m^w)$ 是指把 $\mathfrak{F}_j^n$ 中的非根点 w 改成它的 m 个复本，又让这 m 个复本构成根的直接后继的变换。

布洛克第二定理至此证毕。　　　　　　　　　　　　　　　　　　■

布洛克第二定理的结论毋庸置疑，它的证明蕴藏着不少附加的信息，值得人们反思。

命题2.3的证明描述了深度为 n 的无真团又无复本的有穷框架的一种通用的构造法。按该构造法，那样的框架的全体可以组合成一座有两个尖端的金字塔。例如，深度为3的那类框架形成如图2-8的金字塔。很明显，只要让深度 n 趋向无穷大，便能构造出深度无穷的无真团又无复本的框架。在传递逻辑格中，刻画一无穷深度的濒表格逻辑的无穷框架，无一例外，都必须是这样的框架。想制定无穷深度逻辑的濒表格性判据，不能不顾及命题2.3及其证法给濒表格性加上的种种限制，尽管这未必是足够的。

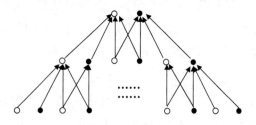

图 2-8　金字塔形框架

命题2.4的证明，仅从字面上看，很难说是令人满意的。对刻画一有穷深度的濒表格逻辑的有穷有根框架类 C，布洛克心中存着 C 所应满足的一些必要条件，然而他自始至终不肯明白地陈述那些条件。难道那些条件全是自明的或不足论道的？不加论证地默认那些条件会不会使人忽略了它们的反例？未经缜密推敲，不宜妄断，本节只记下我们初步推敲之后的某些想法。

布洛克的框架模式 $\mathfrak{F}_j^n(C_m)$ 和 $\mathfrak{F}_j^n(D_m^w)$ 最鲜明地反映他对有穷深度的

濒表格逻辑的认识的不足之处与独到之处（请注意，为简化符号，在不发生歧义的情况下，也可以用原本表示框架模式的符号 $\mathfrak{F}_j^n(C_m)$ 表示框架类 $\{\mathfrak{F}_j^n(C_m):m=1,2,3,\cdots\}$，同时用 $\mathfrak{F}_j^n(D_m^w)$ 表示框架类 $\{\mathfrak{F}_j^n(D_m^w):m=1,2,3,\cdots\}$）。

先介绍一个与缺少濒表格性判据密切相关的不足之处。为行文方便，把框架模式 $\mathfrak{F}_j^n(C_m)$ 和 $\mathfrak{F}_j^n(D_m^w)$ 中那个无真团又无复本的框架 $\mathfrak{F}_j^n$ 称为该框架模式的原型；当该框架模式表示的框架类刻画一濒表格逻辑时，把 $\mathfrak{F}_j^n$ 称为一濒表格模式的原型。对给定 $n\in N$，无真团又无复本的框架 $\mathfrak{F}_j^n$ 可以很多，并不是其中任何一个都是一濒表格模式的原型。图2-9a和b各举出一反例。读者不妨验证一下 $\mathfrak{F}_j^3(C_m)$ 和 $\mathfrak{F}_j^5(D_m^w)$ 不刻画濒表格逻辑，它们的原型 $\mathfrak{F}_j^3$ 和 $\mathfrak{F}_j^5$ 不是濒表格模式的原型。布洛克没有提出从各式各样的无真团又无复本的有穷有根框架中识别能充当濒表格模式的原型的准则。只要继续局限于消去真团的归约 v_γ 和消去复本的归约 v_λ，不去进一步考察可以最大限度地减少一有穷框架的深度的归约，就不可能提出这样的准则。假使我们想沿用布洛克的替换术与复制术，这是非解决不可的一大问题。正如方才指出的，解决这个问题的正确途径之一是给濒表格模式的原型 $\mathfrak{F}_j^n$ 加上某种更苛刻的不可归约性。

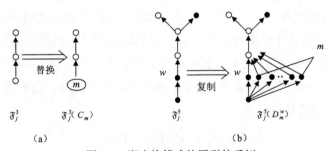

图 2-9　濒表格模式的原型的反例

现在来看布洛克的替换术与复制术的独到之处。布洛克从来没有提起过马克西莫娃等的参数方法，然而，我们完全可以把他的替换术与复制术看成一种变形的参数方法。这是因为框架模式 $\mathfrak{F}_j^n(C_m)$ 中的 m 显然指根部的隆起度（当根与终点重合时 m 指外隆起度），而框架模式 $\mathfrak{F}_j^n(D_m^w)$ 中的 m 则是指非根点 w 所在的那一层的分枝度（当 w 是一终点时 m 指外分枝度）。这样理解布洛克的新技术与原有参数方法之间的相似性不是全无好处的。在许多相当简单的情况下，运用他的新技术与运用原有参数方法并无本质上的不同。所谓"相当简单的情况"主要是指有关的濒表格模式的原型 $\mathfrak{F}_j^n$ 只不过是一线序框架。事实上,布洛克特意讨论的传递逻辑格的3个子格NExtS4,NExtD4和NExtGL都属于这类情况[①]。为保持历史纪事的完整性,我们按布洛克的风格记下他和其他人关于后两个子格的结果。

关于NExtD4的梅思赫依-布洛克定理　取框架模式 $M_n^A = \langle \{1, \cdots, n\}, < \cap \{\langle i,i \rangle : i \in A\} \rangle$,此处 $A \subseteq \{1, \cdots, n\}$。又令框架模式 K_n 是 $M_n^{\{1,\cdots,n\}}$,因而 $K_n = \langle \{1, \cdots, n\}, \leqslant \rangle$。NExtD4中恰好有10个濒表格逻辑,分别被以下框架类所刻画: $K_1(C_m)$,$K_2(C_m)$,$K_2(D_m^2)$,$K_3(D_m^2)$,$\{K_n : n = 1, 2, 3, \cdots\}$,$M_2^{\{2\}}(D_m^2)$,$M_3^{\{1,3\}}(D_m^2)$,$M_3^{\{2,3\}}(D_m^2)$,$M_3^{\{3\}}(D_m^2)$,$\{M_n^{\{n\}} : n = 1, 2, 3, \cdots\}$。

关于NExtGL的布洛克-查格罗夫定理　取框架模式 $L_n = \langle \{1, \cdots, n\}, < \rangle$。NExtGL中有可数多个濒表格逻辑,分为两类,一类被框架类 $\{L_n : n = 1, 2, 3, \cdots\}$ 刻画,另一类被框架类 $\{L_n(D_m^k) : m = 1, 2, 3, \cdots\}$(此处 $k \in \{2, \cdots, n\}$)刻画。

尽管以上两个定理是用布洛克的新技术(或查格罗夫的基于点的类型的新技术[②])建立的,但是我们应当懂得它们同样可以用原有的参数方法十分顺利地得出。要知道,在这两个定理中有关的濒表格模式的原型 M_n^A 和 L_n 是线序的,不会妨碍人们得到适当的切出引理和不可比较性引理。看来,替换术与复制术的威力并不表现在它能够产生这类相对容易的新结果。

威力在哪里呢?本书试作一比较确切的说明。布洛克式的濒表格模式 $\mathfrak{F}_j^n(C_m)$ 和 $\mathfrak{F}_j^n(D_m^w)$ 的优越性在于截然分明地区别了一条框架链的两个成分。一个成分是始终不变的,那就是原型 $\mathfrak{F}_j^n$;另一个成分是始终在变的,那就是包含在替身 C_m 或复本 D_m^w 中的参数值。不言而喻,由模式 $\mathfrak{F}_j^n(C_m)$ 和 $\mathfrak{F}_j^n(D_m^w)$ 决定的链分别是

$$\mathfrak{F}_j^n = \mathfrak{F}_j^n(C_1), \; \mathfrak{F}_j^n(C_2), \; \mathfrak{F}_j^n(C_3), \cdots \qquad (2\text{-}2)$$

和

$$\mathfrak{F}_j^n = \mathfrak{F}_j^n(D_1^w), \; \mathfrak{F}_j^n(D_2^w), \; \mathfrak{F}_j^n(D_3^w), \cdots \qquad (2\text{-}3)$$

一般说来,这样的链不一定符合司克罗格斯-链的定义条件,因为它们的首项 $\mathfrak{F}_j^n$ 从一开始就有可能破坏非无界的参数取极小值这项要求。我们尽可删去这项要求,把这样的链命名为"基于给定参数 π 的拟司克罗格斯-

---

① Blok, W. J., "Pretabular varieties of modal algebras", *Studia Logica*, Vol.39, 1980, pp.101~124; Chagrov, A. V., "Nontabularity-pretabularity, antitabularity, coantitabularity", *Algebraic and Logical Constructions*, 1989, pp.105~111.

② Chagrov, A. V., "Modelling of computation process by means of propositional logic", Dissertation, Russian Academy of Science, 1998.

链"。这样，式（2-2）和式（2-3）都构成拟司克罗格斯-链，前者基于根的隆起度，后者基于非根点 w 所在的那一层的分枝度。在一条拟司克罗格斯-链中，可变成分总是极其简单的，而不变成分（原型 $\mathfrak{F}_j^n$）却可以要多么复杂就多么复杂。然而，无论这个不变成分如何复杂，布洛克的替换术与复制术给出了一种灵活的办法，让我们从刻画一濒表格逻辑 $\mathrm{Log}C \in \mathrm{NExtBD}_n$ 的有穷有根框架类 C 中划出一个真子类 C^*，使得 C^* 中的全体框架排成一条拟司克罗格斯-链，其中居前的项同构嵌入居后的项，居后的项可归约到居前的项。只要这条链的首项 $\mathfrak{F}_j^n$ 的确是濒表格模式的原型，我们必定有 $\mathrm{Log}C^* = \mathrm{Log}C$。所以，布洛克的新技术其实已经暗示了 NExtBD_n 中的某种濒表格性判据。他未能提出判据也许只是由于他还不清楚如何判别首项 $\mathfrak{F}_j^n$ 是不是一濒表格模式的原型。

在传递逻辑格中按某种统一的方式处理无穷深度与有穷深度的濒表格逻辑应当是可能的。当然，在这里不可以指望参数方法还有真正的潜力，因为无穷深度的濒表格逻辑不仅会有任意的有穷宽度，而且未必不会有无穷宽度（这是我们的猜想）。尽管如此，"拟司克罗格斯-链"的概念在这里依然有用。例如，如果从布洛克的无穷框架 $\mathfrak{F}_M$ 中抽取由每一层上全体点所生成的子框架，这些有穷生成框架也会形成一基于深度的拟司克罗格斯-链，其中居前的项是居后的项的生成子框架。令 C 是 $\mathfrak{F}_M$ 的全体生成子框架的类，C^* 是 $\mathfrak{F}_M$ 由同层点集生成的子框架的类。虽然 C^* 只是 C 的真子类，却有 $\mathrm{Log}C^* = \mathrm{Log}C = \mathrm{Log}\mathfrak{F}_M$。按命题2.3，从任何具有无穷深度的濒表格逻辑的无穷框架抽出的基于深度的拟司克罗格斯-链，其首项要么是单个自返点，要么是单个禁自返点，要么是由一个自返点与一个禁自返点组成的对子。很难看出这样的首项在什么意义上是一濒表格模式的"原型"。要想从诸如此类的拟司克罗格斯-链的结构中获取有趣的信息，不能不更新我们的眼光。这又是一个挑战。

第二编 主 篇

引言——我们的目的和方法

无论本书所研究的关于传递逻辑格中的濒表格逻辑的工作多么不成熟，我们都愿意把它看成是布洛克关于传递逻辑格中濒表格逻辑的经典论著《濒表格的模态代数簇》[①]的一个直接后继。本书继承了这位已故的荷兰数学家的一些基本方法，试图去解决的也是他留给后人的两个大问题：一个是传递逻辑格的濒表格性的判据问题；另一个是该大格的子格NExtQ4中濒表格逻辑族的基数、分类及公理化问题。前一问题构成本书第二编第三、四、五章的主题，后一问题构成第六章的主题。

在传递逻辑格的子格NExtS4、NExtD4和NExtGL中，濒表格逻辑可以被逐一描述出来，因而濒表格性的判据容易建立。在传递逻辑格中，这件事却难做得多。一方面，困难是由濒表格逻辑的刻画框架在结构上的极端多样性所引起的；另一方面，也是由现有的结构分析方法不够灵活或者不够彻底所造成的。例如，就有穷深度的传递框架而言，苏联学者倡导的参数方法不够灵活，没有顾及多变的"非参数成分"；布洛克倡导的替换术与复制术在预备性步骤方面不够彻底，没有事先清除归约尚未进行到底的不良后果。然而，在研究工作的初期，我们意识不到现有的结构分析方法的种种弊病，一度陷入困境。虽然那时我们只是在考虑NExtQ4这个子格中的濒表格逻辑，层出不穷的类型差异已经让人不堪负担了。

摆脱困境始于"点式归约"概念的形成。有一段时间，在我们心中这个概念保持"有实无名"的状态。归约又称p-同态，这种运算对濒表格性研究的重要性是不言而喻的。鉴于此，屡经挫折之后，我们想到应当给任意传递框架到它自身中的归约作一次穷尽的分类，为的是用一种有良定义的既约性来充当判别濒表格性的准则。只是在所得分类法初步奏效后我们才觉察自己所考虑的归约其实是"集式归约"的罕见特例，不如命名为"点式归约"。不久，我们悟出这个新概念相当有用，使它有用的决定性因素在于一个框架可以是在集式归约下可变但在点式归约下不变，在于每个濒表格逻辑的无穷刻画框架不必在集式归约下不变但必须在点式归约下不

① Blok，W. J.，"Pretabular varieties of modal algebras"，*Studia Logica*，Vol.39，1980，pp.101～124.

变。尽管我们对点式归约的认识还很贫乏，只限于本编第三章中所陈述的少量事实，但我们深信在点式归约下的不变性从一个最重要的侧面反映了濒表格性的本质。

所谓"濒表格性的判据"是这样一个语义论断：逻辑 L 是濒表格的，当且仅当存在一如此这般的无穷框架 $\mathfrak{F}$ 使得 $L=\mathrm{Log}\mathfrak{F}$。这个命题丝毫不意味着不存在非如此这般的无穷框架 $\mathfrak{G}$ 使得 $L=\mathrm{Log}\mathfrak{G}$。可见，濒表格性判据本身预设了要在刻画同一个逻辑的——往往被称作"等价的"——许多框架中作取舍。要知道，假使想兼顾所有等价的刻画框架可能有的结构特征或几何特征，就会无法建立濒表格性判据。需要取舍的道理前人就懂，叶萨基亚和梅思赫依还给这种取舍过程想了一个生动的名称，称为"切出"。我们主张把这种取舍过程称为"规范化"。这是一个非形式术语，本编中将在第四章给予正式定义。读者将会看到，规范化的手段是各种框架变换，其根本目的不是只求刻画框架在几何性状上的优雅，而是要追求刻画框架在结构性状上的稳定。

第四章和第五章分别针对有穷深度与无穷深度的濒表格逻辑制定判据。既然布洛克证明了无穷深度的濒表格逻辑族是一连续统，第五章中给出的判据无论如何也不可能是能行的。但这没有降低我们的判据的重要性，正好相反，提高了这类判据在识别连续统成员方面的作用。因为从未见过同类判据的先例，无从对比，只得暂不讨论我们所表述的判据的优劣。

第四章中给出的判据有所不同，不但是能行的（更确切地说，可以转换成改用有穷框架的判定工序），而且与布洛克的替换术和复制术是相通的。第一编第二章第四节曾提到，布洛克的新技术其实未经论证。为弥补这个漏洞，我们引进了"Alt_N-颠覆子"和"强的 Alt_N-颠覆子"的概念。这些概念在杜根吉和司克罗格斯的经典性工作中就能够找到隐约的起源，并非不足道的。

我们建立的濒表格性判据在第六章里经受了一次考验。好的濒表格性判据理应有实际的效用。首先是有利于濒表格逻辑的刻画框架的识别；其次是——倘若可能——有利于公理化问题及判定问题的解决。第六章旨在审查我们的判据是否在所有这些方面都能有效地应用到传递逻辑格的子格NExtQ4。我们看中NExtQ4是因为它包括传递逻辑格中全部的无稽型逻辑，正像NExtD4包括传递逻辑格中全部的无谓型逻辑。1970年以前，模态逻辑学界几乎无视无稽型逻辑的存在。甚至在麦金森定理揭示了无稽型逻辑的重要地位之后，人们依然将目光集中在有可证性解释的逻辑GL及其

（正规或拟正规）扩充上，很少关注同样有可证性解释的Q4——在这种解释下，Q4就是"哥德尔第二定理的逻辑"。实际上，NExtGL是 NExtQ4的一个不太大的子格。我们并不期望小子格的特征都可以外推到大格，但最初过分看重NExtGL与NExtQ4的类似之处。鉴于NExtS4与NExtD4中濒表格逻辑族都是有穷集，我们便猜想NExtGL与NExtQ4中濒表格逻辑族都是可数无穷集。出乎意料，我们推翻了自己的猜想。原来，NExtQ4与传递逻辑格更相仿，它同样有 $2^{\aleph_0}$ 个无穷深度的濒表格逻辑，也就是说，它的复杂程度不亚于传递逻辑格本身。

第三章 点式归约初探

本章将引入一种被加入了极强的限制条件的归约——点式归约，研究这种特殊归约的特点，它在传递框架间的完全的分类，以及由它引出的新概念——点式归约下的不变性。

第一节 集式归约和点式归约

一、集 式 归 约

先重温归约的定义。

给定框架 $\mathfrak{F}=\langle W, R\rangle$ 和 $\mathfrak{G}=\langle V, S\rangle$。从 W 到 V 上的映射 f 是一 $\mathfrak{F}$ 到 $\mathfrak{G}$ 的归约，如果对所有 $x, y\in W$，f 满足：

往前条件：$xRy\Rightarrow f(x)Sf(y)$；

往后条件：$f(x)Sf(y)\Rightarrow\exists z\in W(xRz\wedge f(z)=f(y))$。

我们也经常说 $\mathfrak{G}$ 是 $\mathfrak{F}$（在 f 下）的约本或 $\mathfrak{F}$ 可（由 f）归约为 $\mathfrak{G}$[①]。

显然，任何归约 $f: W\to V$ 不仅是满射，还是满同态（因为它满足向前条件）。而每当它是单射时它就成了 $\mathfrak{F}$ 与 $\mathfrak{G}$ 之间的"同构"（也称为不足论道的归约）：

同构的定义   给定框架 $\mathfrak{F}=\langle W, R\rangle$ 和 $\mathfrak{G}=\langle V, S\rangle$。$W$ 到 V 上的一个单射 f 称之为 $\mathfrak{F}$ 到 $\mathfrak{G}$ 上的同构，如果对所有 $x, y\in W$，xRy，当且仅当 $f(x)Sf(y)$[②]。

归约旨在将较大的框架收缩成较小的框架。一般来说，允许一个归约 $f: W\to V$ 把 W 的任意子集（中的所有的点）映射到 V 中的同一点上。换言之，允许点 $x\in W$ 在 f 下的原象 $f^{-1}(\{x\})\subseteq W$ 是任意大小的集合，或者说对集合 $f^{-1}(\{x\})$ 的大小不作任何限制。在这个意义上，一切归约都可以看成是"集式归约"。然而，观察到同构作为归约的特殊情形，从任意点 $x\in V$

① 参见查格罗夫和扎哈里雅雪夫 *Modal Logic*（Oxford，Oxford University Press，1997，p.30）相关定义。

② 参见查格罗夫和扎哈里雅雪夫 *Modal Logic*（Oxford，Oxford University Press，1997，p.26）相关定义。

在 f 下的原象 $f^{-1}(\{x\})$ 是否有所限制的角度来看，同构实际上是一种在 $f^{-1}(\{x\})$ 所含点数上加以极端限制的归约。

可以设想，如果给某些点 $x \in V$ 的原象 $f^{-1}(\{x\})$ 加上类似的限制（当然可以不局限在数目的限制上），自然而然会产生集式归约的各种特例。从本书研究的目的考虑，所要引进的是一种在数目上的极端苛刻的限制，即至多允许对 V 中唯一的点 x，$f^{-1}(\{x\})$ 是二元集而不是一元集。本书用"点式归约"一词来命名这类狭隘到极点的集式归约。

二、点 式 归 约

定义3.1（点式归约的定义）　框架 $\mathfrak{F}=\langle W, R\rangle$ 到 $\mathfrak{G}=\langle V, S\rangle$ 的归约 f 称为点式归约，如果至多有两个不同的点 a，$b \in W$——称为特选点——满足 $f(a)=f(b)$，而任何其中至少有一点不是 a 或 b 的两点 x，$y \in W$ 满足：

$$f(x)=f(y)，仅当 x=y$$

如果 f 并非不足道的，称为真点式归约（只要不致混淆，也可以省去"真"字）。

点式归约是一种极其特殊的归约。它要求每次归约时总是把原框架中的至多两个不同点映射到约本中的某个点上去。在不足道的情况下，点式归约其实就是框架间的"同构"。

先研究任意两个框架间的点式归约是如何保存点的深度的。

事实上，对于任意两个框架间的任一点式归约来说，两个特选点抛开它们自身的后继集是完全相同的。

命题3.1　令 f 是框架 $\mathfrak{F}=\langle W, R\rangle$ 到框架 $\mathfrak{G}=\langle V, S\rangle$ 的点式归约，a，$b \in W$ 是 f 的特选点。因此，$a\uparrow \backslash \{a, b\}=b\uparrow \backslash \{a, b\}$。

证明

只需证明 $a\uparrow \backslash \{a, b\} \subseteq b\uparrow \backslash \{a, b\}$ 即可，$b\uparrow \backslash \{a, b\} \subseteq a\uparrow \backslash \{a, b\}$ 能够采用类似的方法予以证明。对任意点 $x \in a\uparrow \backslash \{a, b\}$，$x \neq a$，$x \neq b$ 并且 aRx。利用归约的定义（即定义3.1）可以从 aRx 得到 $f(a)Sf(x)$。同时，从 a，$b \in W$ 是 f 的特选点及点式归约的定义得到 $f(a)=f(b)$。因此，有 $f(b)Sf(x)$。再次利用归约的定义，可以得出：

$$存在一 y \in W，使得 bRy 且 f(y)=f(x)$$

由于 $x \neq a$ 且 $x \neq b$，从点式归约的定义得到 $x=y$。这时，有 bRx，$x \neq a$ 且 $x \neq b$，即 $x \in b\uparrow \backslash \{a, b\}$。　　　　　■

点式归约未必处处保存深度，但在特选点上方（即特选点的真后继）

永远保存深度。

命题3.2 假定 f 是从框架 $\mathfrak{F}=\langle W, R\rangle$ 到框架 $\mathfrak{G}=\langle V, S\rangle$ 的点式归约，a 和 b 是 f 的特选点。因此，对任意 $x \in \{a, b\}\!\uparrow^-$，$d(x)=d(f(x))$。

证明

假定 f 从框架 $\mathfrak{F}=\langle W, R\rangle$ 到框架 $\mathfrak{G}=\langle V, S\rangle$ 的点式归约，a 和 b 是 f 的特选点。令 $f(a)=f(b)=c \in V$。利用点式归约的定义可以知道，f 事实上是 $\mathfrak{F}$ 中的点集 $\{a, b\}\!\uparrow^-$ 到 $\mathfrak{G}$ 中的点集 $c\!\uparrow^-$ 上的双射，即 $\mathfrak{F}^{\{a, b\}\uparrow^-} \cong \mathfrak{G}^{c\uparrow^-}$ ①。既然如此，对每一点 $x, y \in \{a, b\}\!\uparrow^-$ 都会有

$$x\vec{R}y，当且仅当 f(x)\vec{S}f(y)$$

根据点的深度的定义②，对任意 $x \in \{a, b\}\!\uparrow^-$，$d(x)=d(f(x))$。 ∎

现在来讨论特选点的深度保存问题。本书认为：点式归约至少要保存一个特选点的深度。

假定 f 是从框架 $\mathfrak{F}=\langle W, R\rangle$ 到框架 $\mathfrak{G}=\langle V, S\rangle$ 的点式归约，a 和 b 是 f 的特选点且 $f(a)=f(b)=c \in V$。从命题3.1得到 $a\!\uparrow\!\backslash\{a, b\}=b\!\uparrow\!\backslash\{a, b\}$。因此，由这两个点集生成的 $\mathfrak{F}$ 的子框架必然是相同的，即 $\mathfrak{F}^{a\uparrow\backslash\{a, b\}}=\mathfrak{F}^{b\uparrow\backslash\{a, b\}}$。注意，有 $\{a, b\}\!\uparrow^-=a\!\uparrow\!\backslash\{a, b\} \cup b\!\uparrow\!\backslash\{a, b\}=a\!\uparrow\!\backslash\{a, b\}=b\!\uparrow\!\backslash\{a, b\}$。于是，从命题3.2中的证明中容易知道，$\mathfrak{F}^{a\uparrow\backslash\{a, b\}} \cong \mathfrak{G}^{c\uparrow^-}$ 且 $\mathfrak{F}^{b\uparrow\backslash\{a, b\}} \cong \mathfrak{G}^{c\uparrow^-}$。在 aRb 且 bRa 的情况下，有 $\mathfrak{F}^{a\uparrow} \cong \mathfrak{G}^{c\uparrow}$ 且 $\mathfrak{F}^{b\uparrow} \cong \mathfrak{G}^{c\uparrow}$，此时，$d(a)=d(b)=d(c)$；在 $\neg aRb$ 且 $\neg bRa$ 的情况下，则有 $\mathfrak{F}^{a\uparrow\backslash\{a\}} \cong \mathfrak{G}^{c\uparrow^-}$ 且 $\mathfrak{F}^{b\uparrow\backslash\{b\}} \cong \mathfrak{G}^{c\uparrow^-}$，此时也有 $d(a)=d(b)=d(c)$；在 aRb 且 $\neg bRa$ 的情况下，$\mathfrak{F}^{a\uparrow\backslash\{a\}} \cong \mathfrak{G}^{c\uparrow^+}$ ③ 且 $\mathfrak{F}^{b\uparrow\backslash\{b\}} \cong \mathfrak{G}^{c\uparrow^-}$，此时 $d(a) \geqslant d(b)=d(c)$；在 $\neg aRb$ 且 bRa 的情况下，有 $\mathfrak{F}^{a\uparrow\backslash\{a\}} \cong \mathfrak{G}^{c\uparrow^-}$ 且 $\mathfrak{F}^{b\uparrow\backslash\{b\}} \cong \mathfrak{G}^{c\uparrow^+}$，此时 $d(b) \geqslant d(a)=d(c)$。这说明点式归约 f 至少保存了特选点 a 和 b 之中至少一个点的深度，即永远有 $d(a)=d(c)$ 或者 $d(b)=d(c)$。实际上，选 a 还是选 b 作为与点 c 深相同的特选点，其结果并不影响对点式归约的本质认识。为了以后行文和证明的方便，本书约定：

总是用 b 来指称那个被点式归约保存深度的特选点。

在这个约定下，有命题3.3。

命题3.3 令 f 是框架 $\mathfrak{F}=\langle W, R\rangle$ 到框架 $\mathfrak{G}=\langle V, S\rangle$ 的点式归约，$a, b \in W$ 是 f 的特选点且 $f(a)=f(b)=c \in V$。因此，$d(a) \geqslant d(b)=d(c)$。

命题3.3说明，从现在开始，在考虑点式归约的特选点 a 与 b 的关系

---

① 用 $\mathfrak{F}^X$ 表示由集合 $X \subseteq W$ 生成的 $\mathfrak{F}=\langle W, R\rangle$ 的子框架。当 $X=\{x\} \subseteq W$ 时，采用更简单的记法：$\mathfrak{F}^x$。

② 参见本书第33页脚注①。

③ $c\!\uparrow^+=c\!\uparrow \cup\{c\}$。

时，只需考虑如下三种情况：aRb 且 bRa；$\neg aRb$ 且 $\neg bRa$；aRb 且 $\neg bRa$。

第二节 传递框架间的点式归约

本节将目光转移到传递框架间的点式归约的某些性状上，尽管我们并不否认其中某些定理能够扩展到非传递框架间的点式归约。

一、传递框架间的点式归约的完全分类

先给出传递框架之间的点式归约的5种类型 $P_1 \sim P_5$ 的定义和示意图，然后表明就传递框架而言这的确构成一个划分。

点式归约的类型 $P_1 \sim P_5$ 的定义及示意图表示如下：

> 收缩真团的类型 P_1 —— $f \in P_1$，当且仅当 aRb 且 bRa，即特选点 a，b 彼此 R-相关（就是说，a 和 b 是一对对称点[①]），如图3-1所示。

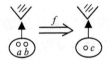

图3-1 收缩真团的类型 P_1

> 归并自返复本的类型 P_2 —— $f \in P_2$，当且仅当 $a\uparrow^- = b\uparrow^-$，$a$ 和 b 互不 R-相关（即 $\neg aRb$ 且 $\neg bRa$）且 a 和 b 都是自返点，如图3-2所示。

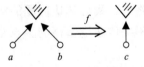

图3-2 归并自返复本的类型 P_2

> 归并禁自返复本的类型 P_3 —— $f \in P_3$，当且仅当 $a\uparrow^- = b\uparrow^-$，$a$ 和 b 互不 R-相关（即 $\neg aRb$ 且 $\neg bRa$）且 a 和 b 都是禁自返点，如图3-3所示。

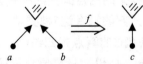

图3-3 归并禁自返复本的类型 P_3

> 消去自返点前趋的类型 P_4 —— $f \in P_4$，当且仅当 $a\uparrow^- = b\uparrow$ 且 a 和 b 都是自返点，如图3-4所示。

[①] 注意：在传递框架的情况下，a 和 b 都是自返点。

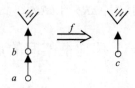

图 3-4　消去自返点前趋的类型 P_4

➤ 消去禁自返点前趋的类型 P_5 —— $f \in P_5$，当且仅当 $a\!\uparrow^- = b\!\uparrow$ 且 a 是禁自返点而 b 是自返点，如图3-5所示。

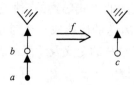

图 3-5　消去禁自返点前趋的类型 P_5

以上5种类型的定义和示意图中，f 是从左边的传递框架（$=\langle W, R\rangle$）到右边的传递框架的一个真点式归约，a 和 b 则是 f 的特选点，○代表一个自返点，●则代表一个禁自返点。

在这5种类型的真点式归约中，$P_1 \sim P_3$ 只涉及同一深度的点之间的归约，它们分别与布洛克在濒表格逻辑的工作中所使用的 v_γ 和 v_λ 相对应[①]；P_4-和 P_5-型的真点式归约则涉及不同深度的点之间的归约。正是这两种类型的归约被布洛克忽略了。我们解决问题的实践过程说明：不同深度的点之间的归约，对于解决传递逻辑格的濒表格性判据问题是有决定性意义的。

下面这个定理表明在传递框架之间的真点式归约恰好具有这5种类型。

定理3.1　传递框架之间的真点式归约有且只有 $P_1 \sim P_5$ 这5种类型。

证明

显而易见，在传递框架间的点式归约中有 $P_1 \sim P_5$ 这5种类型。现在来证明传递框架间的真点式归约只有这5种类型。给定两个传递框架 $\mathfrak{F}=\langle W, R\rangle$ 和 $\mathfrak{G}=\langle V, S\rangle$。令 f 是 $\mathfrak{F}$ 到 $\mathfrak{G}$ 的真点式归约，$a, b \in W$ 是 f 的特选点。按约定和命题3.3，$d(a) \geqslant d(b)$。所以，只需要分三种情况来考虑点式归约 f 的类型。

情况1：aRb 且 bRa。既然 $\mathfrak{F}$ 和 $\mathfrak{G}$ 都是传递框架，a 和 b 都是自返点并

---

① 其中，P_1 与 v_γ 相对应，P_2 和 P_3 与 v_λ 相对应。值得一提的是，从我们的眼光来看，布洛克使用的 v_γ 和 v_λ 都属于集式归约，而非点式归约。

构成一真团。显然有 $f \in P_1$。

情况2：$\neg aRb$ 且 $\neg bRa$。先证明 a 和 b 或者都是自返点或者都是禁自返点。假设相反，即 a 和 b 中一个是自返点一个是禁自返点。可以不失一般性地假定 a 是自返点。利用归约定义和 aRa 便得到 $f(a)Sf(a)$。从点式归约定义可知 $f(a)=f(b)$。继而有 $f(b)Sf(a)$。于是，从归约定义得到，存在一 $x \in W$ 使得 bRx 且 $f(x)=f(a)$。既然 f 是 $\mathfrak{F}$ 到 $\mathfrak{G}$ 的点式归约，有 $x=a$ 或者 $x=b$。在前一种情况下得到 bRa，这与 $\neg bRa$ 相矛盾。在后一种情况下得到 bRb，这与假设 a 与 b 一个是自返点一个是禁自返点相矛盾。因此，原假设不成立，a 和 b 或者都是自返点或者都是禁自返点。从命题3.1可以得到，$a{\uparrow}\backslash\{a,b\} = b{\uparrow}\backslash\{a,b\}$。再利用 $\neg aRb$ 且 $\neg bRa$，便得到 $a{\uparrow} = b{\uparrow}$。显然，当 a 和 b 都是自返点时，$f \in P_2$；当 a 和 b 都是禁自返点时，$f \in P_3$。

情况3：aRb 且 $\neg bRa$。首先证明 b 一定是自返点。利用归约定义，从 aRb 可得 $f(a)Sf(b)$。f 是 $\mathfrak{F}$ 到 $\mathfrak{G}$ 的点式归约，因此，$f(a)=f(b)$ 且 $f(b)Sf(b)$。于是，存在一 $x \in W$ 使得 bRx 且 $f(x)=f(b)$。因此，$x=a$ 或者 $x=b$。既然有 $\neg bRa$，$x=b$ 成立。所以，bRb 成立，即 b 是自返点。利用命题3.1，有 $a{\uparrow}\backslash\{a,b\} = b{\uparrow}\backslash\{a,b\}$。从 aRb 且 $\neg bRa$ 便得到 $a{\uparrow}\backslash\{b\} = b{\uparrow}$。因此，有 $a{\uparrow} = b{\uparrow}$。当 a 是自返点时，$f \in P_4$；当 a 是禁自返点时，$f \in P_5$。　■

定理3.1展现出传递框架间的点式归约的某种共性。点式归约 f 将特选点 a 和 b 归约为 $f(b)$，仿佛将点 a 从原框架中"消去"了，这种消去有时候还必须满足 $a{\uparrow} = b{\uparrow}$ 或 $a{\uparrow} = b{\uparrow}$ 这样的先决条件。因此，为了用点式归约缩小一给定框架，应当先消去深度较小的点，再消去深度较大的点。也就是说，对框架施加的点式归约运算是有顺序的。那些可以看成是由若干点式归约的复合而成的集式归约，也理应被视为"具有某种特殊的内部结构"。

来看下面的例子。

例3.1　图3-6给出了一条点式归约的链：
在这里，$\mathfrak{F}_0$ 是一传递框架。不难看出，$f_0 \in P_3$，$f_1 \in P_1$，$f_2 \in P_2$，$f_3 \in P_5$，$f_4 \in P_5$，$f_5 \in P_1$，$f_6 \in P_1$，…，依此类推。

对每个 $i \in \omega$，f_i 都是真点式归约。可是，对所有的 $j \geq 5$，$\mathfrak{F}_j$ 在 f_j 下的约本 $\mathfrak{F}_{j+1}$ 都与 $\mathfrak{F}_j$ 同构。就是说，尽管 f_j 消去了 $\mathfrak{F}_j$ 底部无穷团 $\textcircled{\tiny{∞}}$ 中的一点，$\mathfrak{F}_j$ 却没有改变自己的结构。$\mathfrak{F}_j$ 不仅在 f_j 下不变，而且在其他点式归约[①]下也不变。要想让点式归约累积出真正的变化，必须作某种超穷运

[①] 这些点式归约本身是同构映射。

算，取点式归约的无穷链 f_0，f_1，f_2，… 的"极限"，也就是 $\mathfrak{F}_0$ 在某个"极大的"合同关系下的商框架 $[\mathfrak{F}_0]^{①}$。然而，这个极限运算已经不是点式归约，只是集式归约，而且它跟 $\mathfrak{F}_0$ 的一个集式归约 g 是一回事。g 的定义如下：

$$g(x) = \begin{cases} \bullet, & \text{如果} d(x) = 1 \\ \circ, & \text{如果} d(x) \neq 1 \end{cases}$$

尽管如此，读者想必会同意，不预先从 $\mathfrak{F}_0$ 开始作点式归约，恐怕也很难看清能够最大限度缩小 $\mathfrak{F}_0$ 的集式归约应当是这样构造的。

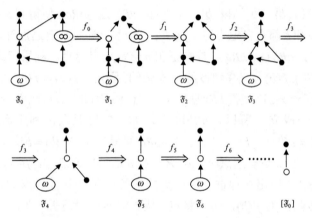

图3-6　一条点式归约的链及集式归约示例

例3.1说明：对传递框架施加的点式归约是有顺序的，同时对施加到无穷传递框架的某些集式归约运算来说，它们无法通过有穷多个点式归约的复合来完成。

再来看有穷传递框架的某些集式归约是如何被看作是有穷多个点式归约的复合的。

例3.2　仿例3.1，把 $\mathfrak{F}_0 \sim \mathfrak{F}_5$ 改成底部为 n 元团但其余点相同的有穷传递框架序列 $\mathfrak{G}_0 \sim \mathfrak{G}_5$。令点式归约序列 $g_0 \sim g_5$ 依次与 $f_0 \sim f_5$ 属同一类型，而且对 $i \in \{0, 1, 2, 3, 4, 5\}$，$g_i$ 是 $\mathfrak{G}_i$ 到 $\mathfrak{G}_{i+1}$ 的点式归约。然后，按图3-7对 $\mathfrak{G}_5$ 作进一步的点式归约，其中 $g_5 \sim g_{5+n-2}$ 都是 P_1-型的点式归约，而 $g_{5+n-1} \in P_4$：

---

① 参见查格罗夫和扎哈里雅雪夫 *Modal Logic*（Oxford，Oxford University Press，1997，p. 68）相关定义。

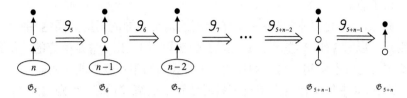

图3·7 可以看成是有穷多个点式归约复合的集式归约

与例3.1不同，由于$\mathfrak{G}_i$（$i\in\omega$）都是有穷框架，这里只靠有穷多个点式归约的复合就得到了不可再归约的两点框架$\mathfrak{G}_{5+n}=[\mathfrak{F}_0]$。

二、点式归约下的不变性

为了澄清点式归约与集式归约之间的关系，更为了达到本书的中心目的，引入定义3.2。

定义3.2 [点式（集式）归约下的不变性]框架$\mathfrak{F}$称为在点式（集式）归约下不变的，当且仅当$\mathfrak{F}$在任何点式（集式）归约下的约本都与$\mathfrak{F}$同构。在集式归约下不变的框架被称为既约框架。

就有穷传递框架而言，两种不变性概念重合。然而，这并不是显而易见的，需要证明。

定理3.2 任何有穷的传递框架$\mathfrak{F}$，$\mathfrak{F}$是既约的，当且仅当$\mathfrak{F}$在点式归约下不变。

证明

根据定义3.2，这个等值命题的左方无疑蕴涵着右方，因为点式归约都是集式归约。现在建立从右方到左方的蕴涵式，办法是表明：在点式归约下不变的有穷框架$\mathfrak{F}$，要么是一孤立自返点$\circ$组成的框架，要么是0-生成框架。因为，单个自返点构成的框架$\circ$当然是既约的，而人们又早已证明0-生成的有穷传递框架——作为K4的0-生成通用框架$\mathfrak{F}_{K4}(0)$的一个生成子框架——也一定是既约的[①]。

假定有穷传递框架$\mathfrak{F}$在点式归约下不变。这时，根据定理3.1，可以断言：

第一，$\mathfrak{F}$不含任何真团。否则，可以对$\mathfrak{F}$做P_1-型的真点式归约。由于$\mathfrak{F}$是有穷的，产生的归约本会与$\mathfrak{F}$不同构。这与假设"$\mathfrak{F}$在点式归约下不

---

① Chagrov, A. V., "Modelling of computation process by means of propositional logic", *Dissertation*, *Russian Academy of Science*, 1998；Bellissima, F., "Post complete and 0-axiomatizable modal logics", *Annals of Pure and Applied Logic*, Vol.47, 1990, pp. 121～144.

变"相矛盾。

第二，$\mathfrak{F}$不含复本，即真后继集相同的两个互异的同层又同色[①]的点。否则，可以对$\mathfrak{F}$作P_2-型或者P_3-型的真点式归约。由于$\mathfrak{F}$是有穷的，得到的约本会与$\mathfrak{F}$不同构。这与假设"$\mathfrak{F}$在点式归约下不变"相矛盾。

第三，$\mathfrak{F}$中每个自返点都没有只通达该点的直接前趋。否则，能对$\mathfrak{F}$作P_4-型或者P_5-型的真点式归约消去这个直接前趋。既然$\mathfrak{F}$是有穷的，这样的归约使$\mathfrak{F}$的基数少1，所得到的约本会与$\mathfrak{F}$不同构。这与假设"$\mathfrak{F}$在点式归约下不变"相矛盾。

本书将$\mathfrak{F}$中深度为n的点称为第n层的点。在以上所说的情况下，$\mathfrak{F}$的第1层点将完全决定$\mathfrak{F}$的归属。如果第1层上只有一个自返点，$\mathfrak{F}$只能是由单个自返点构成的框架。如果第1层上只有一个禁自返点，或者有一自返点又有一禁自返点，那么$\mathfrak{F}$是0-生成框架。在这两种情况下，$\mathfrak{F}$都是既约的。 ∎

在有穷传递框架的情况下，点式归约下的不变性是可以在有穷步骤内机械地检验的。定理3.2的证明提供了机械的核查办法。首先检查是否存在真团，接着检查是否存在复本，最后检查是否存在只通达某自返点的点。由于框架是有穷的，该方法可以在有穷步骤内完成。

因此，定理3.2的证明实际上提供了有穷传递框架的既约性的一个能行判据。足见，有系理3.1。

系理3.1　有穷传递框架的既约性是可判定的。

然而，当把目光转到无穷传递框架的时候，局面却骤变。原本既约的有穷传递框架类与在点式归约下不变的有穷传递框架类是完全重合的，可在无穷框架的情形下，既约的传递框架类却仅仅只是点式归约下不变的传递框架类的真子类。

例3.3　在点式归约下不变的非既约的无穷传递框架不计其数，图3-8所示的只是几个有代表性的例子。

从图3-8可知，$\mathfrak{F}_1$，$\mathfrak{F}_4$，$\mathfrak{F}_6$可归约到既约框架。；$\mathfrak{F}_2$和$\mathfrak{F}_5$可归约到既约框架 ⚇ ；$\mathfrak{F}_3$可归约到一个稍大的既约框架如图3-9所示。

另外，所有这些框架都在点式归约下不变，尽管$\mathfrak{F}_1$对P_4-型点式归约开放，$\mathfrak{F}_2$对P_5-型点式归约开放，$\mathfrak{F}_3$对P_4-型点式归约开放，$\mathfrak{F}_4$对P_1-型点式归约开放，$\mathfrak{F}_5$同时对P_1-、P_5-型点式归约开放，$\mathfrak{F}_6$对P_2-型点式归约开放。这里，所谓"$\mathfrak{F}$对P_i-型点式归约开放"是指对$\mathfrak{F}$能做P_i-型的真

---

① 所谓"同层"是指两点的深度相同；所谓"同色"是指两点同为自返点或者同为禁自返点。

点式归约。

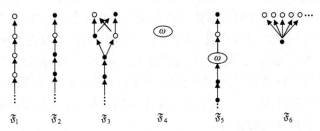

图 3-8　在点式归约下不变的非既约无穷传递框架示例

图 3-9　$\mathfrak{F}_3$ 的既约约本

可见，有命题3.4。

命题3.4　既约的无穷传递框架类是在点式归约下不变的无穷传递框架类的真子类。

区分既约框架类和点式归约下不变的框架类，是本书整个研究过程中的一个突破点。据我们所知，与"点式归约下的不变性"相近的概念未见于模态语义学，也未见于其他逻辑学和数学分支。比如，近世代数区分刚性结构、可迁结构与局部可迁结构。在点式归约下不变的框架类则包含着所有这三种结构。例3.3中的无穷框架 $\mathfrak{F}_1$，$\mathfrak{F}_2$ 和 $\mathfrak{F}_3$ 的确是刚性的，除了恒等映射，它们没有自同构；$\mathfrak{F}_4$ 不是刚性的，而是可迁的，它的每一点可被自同构映射到任何别的点；$\mathfrak{F}_5$ 和 $\mathfrak{F}_6$ 仅仅是局部可迁的，$\mathfrak{F}_5$ 的可迁区是其中的无穷团，$\mathfrak{F}_6$ 的则是终端的无穷反链[①]。可见，用这些代数概念把握不住本书所关心的框架类的共同点。类比代数，似乎可以说非既约的在点式归约下不变的无穷传递框架具备某种"弹性"和"韧性"。它们对真点式归约开放，但消去一点之后，它们依然恢复原状。诸如此类的特征，不放在更具体的上下文里，恐怕很难理解得比目前更好。

从研究濒表格逻辑的无穷刻画框架这一直接目的来看，在点式归约下的不变性是一种强度适中的稳定性。非既约性太弱，弱到几乎无用的地步；而既约性又太强。本书需要的是容许轻微变形的"殆稳定性"。但愿这样

---

① 即由无穷多个点构成的反链。

的非形式说明能够在一定程度上传达本书引入新概念的动机。

在后文中还要遇到与点式归约有关的一些概念。比如，将有必要区分对某些类型的点式归约开放，而对另一些类型的点式归约不开放的框架。正如例3.3中所展示的那样，同为在点式归约下不变的框架所开放的点式归约的类型可以是不同的。反过来，知道在点式归约下不变的框架对某类型的点式归约开放，而不对其他类型点式归约开放，也能帮助我们在某种程度上了解该框架的结构。

下面的术语也许有些帮助。

定义3.3（开放框架的定义）　设 $\mathfrak{F}$ 是在点式归约下不变的无穷框架。如果至多存在一个 $i \in \{1, \cdots, 5\}$ 使得 $\mathfrak{F}$ 对 P_i-型点式归约开放，$\mathfrak{F}$ 称为在点式归约不变下的极简框架①。如果恰好存在两个互异的 i 和 j（$i, j \in \{1, \cdots, 5\}$），使得 $\mathfrak{F}$ 对 P_i-型和 P_j-型点式归约开放，$\mathfrak{F}$ 称为在点式归约下不变的简单框架。在其他情况下，$\mathfrak{F}$ 都被称为在点式归约下不变的复杂框架。

例3.3中除了框架 $\mathfrak{F}_5$ 是在点式归约下不变的简单框架外，其余框架都是在点式归约下不变的极简框架。

点式归约下的不变性和其他一些辅助概念，可以用来描述框架的某些特征。这种描述有时甚至能够非常精确地指向某类框架。与历史上使用的参数方法比较，对框架的此类语义描述能够概括更多的框架类型。读者将在后文中看到，利用在点式归约下的不变性，我们不仅能概括传递逻辑格中有穷深度濒表格逻辑的刻画框架的总体特征，也能概括其中无穷深度濒表格逻辑的刻画框架的总体特征。

利用本章的结果，我们将在第四、五章重点讨论传递逻辑格的濒表格性的语义判据。本书的工作可以看作是不断规范濒表格逻辑刻画框架并提炼出其内在结构特点的过程。证明有穷深度濒表格逻辑的判据时，本书是从单个无穷框架入手，经过若干框架变形运算②，最终得到匀齐的具有统一结构特点的无穷刻画框架。在证明无穷深度濒表格逻辑的判据时，是从有穷框架类入手，经过若干框架变形运算，再通过链并的方式得到刻画濒表格逻辑的无穷框架。然而，无论是有穷深度，还是无穷深度的濒表格逻辑，它们最终的刻画框架都具有某些共性，如在点式归约下的不变性。

---

① 注意：既约框架一定是极简的。
② 这些运算包括生成子框架运算、不相交运算及归约运算等。参见查格罗夫和扎哈里雅雪夫 *Modal Logic*（Oxford，Oxford University Press，1997，pp.29～35）相关定义及定理。

第四章　传递逻辑格中有穷深度濒表格逻辑的语义判据

本章解决的是传递逻辑格中有穷深度濒表格逻辑的语义判据问题。在正式转向这个问题之前，先审视所有濒表格逻辑（包括无穷深度濒表格逻辑）的刻画框架的某些特点，这有助于初步缩小建立语义判据所需关注的框架范围。稍后，才把工作彻底转向有穷深度濒表格逻辑的判据研究。

为行文简洁，在本章及第五章中，逻辑、表格逻辑、濒表格逻辑都属于传递逻辑格（即NExtK4），即使并不提及传递逻辑格及NExtK4；框架、有穷框架、无穷框架都是传递的，但几乎从不提及它们的传递性。

第一节　传递的濒表格逻辑的刻画框架

本节将勾勒出所有刻画濒表格逻辑（有穷深度的和无穷深度的）的框架的某些共同点。尽管这些共同点不是完全的，但是能够为了解濒表格逻辑的刻画框架的某些局部特征提供帮助。当然，能够着手处理这些逻辑的刻画框架是因为布洛克已经证明了：

传递逻辑格中的濒表格逻辑都是有穷可逼近的[①]。

这意味着凡是濒表格逻辑都被一有穷框架类所刻画。我们知道，凡是被一框架类所刻画的逻辑都被那类框架的不相交并所刻画。濒表格逻辑也不例外。这样看来，判别一个逻辑 L 是不是濒表格逻辑应当是去解决：

问题A：对任意框架 $\mathfrak{F}$，$\mathfrak{F}$ 满足哪些条件对 $\mathfrak{F}$ 刻画濒表格逻辑是必要和充分的？

很不幸，这不是好办法。的确，作一些或粗或细的观察也能得出少量的必要条件。下面举几个例子。

命题4.1　令 $\mathrm{Log}\mathfrak{F}$ 是一濒表格逻辑，那么 $\mathfrak{F}$ 一定是无穷框架。

既然 $\mathrm{Log}\mathfrak{F}$ 不是表格逻辑，那么刻画它的框架一定是无穷的。命题4.1不足道。但命题4.2则不同，它告诉我们凡是刻画濒表格逻辑的框架都不含

---

① 参见本书第一编第一章第三节定理 1.6。

无穷上升链。

为了证明该命题，需要利用框架的"骨架"概念①。

对任意框架$\mathfrak{G}$来说，它的骨架$\rho\mathfrak{G}$一定是反对称的。同时，存在一从$\mathfrak{G}$到它的骨架$\rho\mathfrak{G}$的归约f满足：

$$对任一x\in V, \quad f(x) = C(x)$$

为了节省符号，用ρ表示这个从框架到它的骨架的归约。归约ρ是一种集式归约，实际上对应的就是布洛克消去真团的运算ν_γ，它将原框架一举归约为一个反对称的框架。

命题4.2　　如果$\mathrm{Log}\mathfrak{F}$是一濒表格逻辑，那么$\mathfrak{F}$不含无穷上升$\bar{R}$-链。

证明

为归谬，假定相反。假设$\mathrm{Log}\mathfrak{F}$是一濒表格逻辑且框架$\mathfrak{F}$含有一条无穷上升$\bar{R}$-链。由于濒表格逻辑是有穷可逼近的，于是，存在一有穷框架类C使得

$$\mathrm{Log}\mathfrak{F} = \mathrm{Log}C \tag{4-1}$$

对C中各有穷框架$\mathfrak{G}=\langle V, S\rangle$作一举消去真团的集式归约$\rho$（或者作逐步收缩真团的$P_1$-型点式归约，结果都是一样的），得到$\mathfrak{G}$的骨架$\rho\mathfrak{G}=\langle \rho V, \rho S \rangle$。众所周知，$\rho S$是反对称关系。令$\rho C = \{\rho\mathfrak{G} : \mathfrak{G}\in C\}$，即$\rho C$是$C$中所有框架的骨架的集合。按归约定理，对每个框架$\mathfrak{G}\in C$，有$\mathrm{Log}\mathfrak{G} \subseteq \mathrm{Log}\rho\mathfrak{G}$。因此，从式（4-1）可得

$$\mathrm{Log}\mathfrak{F} = \mathrm{Log}C \subseteq \mathrm{Log}\rho C \tag{4-2}$$

要注意，已设$\mathfrak{F}$含有一条无穷上升$\bar{R}$-链，这意味着$\mathfrak{F}$是无穷深度的框架。于是，从式（4-1）得到$\mathrm{Log}C$是无穷深度的逻辑。因而C中框架的深度不存在有穷上界。如所周知，归约ρ永远保存深度，即对任意框架$\mathfrak{G}\in C$，$d(\mathfrak{G}) = d(\rho\mathfrak{G})$，所以$\rho C$中框架的深度同样不存在有穷上界。这样一来，对所有$n\in\omega$，$alt_n \notin \mathrm{Log}\rho C$。按表格性的语法判据②，$\mathrm{Log}\rho C$是非表格逻辑。根据濒表格逻辑的定义，$\mathrm{Log}\mathfrak{F}$不能有任何非表格的真扩充，于是从式（4-2）得到：

$$\mathrm{Log}\mathfrak{F} = \mathrm{Log}\rho C \tag{4-3}$$

现在来证明式（4-3）是不可能的。模态对应理论说明：模态公式G_0（又称Grz_1）$\Box(\Box(p\rightarrow\Box p)\rightarrow p)\rightarrow\Box p$在传递框架上有效，当且仅当该框架是反对称的且不包含无穷上升$\bar{R}$-链。一方面，ρC中每个框架$\mathfrak{G}$都是有穷的、反对称的且都不含无穷上升$\bar{R}$-链（即所谓反对称的诺特框架）。

---

① 参见本书第一编第一章第二节的第四部分。
② 即本书第一编第一章第三节定理1.1。

可见 G_0 在 ρC 中的每一个框架上都是有效的，于是有 $G_0 \in \text{Log}\rho C$。另一方面，根据假设，$\mathfrak{F}$ 含有无穷上升 $\bar{R}$-链，G_0 在其中被驳倒，因此便得到 $G_0 \notin \text{Log}\mathfrak{F}$。从式（4-3）得到 $G_0 \in \text{Log}\mathfrak{F}$ 且 $G_0 \notin \text{Log}\mathfrak{F}$。矛盾产生，因此原假设不成立。如果 $\text{Log}\mathfrak{F}$ 是一濒表格逻辑，那么 $\mathfrak{F}$ 不含有任何无穷上升 $\bar{R}$-链。∎

命题4.2是关于濒表格逻辑刻画框架的一个否定性结果。我们迫切想知道的是：除了不含无穷上升 $\bar{R}$-链，这些刻画框架还有哪些结构特点。联想到关于无穷偏序框架[①]的一个著名结果：

任一无穷偏序框架或者包含一条无穷上升 $\bar{R}$-链，或者包含一条无穷下降 $\bar{R}$-链，或者包含一个无穷反链。

这些刻画框架还应该含有无穷下降链、无穷反链或者无穷团。不过，在正式证明该命题之前，先引入"树"的概念[②]：

令偏序框架 $\mathfrak{F}=\langle W, R\rangle$。$R$ 是 W 上的树偏序，如果 $\mathfrak{F}$ 满足：

（1）$\mathfrak{F}$ 是有根的；

（2）对任意点 $x\in W$，$x\downarrow$ 都是有穷的且被 R 线序化。

框架 $\mathfrak{F}=\langle W, R\rangle$[③] 被称为一棵树，如果 R 的自返和传递闭包 R^* 是 W 上的树偏序。

除了"树"的概念外，还要用到柯尼希引理（König's lemma）：

柯尼希引理　每一个有穷分枝的无穷树都包含一条无穷上升 $\bar{R}$-链。

现在证明濒表格逻辑刻画框架的一个正面结果，它区分了有穷深度和无穷深度濒表格逻辑刻画框架的局部特征。

命题4.3　如果 $\text{Log}\mathfrak{F}$ 是一濒表格逻辑，那么框架 $\mathfrak{F}$ 必含无穷团或无穷反链或无穷下降 $\bar{R}$-链。

证明

假设 $\text{Log}\mathfrak{F}$ 是一濒表格逻辑。显然，由命题4.1和命题4.2知道，$\mathfrak{F}$ 是无穷框架且不含无穷上升 $\bar{R}$-链。假定 $\mathfrak{F}=\langle W, R\rangle$ 不含无穷团。称点 $x\in W$ 为好点，如果 $x\downarrow^+$ 是无穷集[④]；否则称 x 为坏点。

情况1：$\mathfrak{F}$ 只含坏点。容易懂得，这时 $\mathfrak{F}$ 中必须有无穷多个两两不相关的坏点，它们的集合是一无穷反链。

情况2：$\mathfrak{F}$ 至少含一好点 x。从 R 的逆关系 $\bar{R}$ 来看，无穷集 $x\downarrow^+$ 是某一

---

① 偏序框架是指具有自返性、传递性和反对称性的框架。
② 参见查格罗夫和扎哈里雅雪夫 *Modal Logic*（Oxford，Oxford University Press，1997，pp. 32，71）。
③ 框架 $\mathfrak{F}=\langle W, R\rangle$ 不一定是传递框架。
④ 这里 $x\downarrow^+=x\downarrow\cup\{x\}$。

棵无穷树的扩集。如果那棵树中某个结点上出现无穷分枝，则 $x{\downarrow}^+$ 含一无穷反链。如果那棵树中每个结点上只出现有穷分枝，按柯尼希引理，那棵树中必定有一条无穷通道，从 R 来看，该通道是一无穷下降 $\bar{R}$-链。　　■

继续上述的观察和证明，可以得到更多关于刻画濒表格逻辑框架的必要条件。然而，想得出一组充分的必要条件，就不得不正视一个困难。这个困难主要来自于庞大的刻画濒表格逻辑的框架的数目。

称两个可数集为几乎不相交的，如果它们的交是一非空的有穷集。根据集合论中一个广为人知的原理，每个可数集都有 $2^{\aleph_0}$ 个几乎不相交的无穷真子集。利用这个结果，可以证明命题4.4。

命题4.4　刻画同一个濒表格逻辑的无穷框架构成一连续统。

证明

假设 L 是一濒表格逻辑。于是，L 是有穷可逼近的。令 C 是刻画 L 的由互不同构的有穷框架组成的可数集。令 C' 是 C 的任意无穷的真子集。这时，有

$$L = \mathrm{Log}\, C \subseteq \mathrm{Log}\, C'$$

L 是濒表格逻辑，L 没有非表格的真扩充，又因为 $\mathrm{Log}\, C'$ 不是表格的，所以有

$$L = \mathrm{Log}\, C'$$

因此，根据几乎不相交集合原理，L 有 $2^{\aleph_0}$ 个互不相同的有穷框架的可数集刻画它。这些有穷框架集各决定一不相交并。这些不相交并显然是互不同构的无穷框架，但它们刻画着同一个逻辑 L，或者说，它们都是等价的。　　■

刻画一个濒表格逻辑的框架，数量如此巨大，性状如此驳杂，如何恰如其分地概括它们的共同点呢？至少在目前，无法想象。因此，回答问题A的任务似乎不太可能完成。假使继续寻找濒表格性的判据，最好放弃原问题A，掉转头来设法解决另一个比较容易处理的问题。

问题B：当 L 被一个具备什么性状的框架 $\mathfrak{F}$ 所刻画的时候，L 就是也才是濒表格的？

问题A与问题B的差异是显而易见的。解决问题A的途径是要考察几乎所有的濒表格逻辑的刻画框架，从中提炼它们的某些共同点，这些共同点要求能够充分地决定它们所刻画逻辑的濒表格性。而问题B想解决的判据问题正是用如下方式提出的。

逻辑 $L \in \mathrm{NExtK4}$ 是濒表格的，当且仅当 L 被某框架 $\mathfrak{F}$ 所刻画且 $\mathfrak{F}$ 具备

某些良好的性状。

这样一来，问题B把注意力完全集中在刻画濒表格逻辑的某个框架上，研究的是这个特殊的框架所具有的良好的结构特点。这意味着我们不必再关心所有（或者几乎所有）濒表格逻辑的刻画框架，而是在刻画 L 的等价框架中间进行选择。其实，这样的做法并不陌生，历来的濒表格逻辑研究者早就在这么做了。观察NExtS4、NExtD4、NExtGL和布洛克关于传递逻辑格NExtK4中濒表格逻辑的数目的结果可以发现，研究者们最终寻找到的濒表格逻辑的刻画框架都有一些值得注意的特点，这里先举几例：

➤ 虽然任何濒表格逻辑 L 一定有非可数的刻画框架，人们照例只取可数的刻画框架。

➤ 当 L 是有穷深度的濒表格逻辑，人们照例取有根的刻画框架；

➤ 当 L 是无穷深度的濒表格逻辑，人们照例取不含无穷深点的无根框架。

➤ 只要 L 确有"不可分解的"刻画框架，人们照例取它，而不取有穷框架的不相交并。这里，框架 $\mathfrak{F}=\langle W, R\rangle$ 是不可分解的指的是不存在 W 的不相交子集 X 和 Y 使得 $X\uparrow^+\cap Y\uparrow^+=\emptyset$ 且 $X\uparrow^+\cup Y\uparrow^+=W$ [①]。

框架的有根性蕴涵不可分解性，逆蕴涵关系则不成立。试看图4-1所示的框架 $\mathfrak{F}_1$ 和 $\mathfrak{F}_2$，它们都是不可分解的，但只有 $\mathfrak{F}_1$ 才是有根的。$\mathfrak{F}_1$ 和 $\mathfrak{F}_2$ 都刻画NExtS4中的"钉逻辑"，人们照例取 $\mathfrak{F}_1$。

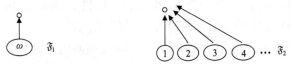

图 4-1　刻画同一逻辑的有根和无根框架示例

在等价的刻画框架中间所做的任何一种选择绝没有不容争辩的理由，无论那是数学上的理由还是哲学上的理由。然而，选择也不是任意的，因为选择的结果必须给出问题B的精确解。首先，要满足的条件就是所有的濒表格逻辑都至少有一个满足这些几何性状的刻画框架；其次，也是最重要的，这些几何性状能保持相对直观性。

本书把能正确回答问题B的一切可能的选择过程都称为**濒表格逻辑的刻画框架的规范化过程**，而把这个过程的终端产物都称为那些框架的**规范化形态**，简称范形。从现在开始，我们的主要工作就是通过框架变形的

---

① 这里 $X\uparrow^+=X\uparrow\cup X$，$X\uparrow^+=\{x\in W:\exists y\in X(yRx)\}$。

运算（特别是点式归约）来寻找濒表格逻辑的范形。

第二节　　Alt_N-颠覆子、Alt_N-反驳子和框架的濒表格性

本节将引入 Alt_N- 颠覆子和 Alt_N- 反驳子的概念。这两个概念在证明有穷深度濒表格逻辑的判据时起到了重要作用。

一、Alt_N- 颠覆子及其在濒表格性分析中的作用

在正式引入 Alt_N- 颠覆子的概念之前，先来看什么是 ω -团-反链。反链是由框架中互不通达的点构成的集合。出于技术性考虑，如果将互不通达的点换成"互不通达的"团①，那么就由反链的概念过渡到了"团-反链"的概念。

定义4.1　令 $\mathfrak{F}=\langle W, R\rangle$ 是一有穷深度的无穷框架。$\mathfrak{F}$ 中的有穷真团的一个集合 X 被称为 $\mathfrak{F}$ 中的团-反链，如果 X 是一个满足下列条件的 $\subseteq$-极大集：

（1）对任意团 $C(x)$, $C(y)\in X$, $d(C(x)) = d(C(y))$，即 X 中的团的深度都是相同的。

$\mathfrak{F}$ 中的团-反链是一个 n-团-反链（$n\geqslant 2$），如果 X 满足条件：

（2）X 中的团的基数的上确界②是 n（$n\geqslant 2$）。

$\mathfrak{F}$ 中的团-反链是一个 ω -团-反链，如果 X 满足条件：

（3）X 中的团的基数没有任何有穷上界。

根据定义4.1，ω -团-反链就是包含深度相同的无穷多个基数不相等的团的集合。从直观上讲，团-反链就是把有穷团看作是"点"的反链。对任一团-反链而言，如果它本身是有穷集，那么它一定是某个 n-团-反链（$n\in \omega$）。对于一个无穷的团-反链来说，它既可能是一 n-团-反链（$n\in \omega$），也有可能是一个 ω -团-反链，而这恰是被该团-反链中的团的基数是否具有有穷上界所决定的。ω -团-反链则毫无疑问是一个无穷集。

读者一定对引入"团-反链"的动机感到好奇。作为"反链"概念的扩展，本书引入的动机纯粹是出于简化技术证明的需要。这一点稍后再给予说明。

再引进一个陌生的概念，它其实相当自然。

定义4.2（Alt_N-颠覆子的定义）　设 $\mathfrak{F}=\langle W, R\rangle$ 是一可数框架。W 的任

---

① 不同团中的点都是互不通达的。

② 即 X 中的团所含的点的数目的上确界。

何无穷子集 X 称为 $\mathfrak{F}$ 中的一个 Alt_N- 颠覆子（有时简称为颠覆子），如果 X 是满足下面4个条件的 $\subseteq$-极大集：

（1）X 是同色的，即 X 或者是一个自返点集或者是一个禁自返点集或者是一个有穷真团的集合；

（2）X 是同层的，即对任何 x，$y \in X$，$d(x) = d(y)$；

（3）X 是同质的，即 X 或者是一个无穷反链或者是一个无穷团或者是一个 ω-团-反链；

（4）X 颠覆公式集 $Alt_N = \{alt_n : n \in \omega\}$，即对每个 $n \in \omega$ 都存在一点 $x \in X \downarrow$（或者当 X 是一个 ω-团-反链时，$x \in (\bigcup X) \downarrow$）使得 $\left| x \uparrow \cap X \right| > n$（或者当 X 是一个 ω-团-反链时，$\left| x \uparrow \cap (\bigcup X) \right| > n$）（因而 $(\mathfrak{F}, x) \nvDash alt_n$）。

如果 $\mathfrak{F}$ 中的颠覆子 X 还满足比（4）更强的条件：

（5）存在一点 $x \in X \downarrow$（或当 X 是一个 ω-团-反链时，$x \in (\bigcup X) \downarrow$）使得对所有 $n \in \omega$，$\left| x \uparrow \cap X \right| > n$（或当 X 是一个 ω-团-反链时，$\left| x \uparrow \cap (\bigcup X) \right| > n$），就把 X 称为强的 Alt_N- 颠覆子（或强颠覆子）。否则，称 X 为弱的 Alt_N- 颠覆子（或弱颠覆子）。

简要分析颠覆子应满足的4个条件。颠覆子定义中的4个条件是直接与有穷深度濒表格逻辑的非表格性相关的。濒表格逻辑是一种临界的非表格逻辑——极大的非表格逻辑，这意味着根据劳滕伯格的结果："在传递逻辑格中，L 是表格的，当且仅当对某个 $n \in \omega$，$alt_n \in L$"，在它的刻画框架上一定存在某点集 Y，使得每个 $alt_n (n \in \omega)$ 都在 Y 中的某点处被驳倒，此时，$Y \uparrow$ 就是满足颠覆子定义中条件（4）的点集 X。命题4.3已经说明："假设 $Log\mathfrak{F}$ 是一濒表格逻辑。如果框架 $\mathfrak{F}$ 是有穷深度的，那么它必含无穷团或无穷反链。"有穷深度濒表格逻辑的刻画框架是有穷深度的，可见 $Y \uparrow$ 中的点应该来自于无穷团或者无穷反链。为什么在条件（3）中特地加入颠覆子 X 可能具有 ω-团-反链这样的"质"呢？实际上，ω-团-反链中也能抽出一个无穷反链，但是它本身与反链的作用却不完全一样。

首先，ω-团-反链自身就可以直接反驳所有的公式 $alt_n (n \in \omega)$，而由点构成的反链必须依赖该集合之外的点集才能反驳所有的公式 $alt_n (n \in \omega)$。也就是说，对于 ω-团-反链，点集 Y 和 X 可以是重合的；而对于单纯的反链来说，点集 X 和 Y 是不重合的。

其次，即使 ω-团-反链之外存在点集 Y 使得 Y 可以利用该 ω-团-反链驳倒所有的公式 $alt_n (n \in \omega)$，这时 ω-团-反链的作用和单纯的反链作用也不完全一样。令该 ω-团-反链为 X 且 $A_z = \{y \in X : y \subseteq z \uparrow\}$，其中 $z \in Y$。

只有对所有 $z \in Y$，A_z 基数都没有有穷上界的时候，即对任意 $z \in Y$，X 中满足其中的点属于 z 的后继集这个条件的有穷团的数目没有有穷上界的时候，该 ω-团-反链所起到的作用才和单纯的反链是完全相同的。这时，可以利用消去真团的归约将该 ω-团-反链归约成一个由点构成的反链，此时这个反链能起到颠覆子的作用。而在其他一些情况下，ω-团-反链都不能归约为单纯的由点构成的反链，因为这些反链都不能成为颠覆子。这就是为什么要考虑 $Y{\uparrow}$ 可能来源于 ω-团-反链的主要原因。

因此，在颠覆子应该满足的条件（3）中除了无穷团和无穷反链，还添入了"ω-团-反链"这个概念。

无穷团和 ω-团-反链中的元素的深度都是相同的，目前考虑的框架一定是有穷深度的，因此无穷反链也仅考虑由深度相同的点构成的反链。框架中的点要么是禁自返的，要么是自返的。在无穷反链的情况下，同一深度的禁自返点构成的反链和自返点构成的反链，二者之一一定是无穷的，这时就不必考虑它们全体构成的反链。鉴于此，只需要考虑"同一色"（即同为禁自返点或同为自返点）的点构成反链。这就是为什么颠覆子的定义需要条件（2）的原因。

在颠覆子定义的4个条件中，条件（4）是最重要的。不满足该条件的框架，即使存在同色的无穷反链，也不一定是一个非表格逻辑的刻画框架。有必要提醒读者，如果一个框架含有一个无穷团或 ω-团-反链，那么该框架自动满足条件（4）。

例4.1　颠覆子定义中的条件（4）不可少。图4-2所示框架里的无穷反链是同色的、同层的、同质的。但它甚至不是弱的 Alt_N-颠覆子，因为它并未满足条件（4）。在这个框架中，公式 alt_1 有效。在这里我们见到了一个刻画表格逻辑 $\mathrm{K4} \oplus alt_1$ 的无穷框架。

图 4-2　同色、同层、同质但非颠覆子的无穷反链示例

一个表格逻辑会有刻画它的无穷框架，这一点只要知道框架的不相交并和不相交并定理的读者都不会感到惊讶。本书关心的是非表格逻辑的框架。读者从前文的分析中已经能够预感到：一个有穷深度的无穷框架 $\mathfrak{F}$ 上的逻辑是非表格的还是表格的，取决于该框架 $\mathfrak{F}$ 含不含颠覆子。一个非表格逻辑的刻画框架一定含有一个颠覆子。反过来，一旦某个框架中存在一

个颠覆子，那么从颠覆子满足条件（4）立刻知道，在该框架上存在点集 Y，使得每个 $alt_n(n\in\omega)$ 都在 Y 中的某点处被驳倒。这样一来，该框架一定是刻画一非表格逻辑的框架了。

在证明这一点之前，引入最后一个新概念，这个概念实际上起到前文中提到的点集 Y 的作用。

定义4.3　令 X 是框架 $\mathfrak{F}=\langle W, R\rangle$ 中的一 Alt_N-颠覆子。$X^r\subseteq X\downarrow$（或者当 X 是一 ω-团-反链时，$X^r\subseteq(\bigcup X)\downarrow$）是与 X 相关的 Alt_N-反驳子（或者简称为与 X 相关的反驳子），如果 X^r 中的所有点的深度都是相同的，即对任意 $x, y\in X^r$，$d(x)=d(y)$，并且 X^r 满足：
$$\forall n\in\omega\,\exists x\in X^r(|x\uparrow\cap X|>n)$$

（或者当 X 是一个 ω-团-反链时，$\forall n\in\omega\,\exists x\in X^r(|x\uparrow\cap(\bigcup X)|>n)$）。

显然，对每个颠覆子 X，X^r 总是存在的，但不一定是唯一的。在有些情况下，比如，X 是一个无穷团时，可以有 $X=X^r$；在有些情况下，比如，X 是一个单纯的反链时，$X^r\neq X$。如果 X 本身是强颠覆子，则一定会有一个与 X 相关的反驳子 X^r，并且这个反驳子是单元集。

想必读者已经明白 ω-团-反链的重要性。现在来考察 n-团-反链（其中 $n\geqslant2$）对一个有穷深度的无穷框架的影响。

令 $\mathfrak{F}=\langle W, R\rangle$ 是一个有穷深度的无穷框架并含有一个 n-团-反链 X（其中 $n\geqslant2$）。既然 X 是一 n-团-反链，根据 n-团-反链的定义，如果 X 颠覆了公式集 Alt_N，X 一定是无穷集，但 X 不会如同 ω-团-反链那样自身就可以直接反驳所有的公式 $alt_n(n\in\omega)$，它更像单纯的反链，必须依赖该集合外在的点集才能反驳所有的公式 $alt_n(n\in\omega)$。于是，存在一与 X 相关的反驳子 X^r 使得所有集合
$$B_y=\{C(x)\in X: C(x)\subseteq y\uparrow\}\quad（其中 y\in X^r）$$
的基数没有有穷上界。这时，对 X 中的任意团 $C(x)$，从 $C(x)$ 中选择任意一点 x，并令 Y 是从 X 的不同团中抽取出来的这些点 x 的集合。显然，此时 Y 构成了 $\mathfrak{F}$ 中的一个由点构成的无穷反链。$\mathfrak{F}$ 的一个无穷子框架 $\mathfrak{G}=\langle V, S\rangle$ 由此可以被定义如下：
$$V=(W\setminus\bigcup X)\cup Y\text{ 且 }S=R\upharpoonright V$$
$\mathfrak{G}$ 同时也是 $\mathfrak{F}$ 的一个约本（该归约可以这样定义：将 X 中的团映射到 Y 中的相应点上，属于 $W\setminus\bigcup X$ 中的点则映射到自身上去），两者深度相同，即 $d(\mathfrak{G})=d(\mathfrak{F})$ 且 Y 是 $\mathfrak{G}$ 中的一条与 X 基数相同的反链。这时，原来 $\mathfrak{F}$ 中的反驳子 X^r 也成为 $\mathfrak{G}$ 中的与 Y 相关的反驳子，Y 也同时颠覆公式集 Alt_N。反

过来，比较容易理解的是，如果 Y 在框架 $\mathfrak{G}$ 中颠覆公式集 Alt_N，那么 X 也一定在原框架 $\mathfrak{F}$ 中颠覆公式集 Alt_N。用一句话来概括就是：

X 颠覆公式集 Alt_N，当且仅当 Y 颠覆公式集 Alt_N。

当 $\mathfrak{F}$ 刻画一个濒表格逻辑的时候，$\mathfrak{F}$ 中一定存在点集颠覆公式集 Alt_N。如果其中的 n-团反链 X（其中 $n \geqslant 2$）颠覆公式集 Alt_N，则 Y 也颠覆公式集 Alt_N。根据表格性的语法判据：

传递逻辑格中，L 是表格的，当且仅当对某个 $n \in \omega$，$alt_n \in L$。$\text{Log}\,\mathfrak{G}$ 一定是非表格逻辑。根据归约定理，$\text{Log}\,\mathfrak{F} \subseteq \text{Log}\,\mathfrak{G}$。再根据濒表格逻辑的定义，濒表格逻辑不可能有一个非表格的真扩充，因此 $\text{Log}\,\mathfrak{F} = \text{Log}\,\mathfrak{G}$，这意味着 $\text{Log}\,\mathfrak{G}$ 实际上是一个濒表格逻辑。如果 $\mathfrak{F}$ 中的 n-团反链 X（其中 $n \geqslant 2$）不颠覆公式集 Alt_N，则 Y 也不颠覆公式集 Alt_N。此时，$\mathfrak{F}$ 中的颠覆公式集 Alt_N 的点集[①]仍被其子框架 $\mathfrak{G}$ 所保留，可见 $\text{Log}\,\mathfrak{G}$ 也是非表格逻辑。进一步地，$\text{Log}\,\mathfrak{G} = \text{Log}\,\mathfrak{F}$ 是一个濒表格逻辑。所以，如果 $\mathfrak{F}$ 刻画一个濒表格逻辑，则 $\mathfrak{G}$ 刻画同一个濒表格逻辑。

鉴于此，可以将 $\mathfrak{F}$ 中的 n-团-反链（其中 $n \geqslant 2$）用消除真团的归约消去，最终得到一个不含任何 n-团-反链（其中 $n \geqslant 2$）的框架 $\mathfrak{H}$。如果 $\mathfrak{F}$ 刻画濒表格逻辑，则不含 n-团-反链（其中 $n \geqslant 2$）的框架 $\mathfrak{H}$ 也刻画同一个濒表格逻辑。这样在考虑濒表格逻辑的刻画框架时，可以只考虑那些不含任何 n-团-反链（其中 $n \geqslant 2$）的刻画框架。这样做的结果在有些情况下可能会使本书的定理看上去变得不一般，但却能够极大地简化证明的过程。事实上，一个不含任何 n-团-反链（其中 $n \geqslant 2$）的框架中的团，除了无穷团和那些属于某个 ω-团-反链的团以外，都是简团或菱团，即由单个自返点或单个禁自返点构成的团。

定理4.1　设 $\mathfrak{F}$ 是有穷深度的且不含任何 n-团-反链（其中 $n \geqslant 2$）的无穷框架。如果 $\text{Log}\,\mathfrak{F}$ 是非表格逻辑，则 $\mathfrak{F}$ 含有一个 Alt_N-颠覆子。

证明

假设 $\mathfrak{F} = \langle W, R \rangle$ 是一个有穷深度的无穷框架，并且不含任何 n-团-反链（其中 $n \geqslant 2$）。假定 $\mathfrak{F}$ 不含 Alt_N-颠覆子。这时，$\mathfrak{F}$ 自然不含无穷团，也不含任何 ω-团-反链，因为无穷团和 ω-团-反链都会自动构成 Alt_N-颠覆子。由于 $\mathfrak{F}$ 也不含任何 n-团-反链（其中 $n \geqslant 2$），$\mathfrak{F}$ 不含有真团。既然 $\mathfrak{F}$ 是有穷深度的无穷框架且不含真团，从命题4.3的证明（只需经过简单修改）知道，存在由深度相同的点构成的无穷反链。令 $X_n = \{x \in W : d(x) = n \in \omega\}$ 且

---

① 该点集不是 n-团反链 X。

$A=\{X_m\subseteq W:X_m$ 是无穷的$\}$。显然，$A\neq\varnothing$。既然$\mathfrak{F}$是有穷深度的，A是有穷集。现在用归谬法证明：

$$存在一k^*\in\omega\ 使得\forall x\in(\bigcup A)\downarrow(|x\uparrow\cap(\bigcup A)|\leqslant k^*)\qquad(4\text{-}4)$$

假设相反，即对每个$k\in\omega$，$\exists x\in(\bigcup A)\downarrow(|x\uparrow\cap(\bigcup A)|>k)$。既然$A$是有穷的，存在一$X_m\in A$使得对每个$k\in\omega$，$\exists x\in X_m\downarrow(|x\uparrow\cap X_m|>k)>k)$。已知这样的点集$X_m$是无穷的，并且其中的点要么是自返点，要么是禁自返点。于是存在一无穷反链集$Y\subseteq X_m$使得Y中的点是同色的（即或者都是自返点，或者都是禁自返点）且满足：

$$对每个k\in\omega，\exists x\in Y\downarrow(|x\uparrow\cap Y|>k)$$

因此，根据颠覆子的定义，Y正是一个颠覆子。这与假设$\mathfrak{F}$中不含有颠覆子相矛盾。于是假设不成立，式（4-4）成立。

现在表明$W\backslash\bigcup A$是有穷的。令$B=\{X_q\subseteq W:X_q$是有穷的$\}$。既然$\mathfrak{F}$是有穷深度的框架，B一定是有穷集。显而易见，$\bigcup B$也是有穷集。下面证明$\bigcup B=W\backslash\bigcup A$。对任意$X_q\in B$，$X_q\notin A$，于是$X_q\subseteq W\backslash\bigcup A$。因此，有$\bigcup B\subseteq W\backslash\bigcup A$。对每个$x\in W\backslash\bigcup A$。既然$x\notin\bigcup A$，$X_{d(x)}\notin A$。这意味着$X_{d(x)}\in B$，由此，$x\in\bigcup B$。因此，$W\backslash\bigcup A\subseteq\bigcup B$成立。所以，$\bigcup B=W\backslash\bigcup A$。从$\bigcup B$是有穷集得到$W\backslash\bigcup A$也是有穷集。基于这个结果和式（4-4），存在一足够大的$p\in\omega$使得对每个$x\in W$，$|x\uparrow|\leqslant p$。因此，

$$alt_p\in\text{Log}\,\mathfrak{F}\qquad(4\text{-}5)$$

利用式（4-5）和表格性的语法判据，便知道$\text{Log}\,\mathfrak{F}$是表格逻辑。∎

按语4.1 读者有理由怀疑定理4.1的假设条件过强了。该定理中的假设条件"$\mathfrak{F}$不含任何n-团-反链（其中$n\geqslant2$）"当然不是必须的。如果$\mathfrak{F}$是有穷深度的无穷框架，即使$\mathfrak{F}$含有n-团-反链（$n\geqslant2$），$\mathfrak{F}$都能被归约为一个不含有n-团-反链（$n\geqslant2$）的（如前文定义的）框架$\mathfrak{G}$，并且满足：

如果$\text{Log}\,\mathfrak{F}$是非表格的，那么$\text{Log}\,\mathfrak{G}$也是非表格的。

根据定理4.1，此时框架$\mathfrak{G}$含有一个颠覆子。显然易见，$\mathfrak{F}$也一定含有一个颠覆子。反过来，如果$\mathfrak{F}$本身就含有颠覆子，那么根据颠覆子的定义，$\text{Log}\,\mathfrak{F}$就是非表格逻辑。所以，实际上完全可以证明：

假设$\mathfrak{F}$是一有穷深度的无穷框架。$\text{Log}\,\mathfrak{F}$是非表格的，当且仅当$\mathfrak{F}$含有一个颠覆子。

这说明：有穷深度的无穷框架是否刻画一个非表格逻辑，完全取决于该框架本身是否含有颠覆子。颠覆子的概念是自然且恰到好处的。之所以增强定理4.1中的假设条件，其主要目的是简化证明过程。在$\mathfrak{F}$不含有无穷团和

ω-团-反链的情况下，该定理的证明无需考虑其他真团的情况，因为此时 $\mathfrak{F}$ 中的所有团都是简团或菱团。在利用定理4.1的其他定理的证明中，由于仍然可以把关注点仅放在不含有任何 n-团-反链（$n \geqslant 2$）的框架上，定理4.1中的假设条件就已经足够了。

二、只含有一个强颠覆子的濒表格逻辑的刻画框架

$\mathfrak{F}$ 含颠覆子能确保 $\mathrm{Log}\mathfrak{F}$ 是非表格的，却不能确保 $\mathrm{Log}\mathfrak{F}$ 是濒表格的。第一，$\mathfrak{F}$ 也许含许多颠覆子；第二，即使 $\mathfrak{F}$ 含唯一的颠覆子，它也许只是弱的。这两个因素，尤其后一个，严重妨碍我们准确地鉴别 $\mathrm{Log}\mathfrak{F}$ 是不是濒表格的。

例4.2　对照图4-3中用 X_i 标出的框架 $\mathfrak{F}_i$（$1 \leqslant i \leqslant 4$）中的颠覆子。无穷团 X_1 当然是强的颠覆子，ω-团-反链 X_2 是弱的颠覆子，无穷反链 X_3 和 X_4 中一个是强的一个是弱的颠覆子。很清楚，像 X_2 或 X_4 这样的弱颠覆子出现在一个框架 $\mathfrak{F}$ 中会使 $\mathfrak{F}$ 无根。想依惯例对有穷深度的濒表格逻辑取有根的刻画框架，必须证明弱颠覆子可以消去。

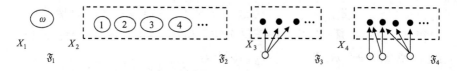

图 4-3　颠覆子示例

基于这些考虑，在规范化过程中要追求的第一个目标就是：

定理4.2　任何有穷深度的濒表格逻辑都被某个只含唯一的、强的 Alt_N-颠覆子的可数框架所刻画。

证明定理4.2需要两个引理。在引理及相关结果的证明中都将反复应用两种集式归约。一种是从给定框架 $\mathfrak{F}=\langle W, R\rangle$ 中一举消除真团的归约 ρ，其约本 $\rho\mathfrak{F}=\langle \rho W, \rho R\rangle$ 通称 $\mathfrak{F}$ 的骨架①。与集式归约 ρ 相对应的点式归约是 P_1-型点式归约。另一种是在 $\mathfrak{F}$ 中逐层消除复本的归约 η，令框架 $\mathfrak{F}=\langle W, R\rangle$。$\mathfrak{F}$ 的净骨架 $\eta\mathfrak{F}=\langle \eta W, \eta R\rangle$ 被定义如下：

$$\eta W = \{\eta x : x \in W\}$$

$\eta x = \{y \in W : x$ 和 y 或者同为自返点或者同为禁自返点且 $y\uparrow^- = x\uparrow^-\}$，
对任意 $\eta x, \eta y \in \eta W$，

$\quad\quad \eta x \eta R \eta y$，当且仅当存在 $x' \in \eta x$，$y' \in \eta y$ 使得 $x'Ry'$。

---

① 参见本书命题 4.1 处关于骨架和归约 ρ 的定义和说明。

从框架 $\mathfrak{F}$ 到它的净骨架 $\eta\mathfrak{F}$ 存在一个归约 $f: W \to \eta W$，f 被定义为

$$对任意 x \in W, \quad f(x) = \eta x$$

为简单起见，将这个由框架到其净骨架的归约用符号 η 来表示。

一个框架的净骨架实际上是该框架在消去复本的归约 η 下的约本。所定义的归约 η 是一种集式归约，其约本中所有同色的点的真后继集都不相同。它与布洛克所使用的消去复本的运算 v_λ 相对应，也与 P_2-和 P_3-型点式归约相对应。它们都是属于同一深度的点之间的归约。与 P_2-和 P_3-型点式归约不同的是，作为典型的集式归约，归约 η 能一举消除框架上所有的复本，而点式归约只能一步一步地消除复本。在无穷框架的某些情况下，只靠点式归约无法达到完全消除复本的目的。

引理4.1　任何有穷深度的濒表格逻辑都有一可数的、只含一个 Alt_N-颠覆子的刻画框架。

证明

设 L 是有穷深度的濒表格逻辑。这时，存在一有穷深度的可数框架 $\mathfrak{F} = \langle W, R \rangle$ 使得 $L = \text{Log}\mathfrak{F}$。可以不失一般性地假定 $\mathfrak{F}$ 不含有任何 n-团-反链（$n \geq 2$）。既然逻辑 $\text{Log}\mathfrak{F}$ 是非表格的，按定理4.1，$\mathfrak{F}$ 含颠覆子，可能不止一个。下面将一步一步地消除多余的颠覆子，直到剩下唯一的颠覆子。

第一步，消去 $\mathfrak{F}$ 中的异质颠覆子。如果 $\mathfrak{F}$ 中没有不同质的颠覆子，令 $\mathfrak{F} = \mathfrak{F}_1$。否则，分情况来进行消除。

情况1.1：$\mathfrak{F}$ 含由无穷反链构成的颠覆子。对 $\mathfrak{F}$ 应用归约 ρ 来消除 $\mathfrak{F}$ 中所有的无穷团和 ω-团-反链，得到 $\mathfrak{F}$ 的骨架 $\mathfrak{F}_1 = \langle W_1, R_1 \rangle$。按归约定理，会有 $\text{Log}\mathfrak{F} \subseteq \text{Log}\mathfrak{F}_1$。$\mathfrak{F}_1$ 仍含无穷反链构成的颠覆子，根据颠覆子的定义和表格性的语法判据，$\text{Log}\mathfrak{F}_1$ 是非表格的。所以，根据濒表格逻辑的定义，$L = \text{Log}\mathfrak{F} = \text{Log}\mathfrak{F}_1$，此时，$\mathfrak{F}_1$ 只含同质的由无穷反链构成的颠覆子。

情况1.2：$\mathfrak{F}$ 不含由无穷反链构成的颠覆子。在这种情况下，将"归约 ρ"应用到 $\mathfrak{F}$ 上来消去 $\mathfrak{F}$ 中所有的无穷团[①]，从而获得 $\mathfrak{F}$ 的约本 $\mathfrak{F}_1$。由于框架 $\mathfrak{F}_1$ 仍然含有 ω-团-反链构成的颠覆子，$\text{Log}\mathfrak{F}_1$ 是非表格的。根据濒表格逻辑的定义，$L = \text{Log}\mathfrak{F} = \text{Log}\mathfrak{F}_1$，此时，$\mathfrak{F}_1$ 只含同质的 ω-团-反链构成的颠覆子[②]。

第二步，消去 $\mathfrak{F}_1 = \langle W_1, R_1 \rangle$ 中的异层（即深度不同的）颠覆子。如果

[①] 归约 ρ 是一举消除框架上所有真团的归约。这里只消除框架中的无穷团，因此所使用的归约从严格意义上讲不是归约 ρ。当然，定义只消除框架中的无穷团的归约是很容易的。本书就不再详细定义，仅以"归约 ρ"提醒读者，这里使用的是某种消除无穷真团的集式归约。

[②] 请读者注意，框架 $\mathfrak{F}_1$ 中的 ω-团-反链中不会再抽取出一个由无穷反链构成的颠覆子。否则，这应属于第一步中的情况 1.1。

$\mathfrak{F}_1$ 中没有深度不同的颠覆子，令 $\mathfrak{F}_1 = \mathfrak{F}_2$。否则，分情况处理。

情况2.1：$\mathfrak{F}_1$ 中出现由无穷团或 ω-团-反链构成的异层颠覆子。令 X 是其中深度最大的一个，又令 X' 是所有与 X 同层的点的集合，即 $X' = \{x \in W_1 : d(x) = d(X)\}$[①]。再令 $Y = W_1 \setminus X'\downarrow^+$。对 $\mathfrak{F}_1$ 的生成子框架 $\mathfrak{F}_1^Y$ 应用归约 ρ，消除 $\mathfrak{F}_1^Y$ 中的所有颠覆子，得到 $\mathfrak{F}_1^Y$ 的骨架 $\rho\mathfrak{F}_1^Y$。$\rho\mathfrak{F}_1^Y$ 与 $\mathfrak{F}_1$ 的一个子框架同构，可以将 $\rho\mathfrak{F}_1^Y$ 视为 $\mathfrak{F}_1$ 的一个子框架（把每个点 $x \in \rho Y$ 看成是 W_1 中的点即可）。现在构造框架 $\mathfrak{F}_2 = \langle W_2, R_2 \rangle$，规定 $W_2 = X'\downarrow^+ \cup \rho Y$，$R_2 = R_1 {\upharpoonright} W_2$。注意，原来在 $\mathfrak{F}_1^Y$ 中的 ω-团-反链在归约 ρ 下不会变成由无穷反链构成的颠覆子[②]。否则，$\mathfrak{F}_1$ 本身就会包含这样一个由无穷反链构成的颠覆子，这意味着 $\mathfrak{F}_1$ 含有不同质的颠覆子，而这些不同质的颠覆子本应该在第一步中就被消去了。现在，存在一 $\mathfrak{F}_1$ 到 $\mathfrak{F}_2$ 的归约 f 被定义如下：

$$f(x) = \begin{cases} x, & \text{如果}x \in X'\downarrow^+ \\ C(x), & \text{如果}x \notin X'\downarrow^+ \end{cases}$$

按归约定理，$\mathrm{Log}\mathfrak{F}_1 \subseteq \mathrm{Log}\mathfrak{F}_2$。由于 $\mathrm{Log}\mathfrak{F}_2$ 的非表格性，$L = \mathrm{Log}\mathfrak{F}_2 = \mathrm{Log}\mathfrak{F}_1$，其中框架 $\mathfrak{F}_2$ 只含同层颠覆子。

情况2.2：$\mathfrak{F}_1$ 中只出现由无穷反链构成的异层颠覆子。仿照情况2.1中的办法构造相应的 X，X'，Y，$\mathfrak{F}_1^Y$ 和 $\mathfrak{F}_2$。对 $\mathfrak{F}_1^Y$ 应用归约 η，清除与 X 不同层的所有颠覆子，得到 $\mathfrak{F}_1^Y$ 的净骨架 $\eta\mathfrak{F}_1^Y$。然后把 $\eta\mathfrak{F}_1^Y$ 看成 $\mathfrak{F}_1$ 的子框架，把 $\mathfrak{F}_1$ 限制到 $X'\downarrow^+ \cup \eta Y$，再定义 $\mathfrak{F}_1$ 到 $\mathfrak{F}_2$ 的归约 f，但情况2.1中的 $C(x)$ 改为 ηx。这时又能得出 $L = \mathrm{Log}\mathfrak{F}_1 = \mathrm{Log}\mathfrak{F}_2$，而且 $\mathfrak{F}_2$ 不再含异层颠覆子。

第三步：消去 $\mathfrak{F}_2$ 中同一层上的不同的颠覆子。如果 $\mathfrak{F}_2$ 中没有这样一些颠覆子，令 $\mathfrak{F}_2 = \mathfrak{F}_3$。否则，分情况处理。既然根据 ω-团-反链的定义不可能出现深度相同的不同的 ω-团-反链，只需要考虑两种情况即可。

情况3.1：$\mathfrak{F}_2$ 中同层的不同的颠覆子是无穷团。令 X 是无穷团中的一个。取 $\mathfrak{F}_2$ 由 X 生成的子框架 $\mathfrak{F}_3 = \mathfrak{F}_2^X$，立刻有 $L = \mathrm{Log}\mathfrak{F}_3$，$\mathfrak{F}_3$ 只含唯一的颠覆子 X。

情况3.2：$\mathfrak{F}_2$ 中同层的不同的颠覆子都是无穷反链。任选其中一个颠覆子 X，对 $\mathfrak{F}_2$ 中除 X 以外的其他同层颠覆子应用归约 η 得到框架 $\mathfrak{F}_2$ 的约本 $\mathfrak{F}_3$，$\mathfrak{F}_3$ 只含有唯一的颠覆子 X。于是，从归约定理和逻辑 L 的濒表格性，得到 $L = \mathrm{Log}\mathfrak{F}_3$。

在每种情况下，无论 X 是强的还是弱的，这样构造的框架 $\mathfrak{F}_3$ 仍然含颠

---

① $d(X)$ 表示集合 X 中的元素的深度。由于构成颠覆子的点或团的深度都相同，所以 $d(X)$ 是一个确定的值。

② 这并不是说 ω-团-反链在归约 ρ 下不变成无穷反链，而是说，它会成为无穷反链，但不是颠覆子。

覆子 X，但只含这一个。总而言之，$\mathfrak{F}_3$ 是所求的含唯一颠覆子的框架。∎

第二条引理与 $\mathrm{Alt_N}$- 反驳子相关。本书表明：框架含有一个强颠覆子，那么一定存在一个与之相关联的由单个点构成的反驳子；反之亦然。这样，从该反驳子做原框架的生成子框架，就可以得到一个有根的非表格逻辑的框架。这就是需要第二条引理的理由。

引理4.2　假设 $\mathfrak{F}$ 是有穷深度的无穷框架并含有唯一的 $\mathrm{Alt_N}$- 颠覆子 X。这时，X 是强的，当且仅当存在一与 X 相关联的 $\mathrm{Alt_N}$- 反驳子 $X^r = \{x\}$，此处 $x \in X$ 或者 x 是 X 的某无穷子集 Y 中每一点的直接前趋（或者当 X 是一 ω-团-反链时，x 是 $\bigcup X$ 的某无穷子集 Y 中每一点的直接前趋）。

证明

假设 $\mathfrak{F}$ 是有穷深度的无穷框架并含有唯一的 $\mathrm{Alt_N}$- 颠覆子 X。($\Leftarrow$) 直接得自强颠覆子的定义和与 X 相关联的反驳子的定义。($\Rightarrow$)令 X 是强颠覆子，一共有三种情况。

情况1：X 是一无穷团。取 X 中任一点 x，令 $X^r = \{x\}$。X^r 必定是一与 X 相关联的反驳子，而且 $x \in X$。

情况2：X 是一无穷反链。按强颠覆子的定义，存在一点 $x \in X\downarrow$ 使得对所有 $n \in \omega$，$|x\uparrow \cap X| > n$。很明显，$\{x\}$ 是与 X 相关联的反驳子。取一深度最小的这样的 x，记为 x_0。令 $X^r = \{x_0\}$。由于 X 是一反链，$x_0 \notin X$，可见 $x_0 \in X\downarrow^-$。现在证明 x_0 是 X 的某无穷子集中每一点的直接前趋。假定相反。由于 $\{x_0\}$ 是与 X 相关联的反驳子，根据反驳子的定义，必定存在 X 的某无穷子集 X'，使得 $X' \subseteq x_0\uparrow$ 且对每个点 $y \in X'$ 都有 $y \notin x_0\downarrow$。令 $S = \{z: x_0\bar{R}z$ 且 $\exists\, y \in X'\ (z$ 是 y 的直接前趋)$\}$。显然，对任意 $z_1, z_2 \in S$，$d(z_1) = d(z_2)$，同时对任意 $z \in S$，$x \in X$，$d(z) \neq d(x)$。按照假定，x_0 是 X' 中至多有穷多个点的直接前趋。于是，$S \neq \varnothing$。如果 S 是有穷集，那么存在一 $z^* \in S$ 使得 z^* 是 X' 的一个无穷子集中每个点的直接前趋。既然框架 $\mathfrak{F}$ 是有穷深度的框架，有 $d(z^*) < d(x_0)$。因此，$\{z^*\}$ 成为与 X 相关的反驳子，这与假设 $\{x_0\}$ 是框架中深度最小的与 X 相关的反驳子相矛盾。所以，S 不可能是有穷集，它是无穷集。在 S 是无穷集的情况下，由于点要么自返的，要么是禁自返的，那么 S 中的自返点有无穷多个，或者 S 中的禁自返点有无穷多个，由此，存在 S 的一个由同色的点构成的无穷子集 S'[①]。S' 就成为 $\mathfrak{F}$ 中的一个强颠覆子，而 $\{x_0\}$ 正是与之相关联的反驳子。但是，这是不可能的，因为 $S' \neq X$，这与假设 $\mathfrak{F}$ 含有唯一的颠覆子 X 相矛盾。因此，假设

---

① 注意：此时 S' 也可能是一个无穷团或一个 ω-团-反链的并。

不成立，x_0 是 X 的某无穷子集中每一点的直接前趋。

情况3：X 是一个 ω-团-反链。既然总能从一强的由 ω-团-反链构成的颠覆子中抽出一个由无穷反链构成的强的颠覆子[1]，X 就不会是 $\mathfrak{F}$ 中唯一的颠覆子。在这种情况下，该引理不足论道地真。∎

按语4.2： 有必要对引理4.2证明中的情况3做出说明。如果框架 $\mathfrak{F}$ 中含有一个强的颠覆子 X，并且 X 是由一个 ω-团-反链构成，那么 X 绝对不会是唯一的颠覆子。根据强颠覆子的定义，存在一个单元集 $\{x\}$ 成为与 X 相关的反驳子。这时，在 X 中的每个团中任取一点 y，并令 Y 是这些来自不同团的点 y 的集合。容易理解，Y 本身是一个无穷反链，并且构成一颠覆子，而 $\{x\}$ 恰好是与 Y 相关联的反驳子。这说明，$\mathfrak{F}$ 中存在两个不同质的颠覆子 X 和 Y。从另一个角度看，如果框架含有唯一的一个颠覆子，并且该颠覆子是一个 ω-团-反链，那么这个颠覆子一定是弱的。弄清楚这个道理以后，在今后涉及"唯一、强颠覆子"时就不再考虑该颠覆子是 ω-团-反链的情况了。

有了引理4.1和引理4.2，可以着手证明定理4.2：

任何有穷深度的濒表格逻辑都被某个只含唯一的、强的 Alt_N-颠覆子的可数框架所刻画。

证明之前，需要提醒读者注意的是：如果有穷深度濒表格逻辑 L 被含有唯一的颠覆子 X 的框架 $\mathfrak{F}$ 刻画，那么 L 一定也被 $\mathfrak{F}$ 的含有颠覆子 X 的深度最小的生成子框架所刻画；如果 L 被框架 $\mathfrak{F}$ 所刻画，那么 L 一定也被 $\mathfrak{F}$ 的一个不含任何 n-团-反链（$n \geq 2$）的约本所刻画；最后，如果 L 被框架 $\mathfrak{F}$ 所刻画，那么 L 一定也被 $\mathfrak{F}$ 的一个在颠覆子 X 上方（即 $W \setminus X \downarrow^+$，或者当 X 是一 ω-团-反链时，$W \setminus (\bigcup X) \downarrow^+$）不含有任何复本的约本所刻画。这都是依据生成定理、归约定理及 L 的濒表格性质得到的。因此，为了简化证明，在证明开始就将 L 的刻画框架 $\mathfrak{F}$ 设定为一个含有颠覆子 X 的深度最小的、不含任何 n-团-反链（$n \geq 2$），以及在颠覆子 X 上方不含有任何复本的框架。这种假定对简化证明过程将是非常重要的。

定理4.2的证明　令 L 是任意有穷深度的濒表格逻辑。引理4.1确保 L 被一含有唯一颠覆子 X 的有穷深度的可数框架 $\mathfrak{F} = \langle W, R \rangle$ 所刻画。利用表格性的语法判据、濒表格逻辑的定义及归约定理，可以不失一般性地假定[2]：

（1）在 $\mathfrak{F}$ 的所有生成子框架中，$\mathfrak{F}$ 是唯一一个含有颠覆子 X 的生成

---

[1] 抽取的方法就是从该 ω 团-反链中的每个团里任取一点。
[2] 这些假定的理由在此之前都已经做出说明了。

子框架;

（2）$\mathfrak{F}$不含有任何n-团-反链（$n \geq 2$）;

（3）在点集$W \setminus X \downarrow^+$（或者当$X$是一$\omega$-团-反链时，$W \setminus (\bigcup X) \downarrow^+$）中没有复本，即不存在任意两点$x, y \in W \setminus X \downarrow^+$（或者当$X$是一$\omega$-团-反链时，不存在任意两点$x, y \in W \setminus (\bigcup X) \downarrow^+$）满足$x$和$y$是同色的且$x \uparrow^- = y \uparrow^-$。

既然$\mathfrak{F}$本身是有穷深度的，假定（2）和（3）说明：$\mathfrak{F}$除了在颠覆子X中的真团外不含有其他任何真团，同时点集$W \setminus X \downarrow^+$（或者当$X$是一$\omega$-团-反链时，$W \setminus (\bigcup X) \downarrow^+$）是有穷集。现在有两种情况需要考虑。

情况1：X本身就是强颠覆子。根据引理4.2，存在一与X相关联的反驳子$X^r = \{x\}$，或者$x \in X$（此时，X是一无穷团），或者x是无穷点集$Y \subseteq X$（或者$Y \subseteq \bigcup X$）（此时，X是一无穷反链或者一ω-团-反链中每一点的直接前趋。既然$\mathfrak{F}$含有的颠覆子X是唯一的，X就不能是一ω-团-反链；否则，利用X是强颠覆子的性质，总能从X中抽出一条无穷反链成为$\mathfrak{F}$的一个强颠覆子。根据假定（1），$\mathfrak{F} = \mathfrak{F}^x$。总之，$L$被一有根的含有唯一的、强的颠覆子$X$的框架所刻画，而该颠覆子$X$或者是由无穷团，或者是由无穷反链构成的（$X$不会是一$\omega$-团-反链）。

情况2：颠覆子X是弱的。既然无穷团永远是一个强颠覆子，只需要考虑两种子情况：

情况2.1：X是一ω-团-反链。根据假定（1），$(\bigcup X) \downarrow^+ = \bigcup X$且$\mathfrak{F} = \mathfrak{F}^{\bigcup X}$。图4-4粗略地描绘了$\mathfrak{F}$可能具有的形状：

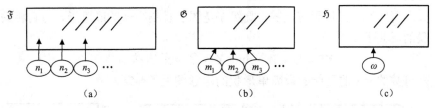

图4-4　当X是一ω-团-反链时框架$\mathfrak{F}$、$\mathfrak{G}$、$\mathfrak{H}$可能有的形状

在这里，用 n_i 表示基数为n_i的有穷团，即由n_i个点构成的有穷团；用 n_i $\uparrow$ 表示$\mathfrak{F}$由n_i元团 n_i 所生成的子框架；用 n_i $\uparrow^-$ 表示框架 n_i $\uparrow$ 中删去n_i元团 n_i 的剩余部分。既然$W \setminus \bigcup X$是有穷集，至多只有有穷多个$W \setminus \bigcup X$的非空子集能够充当无穷多个框架 n_i $\uparrow^-$ 的基集。因此，在X中有无穷多个有穷团 n_i 满足：它们的基数是没有有穷上界的，并且由它们定义的框架 n_i $\uparrow^-$ 都是完全相同的。令$m_1, m_2, m_3, \cdots$是满足由它们定义

的框架$\textcircled{m_i}\!\uparrow^{\!-}$完全相同的那些有穷团的基数，并令$A^*$是这些有穷团$\textcircled{m_i}$（$i\in\omega$）的集合，把$\mathfrak{F}$由$\bigcup A^*$生成的子框架称为$\mathfrak{G}=\langle W_\mathfrak{G},\ R_\mathfrak{G}\rangle$，其形状应如图4-4b。由$L$的濒表格性一望而知，

$$L=\mathrm{Log}\,\mathfrak{F}=\mathrm{Log}\,\mathfrak{G}$$

下一步，删去$\mathfrak{G}$中所有的m_i元团$\textcircled{m_i}$，代之以无穷团$\textcircled{\omega}$，维持$\mathfrak{G}$的其余部分不变，得到一个新框架$\mathfrak{H}=\langle W_\mathfrak{H},\ R_\mathfrak{H}\rangle$，其形状应如图4-4c，此时，

$$W_\mathfrak{H}=(W_\mathfrak{G}\setminus\bigcup A^*)\cup\textcircled{\omega}$$

$R_\mathfrak{H}=(R_\mathfrak{G}\upharpoonright W_\mathfrak{H})\cup\{\langle x,y\rangle:x,y\in\textcircled{\omega}\}\cup\{\langle x,y\rangle:x\in\textcircled{\omega}\text{且}y\in W_\mathfrak{G}\setminus\bigcup A^*\}$。现在证明$\mathrm{Log}\,\mathfrak{G}\subseteq\mathrm{Log}\,\mathfrak{H}$。设公式$\varphi\notin\mathrm{Log}\,\mathfrak{H}$，即$\mathfrak{H}\not\models\varphi$。由于$\varphi$中所含的命题变号数都是有穷的，必定存在一$m\in\omega$使得仅把$\mathfrak{H}$中的无穷团$\textcircled{\omega}$限制到有穷团$\textcircled{m}$而保留框架其余部分不变而得到的子框架$\mathfrak{H}^{(m)}$满足$\mathfrak{H}^{(m)}\not\models\varphi$，这里，

$$\mathfrak{H}^{(m)}=\langle W_\mathfrak{H}^{(m)},\ R_\mathfrak{H}^{(m)}\rangle$$

此处，$W_\mathfrak{H}^{(m)}=(W_\mathfrak{H}\setminus\textcircled{\omega})\cup\textcircled{m}$，$R_\mathfrak{H}^{(m)}=R_\mathfrak{H}\upharpoonright W_\mathfrak{H}^{(m)}$。既然$A^*$中的有穷真团的基数没有有穷上界，存在一$m_n\geq m\in\omega$使得$\mathfrak{G}$由该$m_n$元团生成的子框架反驳公式$\varphi$。于是，$\mathfrak{G}\not\models\varphi$成立，就是说，$\varphi\notin\mathrm{Log}\,\mathfrak{G}$。因此，得到$\mathrm{Log}\,\mathfrak{G}\subseteq\mathrm{Log}\,\mathfrak{H}$。既然$L=\mathrm{Log}\,\mathfrak{G}$是濒表格逻辑，$L$没有非表格的真扩充，便得出结论：

$$L=\mathrm{Log}\,\mathfrak{G}=\mathrm{Log}\,\mathfrak{H}$$

正如所求，有根的框架$\mathfrak{H}$含有唯一的、强的颠覆子，并且该颠覆子是由无穷团构成的。

情况2.2：X是无穷反链。既然X是弱的且是唯一的颠覆子，与它相关联的反驳子：

$$X^r=\{x\in W:\exists y\in X\,(x\text{ 是 }y\text{ 的直接前趋})\}$$

是可数的。$\mathfrak{F}$的可能的最简单形状的示意图见图4-5a。

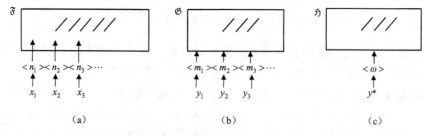

图4-5　当X是一无穷反链时框架$\mathfrak{F}$、$\mathfrak{G}$和$\mathfrak{H}$可能有的形状

这里，用 $\langle n_i \rangle$ 指 n_i 个点构成的反链。根据假定（1），$\mathfrak{F}$ 就是框架 $\mathfrak{F}^{X^r}$。由于 X^r 是可数无穷集，而任意的点或者是自返的，或者是禁自返的，因此，X^r 中的自返点有可数无穷多并且反驳 $\mathrm{Alt_N}$ 中所有的公式，或者 X^r 中的禁自返点有可数无穷多且反驳 $\mathrm{Alt_N}$ 中所有的公式。利用生成子框架定理、表格性的语法判据及逻辑 L 的濒表格性，可以不失一般性地假定 X^r 中的所有点都是自返的（当 X^r 中的自返点有可数无穷多且反驳 $\mathrm{Alt_N}$ 中所有的公式），或者 X^r 中的所有点都是禁自返的（当 X^r 中的禁自返点有可数无穷多且反驳 $\mathrm{Alt_N}$ 中所有的公式）。既然 $W \setminus (X \cup X^r) = W \setminus X \downarrow^+$ 是有穷集，存在一 X 的无穷子集 Y^* 满足：

$$对任意 x, y \in Y^*, \quad x\uparrow^- = y\uparrow^-$$

并且

$$对任意 n \in \omega, \ \exists x \in X^r \cap (Y^* \downarrow)\big(|x\uparrow \cap Y^*| > n\big)$$

如果 Y^* 不是 X 的余有穷子集（即 $X \setminus Y^*$ 是有穷集），总能通过归并 $X \setminus Y^*$ 中的复本，使得 Y^* 在归约后在其约本中成为相应颠覆子的一余有穷子集。再根据表格性的语法判据及逻辑 L 的濒表格性，这个约本一定刻画逻辑 L。为了简化证明，可以不失一般性地假定：在原框架 $\mathfrak{F}$ 中，Y^* 就是 X 的余有穷子集。这意味着 X^r 中至多有有穷多个点 y 满足集合 $y\uparrow^- \setminus Y^*$ 是彼此不相同的。因此，利用生成子框架定理、表格性的语法判据及逻辑 L 的濒表格性，可以不失一般性地进一步假定：所有的集合 $y\uparrow^- \setminus Y^*$（其中 $y \in X^r$）都是相同的。令 $\mathfrak{G} = \langle W_\mathfrak{G}, R_\mathfrak{G} \rangle$ 为 $\mathfrak{F}$ 的由 $X^r \cap (Y^* \downarrow)$（图4-5b）生成的子框架。利用生成子框架定理和 L 的濒表格性质，$L = \mathrm{Log}\mathfrak{F} = \mathrm{Log}\mathfrak{G}$。下一步，将框架 $\mathfrak{G}$ 中的点集 $X^r \cap (Y^* \downarrow)$ 中所有的点替换成一单个点 y^*（请注意：y^* 是自返的，当且仅当 $X^r \cap (Y^* \downarrow)$ 中所有的点都是自返的）。该单个点 y^* 是作为一个新框架 $\mathfrak{H} = \langle W_\mathfrak{H}, R_\mathfrak{H} \rangle$（图4-5c）的根出现的。这里，

$$W_\mathfrak{H} = (W_\mathfrak{G} \setminus (X^r \cap (Y^* \downarrow))) \cup \{y^*\}$$
$$R_\mathfrak{H} = (R_\mathfrak{G} \upharpoonright W_\mathfrak{H}) \cup \{\langle y^*, y \rangle : y \in W_\mathfrak{G} \setminus (X^r \cap (Y^* \downarrow))\}$$
$$(\cup \{\langle y^*, y^* \rangle\}, \text{当 } y^* \text{ 是一自返点时})$$

现在证明 $\mathrm{Log}\mathfrak{G} \subseteq \mathrm{Log}\mathfrak{H}$。设公式 $\varphi \notin \mathrm{Log}\mathfrak{H}$，即 $\mathfrak{H} \nvDash \varphi$。由于 φ 中所含的命题变号数都是有穷的，存在一 $\mathfrak{H}$ 的限制其无穷反链 Y^* 到由 m 个点构成的有穷反链 $\langle m \rangle \subseteq Y^*$，而保留框架其他部分不变得到的子框架 $\mathfrak{H}^{\langle m \rangle}$ 满足 $\mathfrak{H}^{\langle m \rangle} \nvDash \varphi$，此处，$\mathfrak{H}^{\langle m \rangle} = \langle W_{\mathfrak{H}^{\langle m \rangle}}, R_{\mathfrak{H}^{\langle m \rangle}} \rangle$，$W_{\mathfrak{H}^{\langle m \rangle}} = (W_\mathfrak{H} \setminus Y^*) \cup \langle m \rangle$ 且 $R_{\mathfrak{H}^{\langle m \rangle}} = R_\mathfrak{H} \upharpoonright W_{\mathfrak{H}^{\langle m \rangle}}$。既然 X^r 是可数无穷集且 X 是弱颠覆子，对任意 $y \in X^r \cap (Y^* \downarrow)$，集合

$y\uparrow\cap Y^*$ 都是有穷的，而且它们的基数没有有穷上界。因此，存在一 $\mathfrak{G}$ 的由 $X^r\cap(Y^*\downarrow)$ 中的某点 y 生成的子框架 $\mathfrak{G}^y$ 使得 $\mathfrak{H}^{\langle m\rangle}$ 是 $\mathfrak{G}^y$ 的约本。利用归约定理和 $\mathfrak{H}^{\langle m\rangle}\nvDash\varphi$，$\mathfrak{G}^y\nvDash\varphi$ 成立，继而得到 $\mathfrak{G}\nvDash\varphi$。所以，$\mathrm{Log}\mathfrak{G}\subseteq\mathrm{Log}\mathfrak{H}$ 成立。最后，利用 L 的濒表格性，便得到

$$L=\mathrm{Log}\,\mathfrak{G}=\mathrm{Log}\,\mathfrak{H}$$

其中，有根的框架 $\mathfrak{H}$ 含有唯一的、强的颠覆子且该颠覆子是由无穷反链构成的。∎

我们需要的不仅是定理4.2，更应该注意它的证明传递出来的信息：

第一，有穷深度濒表格逻辑都被一有根的框架 $\mathfrak{F}$ 所刻画；

第二，有根的框架 $\mathfrak{F}$ 含有唯一的、强的颠覆子，同时，该强颠覆子或者是由无穷团，或者是由无穷反链构成，不会由 ω-团-反链构成；

第三，框架 $\mathfrak{F}$ 除去颠覆子、根及其前趋构成的下部以外，其余部分仅由有穷多个点构成。我们并没有勾勒出这部分子框架的全貌，仅知道它是没有真团和复本的有穷子框架。

框架 $\mathfrak{F}$ 中（包含根）的颠覆子部分已经比较清楚：该部分或者是一个无穷团，或者是一个无穷反链；在无穷反链的情况下，该框架的根是反链的某个余有穷子集 Y 中每一点的直接前趋。现在，可以进一步明确框架 $\mathfrak{F}$ 的剩余部分：

第一，在框架 $\mathfrak{F}$ 的颠覆子是一个无穷团的情况下，将 $\mathfrak{F}$ 除去颠覆子（含根）的剩余部分施加点式归约直到这部分子框架在点式归约下不变。根据定理3.2，这部分子框架将是既约的，而且它会是 $\mathfrak{F}$ 的一个生成子框架；

第二，在 $\mathfrak{F}$ 颠覆子 X 是无穷反链的情况下，框架 $\mathfrak{F}$ 的根是 X 的一个余有穷子集 Y 中每一点的直接前趋。由此，可以对 $\mathfrak{F}$ 中除去根和 Y 的剩余部分施加点式归约，直至再无法进行任何真点式归约。这部分子框架将是既约的，而且它会是 $\mathfrak{F}$ 的一个生成子框架；

可见，任何一个有穷深度的濒表格逻辑都被两类特殊的框架所刻画。我们应先将这两类框架的特征严格确定下来。

第三节　有穷深度濒表格逻辑的语义判据

本节将正式引入有穷深度濒表格逻辑的两类刻画框架——伪钉和伪梭，并由此解决本书的中心问题之一——有穷深度濒表格逻辑的语义判据。

一、两类刻画框架——伪钉和伪梭

定理4.2把刻画有穷深度的濒表格逻辑的框架初步规范化了。需要进一步规范化，让框架中有害的或多余的点全部消失。这个由定理4.2而来的结果其证明过程非常简单，不再赘述。

系理4.1 任何有穷深度的濒表格逻辑都被一有穷深度的有根的可数框架$\mathfrak{F}=\langle W, R\rangle$刻画，$\mathfrak{F}$不含有任何$n$-团-反链（$n\geq2$），含唯一的、强的$\text{Alt}_N$-颠覆子$X$，该颠覆子$X$由无穷团或者无穷反链构成，并且存在一$X$的余有穷子集$Y$满足：

（1）$\mathfrak{F}$的根x^*或者满足$x^*\in Y$，或者x^*是Y中每一点的直接前趋且x^*是唯一的；

（2）对任何$x, y\in Y$，$x\uparrow\backslash C(x)=y\uparrow\backslash C(y)$；

（3）令$W'=W\backslash(Y\cup\{x^*\})$，$R'=R\lceil W'$。如果$W'\neq\emptyset$，那么有穷框架$\mathfrak{F}'=\langle W', R'\rangle$是$\mathfrak{F}$的生成子框架且$\mathfrak{F}'$是既约的。

系理4.1清晰地揭示：任何有穷深度的濒表格逻辑都必须被属于两大类型之一的某框架所刻画。这两类框架都满足系理4.1中提及的三个条件。具体地说，一个类型以无穷团为其颠覆子，可以称为伪钉；另一个类型以无穷反链为其颠覆子，可以称为伪梭。应当略微描述一下这两类框架的结构，如图4-6所示。

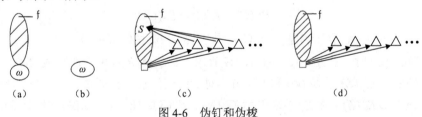

图 4-6 伪钉和伪梭

伪钉的强颠覆子是一无穷团X，它删除X后的剩余部分（如果存在）是一有穷既约框架（图4-6a）。本书把伪钉的这个有穷余部用德文小写字母$\mathfrak{f}$来表示。图4-6b描绘了有穷余部$\mathfrak{f}$不存在的伪钉，即无穷球。

伪梭的强颠覆子X是一无穷反链。X分成两部分：Y和$X\backslash Y$。Y是无穷集，其中所有点都是伪梭的根的直接后继，同时这些点的真后继集两两相同，用S来表示它们的真后继集；$X\backslash Y$是有穷集，其中所有点的真后继集（包括位于第$d(X)-1$层上的直接后继集）是两两不同的。伪梭删除根点和Y后的剩余部分是一有穷既约的框架（图4-6c，此时，$S\neq\emptyset$）。仍用德文小写字母 f 来表示伪梭的这个有穷余部。图4-6d则描绘了 $S=\varnothing$ 时的伪梭，不妨称为伪扇。

把这两类框架命名为伪钉和伪梭的理由在于：当它们的有穷既约余部 f 是一线序框架时，伪钉蜕化成钉，伪梭则蜕化成梭的近似物。更进一步，当 f 是单个点时，伪梭蜕化成真正的梭。

现在，系理4.1可以被重新叙述为定理4.3。

定理4.3　任何有穷深度的濒表格逻辑都被一伪钉或者伪梭所刻画。

二、有穷深度的濒表格逻辑的语义判据 I

根据定理4.3，现在的要务是在于解决：伪钉和伪梭能不能充当有穷深度濒表格逻辑的刻画框架的规范化形态（简称范形），即是否任一伪钉或伪梭都能刻画一个有穷深度的濒表格逻辑？解决了这个问题，通过确立这两类框架的共同特征，就会给出这类濒表格逻辑的判据。而且根据给出的特征的不同，还可以给出不止一种判据。

正式进入主题前，首先引入几个记号。令 C 是一框架类，规定

$$R(C) = \mathfrak{F}' : \exists \mathfrak{F} \in C(\mathfrak{F}' \text{ 是 } \mathfrak{F} \text{ 的约本})\}$$

$$G(C) = \mathfrak{F}' : \exists \mathfrak{F} \in C(\mathfrak{F}' \text{ 是 } \mathfrak{F} \text{ 的生成子框架})\}$$

$$G_p(C) = \mathfrak{F}' : \exists \mathfrak{F} \in C(\mathfrak{F}' \text{ 是 } \mathfrak{F} \text{ 的点生成子框架})\}$$

$$Su(C) = \mathfrak{F}' : \exists \mathfrak{F} \in C(\mathfrak{F}' \text{ 是 } \mathfrak{F} \text{ 的子框架})\}$$

$$R^s(C) = R(C) \cap Su(C)$$

$$[C] = \{[\mathfrak{F}] : \mathfrak{F} \in C\}, \text{ 其中} [\mathfrak{F}] = \{\mathfrak{G} \in C : \mathfrak{F} \cong \mathfrak{G}\}$$

当 $C = \{\mathfrak{G}\}$ 时，把 $R(C)$、$G(C)$、$G_p(C)$、$Su(C)$ 和 $R^s(C)$ 分别写成 $R(\mathfrak{G})$、$G(\mathfrak{G})$、$G_p(\mathfrak{G})$、$Su(\mathfrak{G})$ 和 $R^s(\mathfrak{G})$。对于给定的任一框架 $\mathfrak{F}$，用 $E(\mathfrak{F})$ 来表示 $G(\mathfrak{F}) \cup R^s(\mathfrak{F})$，用 $E_p(\mathfrak{F})$ 来表示 $G_p(\mathfrak{F}) \cup R^s(\mathfrak{F})$。任一 $\mathfrak{F}' \in E(\mathfrak{F})$ 被称为 $\mathfrak{F}$ 的切出物；任一 $\mathfrak{F}' \in E_p(\mathfrak{F})$ 被称为 $\mathfrak{F}$ 的常见切出物；如果 $\mathfrak{F}$ 的一（常见）切出物 $\mathfrak{F}'$ 不与 $\mathfrak{F}$ 本身同构，那么 $\mathfrak{F}'$ 被称为 $\mathfrak{F}$ 的真（常见）切出物。

其次，引入两个条件C1和C2：

对于任一给定框架 $\mathfrak{F}$，

C1：对任一 $\mathfrak{F}' \in R(G(\mathfrak{F}))$，存在一 $\mathfrak{G} \in E(\mathfrak{F})$ 满足 $\mathfrak{F}' \cong \mathfrak{G}$；

C2：对任一 $\mathfrak{F}$ 的真常见切出物 $\mathfrak{F}'$（即 $\mathfrak{F}' \in E_p(\mathfrak{F})$ 且 $\mathfrak{F}' \not\cong \mathfrak{F}$），$[I_{\mathfrak{F}'}]$ 是有穷的，此处，$I_{\mathfrak{F}'} = \{\mathfrak{G} \in E_p(\mathfrak{F}') : \neg \exists \mathfrak{G}' \in E_p(\mathfrak{G})(\mathfrak{F}' \cong \mathfrak{G}')\}$。

为了解释C1和C2的涵义，可用文字来表述上面的条件：

C1：$\mathfrak{F}$ 的生成子框架的约本与 $\mathfrak{F}$ 的一个切出物同构；

C2：对任何一个$\mathfrak{F}$的真常见切出物$\mathfrak{F}'$，$\mathfrak{F}$只有有穷多个互不同构的常
　　　见切出物不会以$\mathfrak{F}'$为其常见切出物的同构象。

提醒读者，框架的（常见）切出物都是该框架的子框架，这些子框架
都有着特殊的性质，或者它是原框架的（点）生成子框架，或者它是原框
架的约本。通过这样的限制，而不是仅将（常见）切出物定义为框架的（点）
生成子框架或者框架的约本，其目的就是要大大地减少一个框架的（常见）
切出物的数目。就同构的意义上来说，任何一个框架的约本永远是无穷多
个。将框架的约本限制到同是该框架的子框架的那部分约本上，（常见）
切出物的数目大大减少。当然，在后面命题4.6的证明中可以看到，这样的
对（常见）切出物的限制并没有完全将所有与之同构的框架去除。这正是
本书在条件C2中要考察在同构关系下的框架的等价类的数目，而不是简
单的仅仅考虑某些（常见）切出物的数目的原因。

条件C1和条件C2看起来很复杂，其实条件C1反映的是框架在其生成
子框架的约本上的限制性，而条件C2反映的是框架在结构上的紧密性。与
条件C1不一样，条件C2是本书当前最感兴趣的那些框架的一种至关紧要
的特点。先用下面的例子来熟悉它在伪钉和伪梭上的表现。

例4.3　表4-1的A栏举出某伪钉和某伪梭的常见切出物的典型例子。
B栏列出该伪钉和伪梭的这样一些常见切出物，从这些切出物中切不出原
框架的很多真常见切出物，比如，将该伪钉上的无穷团替换成含有n个点
的有穷团得到的框架和将该伪梭上的无穷反链替换成n个点的有穷反链
得到的框架。由表4-1可知，B栏中的常见切出物的基数小于A栏中间出示
的这些（含n元团或n元反链）真常见切出物的基数。因此，这些真常见
切出物既不可能是它们的约本，又不可能是它们的生成子框架。

表4-1　伪钉和伪梭的常见切出物示例

这两个条件的设定不是巧合。当然，满足它们的框架不一定是伪钉和伪梭。但伪钉和伪梭一定满足它们。

命题4.5　如果 $\mathfrak{F}$ 是一伪钉或伪梭，那么 $\mathfrak{F}$ 满足条件C1。

证明

设给定框架 $\mathfrak{F}$ 是一伪钉或伪梭，现在证明：

对任一 $\mathfrak{F}' \in R(G(\mathfrak{F}))$，存在一 $\mathfrak{G} \in E(\mathfrak{F})$ 满足 $\mathfrak{F}' \cong \mathfrak{G}$

假设 $\mathfrak{F}' \in R(G(\mathfrak{F}))$。这意味着 $\mathfrak{F}'$ 是 $\mathfrak{F}$ 的某生成子框架 $\mathfrak{F}^*$ 的约本。如果 $\mathfrak{F}^* = \mathfrak{F}$，$\mathfrak{F}'$ 正是 $\mathfrak{F}$ 的约本。这时，

如果 $\mathfrak{F}$ 是一伪钉，施加在 $\mathfrak{F}$ 上的归约只能使其真团缩小。于是，存在 $\mathfrak{G} \in R^s(\mathfrak{F})$ 使得 $\mathfrak{F}' \cong \mathfrak{G}$。

如果 $\mathfrak{F}$ 是一伪梭，则施加在 $\mathfrak{F}$ 上的归约既可以是缩小无穷反链的归约，也可以是无穷反链上的点到其后继某点上的归约。无论如何，一定存在一框架 $\mathfrak{G} \in R^s(\mathfrak{F})$ 使得 $\mathfrak{F}' \cong \mathfrak{G}$。

因此，不妨假定 $\mathfrak{F}^* \neq \mathfrak{F}$。这时，

如果 $\mathfrak{F}$ 原是一伪钉，$\mathfrak{F}^*$ 必定是既约的，作为 $\mathfrak{F}^*$ 的约本 $\mathfrak{F}'$ 必定与 $\mathfrak{F}^*$ 同构。所以，存在框架 $\mathfrak{G} \in G(\mathfrak{F})$ 使得 $\mathfrak{F}' \cong \mathfrak{G}$。

如果 $\mathfrak{F}$ 原是一伪梭，那么，如果 $\mathfrak{F}^*$ 是既约的同样蕴涵着，存在 $\mathfrak{G} \in G(\mathfrak{F})$ 使得 $\mathfrak{F}' \cong \mathfrak{G}$。然而，如果 $\mathfrak{F}^*$ 不是既约的，则 $\mathfrak{F}^*$ 含有 $\mathfrak{F}$ 的强颠覆子 X 中的某些点。在这种情况下，仅对那些点能作归并复本型或消去前趋型的点式归约，或者相应的集式归约。很容易检查，作为这样的归约的结果，$\mathfrak{F}'$ 必定与 $\mathfrak{F}^*$ 的一个生成子框架同构。而 $\mathfrak{F}^*$ 本身又是 $\mathfrak{F}$ 的生成子框架，可见，$\mathfrak{F}'$ 必定与 $\mathfrak{F}$ 的一个生成子框架同构，即存在框架 $\mathfrak{G} \in G(\mathfrak{F})$ 使得 $\mathfrak{F}' \cong \mathfrak{G}$。

总而言之，无论 $\mathfrak{F}$ 是伪钉还是伪梭，都满足条件C1：对任一 $\mathfrak{F}' \in R(G(\mathfrak{F}))$，存在一 $\mathfrak{G} \in E(\mathfrak{F})$ 满足 $\mathfrak{F}' \cong \mathfrak{G}$。　■

观察伪钉和伪梭的真常见切出物和常见切出物，尽管叙述稍显烦琐，但也不难证明。

命题4.6　如果 $\mathfrak{F}$ 是一伪钉或伪梭，那么 $\mathfrak{F}$ 满足条件C2。

证明

假设框架 $\mathfrak{F}$ 是一伪钉或伪梭且 $\mathfrak{F}' \in E_p(\mathfrak{F})$，但 $\mathfrak{F}' \ncong \mathfrak{F}$。令 $I_{\mathfrak{F}'} = \{\mathfrak{G} \in E_p(\mathfrak{F}) : \neg \exists \mathfrak{G}' \in E_p(\mathfrak{G})(\mathfrak{F}' \cong \mathfrak{G}')\}$。现在证明 $[I_{\mathfrak{F}'}]$ 是有穷集，分两种情况讨论。

情况1：$\mathfrak{F}$ 是伪钉。从 $\mathfrak{F}' \in E_p(\mathfrak{F})$ 但 $\mathfrak{F}' \ncong \mathfrak{F}$ 知道，或者 $\mathfrak{F}'$ 是 $\mathfrak{F}$ 的有穷既约部 $\mathfrak{f}$ 的点生成子框架，或者 $\mathfrak{F}' \in R^s(\mathfrak{F})$ 但 $\mathfrak{F}' \ncong \mathfrak{F}$。

在前一种情况下，即 $\mathfrak{F}'$ 是由 $\mathfrak{F}$ 的既约部分 $\mathfrak{f}$ 中的一点所生成的，那么，对任何框架 $\mathfrak{G} \in G_p(\mathfrak{F})$，其中不把 $\mathfrak{F}'$ 作为其常见切出物的同构象的框架 $\mathfrak{G}$ 只可能有有穷多个；对任何框架 $\mathfrak{G} \in R^s(\mathfrak{F})$，$\mathfrak{G}$ 一定包含 $\mathfrak{F}$ 的既约部分 $\mathfrak{f}$，这时所有的 $\mathfrak{G}$ 都把 $\mathfrak{F}'$ 作为其常见切出物的同构象。因此，在该情况下，$I_{\mathfrak{F}'}$ 本身就是有穷集，$[I_{\mathfrak{F}'}]$ 由此也是有穷集。

在后一种情况下，即 $\mathfrak{F}' \in R^s(\mathfrak{F})$ 但 $\mathfrak{F}' \neq \mathfrak{F}$，这意味着 $\mathfrak{F}'$ 是仅将 $\mathfrak{F}$ 中的无穷团限制到其有穷子集（某有穷团）的结果。于是，对任何 $\mathfrak{G} \in G_p(\mathfrak{F})$，其中不把 $\mathfrak{F}'$ 作为其常见切出物的同构象的框架 $\mathfrak{G}$（它们都属于 $\mathfrak{F}$ 的既约部分 $\mathfrak{f}$）只可能有有穷多个；而对任何 $\mathfrak{G} \in R^s(\mathfrak{F})$，类似地，其中不把 $\mathfrak{F}'$ 作为其常见切出物的同构象的框架 $\mathfrak{G}$（其有穷团的点数少于 $\mathfrak{F}'$ 的有穷团所含点数）在互不同构的情况下只可能有有穷多个。所以，在该情况下，$I_{\mathfrak{F}'}$ 本身不是有穷集，但 $[I_{\mathfrak{F}'}]$ 一定是有穷集。

情况2：$\mathfrak{F}$ 是伪梭。从假设 $\mathfrak{F}' \in E_p(\mathfrak{F})$ 且 $\mathfrak{F}' \not\cong \mathfrak{F}$ 知道，或者 $\mathfrak{F}'$ 是 $\mathfrak{F}$ 的有穷既约部 $\mathfrak{f}$ 的点生成子框架，或者 $\mathfrak{F}'$ 是由 $\mathfrak{F}$ 的强颠覆子中的某一点 $\triangle$ 所生成的，并且具备如图4-7所示的形式。或者 $\mathfrak{F}' \in R^s(\mathfrak{F})$ 但 $\mathfrak{F}' \not\cong \mathfrak{F}$。

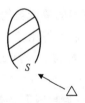

图4-7　由强颠覆子中的某一点生成的子框架 $\mathfrak{F}'$

当 $\mathfrak{F}'$ 是 $\mathfrak{F}$ 的有穷既约部 $\mathfrak{f}$ 的点生成子框架时，对任何框架 $\mathfrak{G} \in G_p(\mathfrak{F})$，其中不把 $\mathfrak{F}'$ 作为其常见切出物的同构象的框架 $\mathfrak{G}$ 在互不同构的情况下只可能有有穷多个；而对任何 $\mathfrak{G} \in R^s(\mathfrak{F})$，$\mathfrak{G}$ 一定包含 $\mathfrak{F}$ 的既约部分 $\mathfrak{f}$，这时所有的 $\mathfrak{G}$ 都把 $\mathfrak{F}'$ 作为其常见切出物的同构象。因此，在该情况下，$I_{\mathfrak{F}'}$ 本身不一定就是有穷集，但 $[I_{\mathfrak{F}'}]$ 一定是有穷集。

当 $\mathfrak{F}'$ 是由 $\mathfrak{F}$ 的强颠覆子中的一点 $\triangle$ 所生成时，对任何 $\mathfrak{G} \in G_p(\mathfrak{F})$，其中不把 $\mathfrak{F}'$ 作为其常见切出物的同构象的框架 $\mathfrak{G}$（它们都属于 $\mathfrak{F}$ 的既约部分 $\mathfrak{f}$）只可能有有穷多个；对任何 $\mathfrak{G} \in R^s(\mathfrak{F})$，除了 $\mathfrak{F}$ 的有穷既约部 $\mathfrak{f}$ 可能作为 $\mathfrak{F}$ 的约本出现而不以 $\mathfrak{F}'$ 为其常见切出物的同构象外，其余的所有 $\mathfrak{G}$ 都把 $\mathfrak{F}'$ 作为其常见切出物的同构象。因此，在该情况下，$I_{\mathfrak{F}'}$ 本身就是有穷集，$[I_{\mathfrak{F}'}]$ 也由此一定是有穷集。

最后，当 $\mathfrak{F}' \in R^s(\mathfrak{F})$ 但 $\mathfrak{F}' \not\cong \mathfrak{F}$ 时，在该情况下，$\mathfrak{F}'$ 既可能是 $\mathfrak{F}$ 的有穷既约部 f，也可能是将 $\mathfrak{F}$ 的无穷反链限制到其有穷子集（某有穷反链）的结果。当 $\mathfrak{F}'$ 是 $\mathfrak{F}$ 的有穷既约部 f 时，对任何 $\mathfrak{G} \in G_p(\mathfrak{F})$，其中不把 $\mathfrak{F}'$ 作为其常见切出物的同构象的框架 $\mathfrak{G}$ 在互不同构的情况下只可能有有穷多个；对任何 $\mathfrak{G} \in R^s(\mathfrak{F})$，所有 $\mathfrak{G}$ 都把 $\mathfrak{F}'$ 作为其常见切出物的同构象。因此，在该情况下，$I_{\mathfrak{F}'}$ 本身不一定就是有穷集，但 $[I_{\mathfrak{F}'}]$ 一定是有穷集。当 $\mathfrak{F}'$ 是将 $\mathfrak{F}$ 的无穷反链限制到其有穷子集（某有穷反链）的结果，对任何 $\mathfrak{G} \in G_p(\mathfrak{F})$，其中不把 $\mathfrak{F}'$ 作为其常见切出物的同构象的框架 $\mathfrak{G}$，在互不同构的情况下只可能有有穷多个；对任何 $\mathfrak{G} \in R^s(\mathfrak{F})$，其中不把 $\mathfrak{F}'$ 作为其常见切出物的同构象的框架 $\mathfrak{G}$（其有穷反链的点数少于 $\mathfrak{F}'$ 的 $\mathfrak{G}$），在互不同构的情况下只可能有有穷多个。因此，在该情况下，$I_{\mathfrak{F}'}$ 本身不是有穷集，但 $[I_{\mathfrak{F}'}]$ 一定是有穷集。

总之，无论 $\mathfrak{F}$ 是伪钉还是伪梭都满足条件C2。　■

命题4.6的证明解释了为什么条件C2中强调的是集合 $[I_{\mathfrak{F}'}]$ 是有穷集，而不是集合 $I_{\mathfrak{F}'}$。显然，在涉及的框架是伪钉或者伪梭时，在不同的情况下，$I_{\mathfrak{F}'}$ 可能是有穷集，也可能是无穷集。而在利用同构关系在集合 $I_{\mathfrak{F}'}$ 上构造等价类之后，得到的框架的等价类的集合 $[I_{\mathfrak{F}'}]$ 就一定是有穷集。

本节的中心任务要求我们不能止步于此。对于一个有根的有穷深度的框架，含有唯一一个（强的）颠覆子及满足条件C1和条件C2恰是它刻画一个濒表格逻辑的充分条件。

证明这个结果及后文证明判据需要援引范因关于"框架公式"[①]的一个结果。

设 $\mathfrak{F} = \langle W, R \rangle$ 是一有穷有根的传递框架，$W = \{x_1, \cdots, x_n\}$，x_1 是 $\mathfrak{F}$ 的一个根。这时，$\mathfrak{F}$ 的框架公式A($\mathfrak{F}$)是下列公式的合取式的否定：

(a) p_1；

(b) $\square^+(p_1 \vee \cdots \vee p_n)$；

(c) $\square^+(p_i \to \neg p_j)$，对 $x_i \neq x_j$；

(d) $\square^+(p_i \to \Diamond p_j)$，对 $x_i R x_j$；

(e) $\square^+(p_i \to \neg \Diamond p_j)$，对 $\neg x_i R x_j$。

① Fine, K., "An ascending chain of S4 logics", *Theoria*, Vol.40, 1974, pp. 110~116; Jankov, V. A., "The relationship between deducibility in the intuitionistic propositional calculus and finite implicational structures", *Soviet Mathematics Doklady*, Vol.4, 1963, pp.1203~1204; Jankov, V. A., "The construction of a sequence of strongly independent superintuitionistic propositional calculi", *Soviet Mathematics Doklady*, Vol.9, 1968, pp. 806~807.

此处，$\square^+\varphi$ 是 $\square\varphi\wedge\varphi$ 的缩写，$i,j\in\{1,\cdots,n\}$。下面给出了框架公式 $A(\mathfrak{F})$ 的可反驳性判据。

范因定理　设 $\mathfrak{F}$ 是一有穷有根的传递框架且传递框架 $\mathfrak{G}=\langle U,S\rangle$。$\mathfrak{G}\nvDash A(\mathfrak{F})$，当且仅当存在 $\mathfrak{G}$ 的由某一点 $x\in U$ 生成的子框架 $\mathfrak{G}^x$ 使得 $\mathfrak{F}$ 是 $\mathfrak{G}^x$ 的约本[①]。

定理4.4　令 $\mathfrak{F}$ 是一有根的有穷深度的框架。如果 $\mathfrak{F}$ 含有唯一的 Alt_N-颠覆子，又满足条件C1和条件C2，那么 $\mathrm{Log}\mathfrak{F}$ 是一有穷深度的濒表格逻辑。

证明

令 $\mathfrak{F}=\langle W,R\rangle$ 是一有根的有穷深度的框架。假设 $\mathfrak{F}$ 含有唯一的颠覆子 X 且满足条件C1和条件C2。既然 $\mathfrak{F}$ 含有颠覆子，根据颠覆子定义和表格性的语法判据，$L=\mathrm{Log}\mathfrak{F}$ 是一非表格逻辑。由于每个非表格逻辑都包含在一个濒表格逻辑中[②]，存在一濒表格逻辑 L^* 满足 $L\subseteq L^*$。由于传递逻辑格中的每个濒表格逻辑都是有穷可逼近的[③]，存在一有穷有根框架类 C^* 使得 $L^*=\mathrm{Log}C^*$。在同构的框架上有效的模态公式是相同的，因此，可以不失一般性地假定 C^* 中的框架两两不同构。现在来证明：

$$C^*\subseteq R(G(\mathfrak{F})) \qquad (4\text{-}6)$$

假设相反，也就是说，存在一框架 $\mathfrak{F}^*$ 使得 $\mathfrak{F}^*\in C^*$ 但 $\mathfrak{F}^*\notin R(G(\mathfrak{F}))$。从 $\mathfrak{F}^*\notin R(G(\mathfrak{F}))$ 得到 $\mathfrak{F}^*\notin R(G_p(\mathfrak{F}))$。令 $A(\mathfrak{F}^*)$ 是有穷有根框架 $\mathfrak{F}^*$ 的框架公式。利用范因定理，$\mathfrak{F}\vDash A(\mathfrak{F}^*)$ 成立，继而有 $A(\mathfrak{F}^*)\in\mathrm{Log}\mathfrak{F}=L$。但是 $\mathfrak{F}^*\nvDash A(\mathfrak{F}^*)$，因此 $A(\mathfrak{F}^*)\notin\mathrm{Log}C^*=L^*$。这与 $L\subseteq L^*$ 相矛盾。所以，假设不成立，式（4-6）是真命题。既然 $\mathfrak{F}$ 满足条件C1，从式（4-6）便得到：

对任意 $\mathfrak{F}'\in C^*$，存在一 $\mathfrak{G}\in E(\mathfrak{F})$ 满足 $\mathfrak{F}'\cong\mathfrak{G}$。

由于 C^* 中的框架都是有根的，可以得到如下结果：

对任意 $\mathfrak{F}'\in C^*$，存在一 $\mathfrak{G}\in E_p(\mathfrak{F})$ 满足 $\mathfrak{F}'\cong\mathfrak{G}$。　　（4-7）

现在来证明：

$$L^*\subseteq L$$

仍用归谬，假定相反。这时，存在一模态公式 φ，$\varphi\in L^*$ 但 $\varphi\notin L$。既然 $L=\mathrm{Log}\mathfrak{F}$，从 $\varphi\notin L$ 推出，存在一 $\mathfrak{F}$ 的点生成子框架 $\mathfrak{F}'$ 使得 $\mathfrak{F}'\nvDash\varphi$。先分情况表明：

存在一框架 $\mathfrak{F}''\in G_p(\mathfrak{F})\cup R(\mathfrak{F})$ 满足 $\mathfrak{F}''\ncong\mathfrak{F}$ 且 $\mathfrak{F}''\nvDash\varphi$。　　（4-8）

情况1：$\mathfrak{F}'\ncong\mathfrak{F}$。显然，令 $\mathfrak{F}''=\mathfrak{F}'$。这时，式（4-8）成立。

[①] Fine, K., "An ascending chain of S4 logics", *Theoria*, Vol.40, 1974, pp.110~116.
[②] 参见本书第一编第一章第三节定理1.5。
[③] 参见本书第一编第一章第三节定理1.6。

情况2：$\mathfrak{F}' \cong \mathfrak{F}$。既然 $\mathfrak{F}$ 是有根的、有穷深度的，并且含有唯一的颠覆子 X，X 就不可能是一个 ω-团-反链（否则，利用 $\mathfrak{F}$ 的有根性，总是可以从 X 中抽出一个无穷反链成为 $\mathfrak{F}$ 的另一个强颠覆子，这与 X 的唯一性相矛盾），$X\uparrow$ 是有穷的（否则，利用 $\mathfrak{F}$ 的有穷深度的性质，总能在 $X\uparrow$ 中找到一个无穷团或无穷反链做 $\mathfrak{F}$ 的另一个不同于 X 的颠覆子，这与 X 的唯一性相矛盾），同时当 X 是无穷反链的时候，对任一 $x\in X$，$C(x)$ 都不是真团[①]。因此，存在一个 X 的无穷子集 Y 满足对任意 $x,y\in Y$，$x\uparrow \backslash C(x) = y\uparrow \backslash C(y)$。令 Y^* 是 X 满足上述条件的无穷子集 Y 中的极大的一个。既然 $\mathfrak{F}\models \varphi$，一定存在一模型 $\mathfrak{M}=\langle \mathfrak{F}, \mathfrak{V}\rangle$ 使得 $\mathfrak{M}\nvDash \varphi$。可以不失一般性地假定：对任意 $p\notin \mathrm{Var}(\varphi)$，$\mathfrak{V}(p)=\varnothing$，此处 $\mathrm{Var}(\varphi)$ 表示公式 φ 中所有命题变号的集合。既然公式 φ 仅含有有穷多个命题变号，于是，至多有穷多个点 $x_i\in Y^*$（$0\leq i\leq n$）满足：

对任意 $0\leq i\neq j\leq n$，$T_{x_i}\neq T_{x_j}$，这里 $T_x=\{p\in \mathrm{Var}(\varphi):x\in \mathfrak{V}(p)\}$。

令 $X_n\subseteq Y^*$ 为满足上述条件的 Y^* 中的 x_i（$0\leq i\leq n$）的极大集。又令 $\mathfrak{F}_n=\langle W_n, R_n\rangle$，其中，

$$W_n=(W\backslash Y^*)\cup X_n$$

并且

$$R_n=(R\upharpoonright W_n)\cup\{\langle x, x_i\rangle:x_i\in X_n \& \exists y\in Y^*(x\in y\downarrow\backslash Y^* \& T_{x_i}=T_y)\}$$

令 $\mathfrak{M}_n=\langle \mathfrak{F}_n, \mathfrak{V}_n\rangle$，对任一命题变号 p，$\mathfrak{V}_n(p)=\mathfrak{V}(p)\cap W_n$。从 W 到 W_n 上的一个映射 f 被定义如下：

$$f(x)=\begin{cases} x, & x\in W\backslash Y^* \\ x_i, & x_i\in X_n, x\in Y^* \& T_{x_i}=T_x \end{cases}$$

显然，f 是从 $\mathfrak{M}$ 到 $\mathfrak{M}_n$ 上的一个归约。因此，利用模型上的归约定理及 $\mathfrak{M}\nvDash \varphi$，得到 $\mathfrak{M}_n\nvDash \varphi$，于是有 $\mathfrak{F}_n\nvDash \varphi$。所以，存在一框架 $\mathfrak{F}''\in R(\mathfrak{F})$ 使得 $\mathfrak{F}''\ncong \mathfrak{F}$ 且 $\mathfrak{F}''\nvDash \varphi$。因此，式（4-8）成立。

既然框架 $\mathfrak{F}$ 是有根的且满足条件C1，存在一框架 $\mathfrak{F}'''\in E_p(\mathfrak{F})$ 使得 $\mathfrak{F}'''\cong \mathfrak{F}$。这意味着 $\mathfrak{F}'''\ncong \mathfrak{F}$ 且 $\mathfrak{F}'''\nvDash \varphi$。于是，得到：

如果 $\exists \mathfrak{G}'\in E_p(\mathfrak{G})(\mathfrak{F}'''\cong \mathfrak{G}')$，那么 $\mathfrak{G}\nvDash \varphi$。

因此，利用已证结果（4-7）和 $\varphi\in L^*=\mathrm{Log}C^*$，可以得到：对任意框架 $\mathfrak{F}'\in C^*$，存在一框架 $\mathfrak{G}^*\in I_{\mathfrak{F}'''}=\{\mathfrak{G}\in E_p(\mathfrak{F}):\neg\exists \mathfrak{G}'\in E_p(\mathfrak{G})(\mathfrak{F}'''\cong \mathfrak{G}')\}$ 使得 $\mathfrak{F}'\cong \mathfrak{G}^*$。前面证明中已经不失一般性地假设 C^* 中的框架两两不同构，于是可

---

① 这排除了 X 中的点可能来自于某 n-团-反链（$n\geq 2$）的情况；否则，总是可以从该 n-团-反链中抽出一条与 X 不同的由无穷反链构成的颠覆子，这与 X 作为颠覆子的唯一性相矛盾。

以得到：

$$\left|C^*\right| = \left|[C^*]\right| \leqslant \left|[I_{\mathfrak{F}'''}]\right|$$

既然 $\mathfrak{F}$ 满足条件C2，$[I_{\mathfrak{F}'''}]$ 就是有穷集。这说明 C^* 也是有穷集。因此，$L^* = \mathrm{Log}C^*$ 就是一个表格逻辑。这与前面假设 L^* 是一个濒表格逻辑相矛盾。因此，$L^* \subseteq L$ 成立，继而 L 就是一濒表格逻辑。　　　　　　　　　　　■

　　定理4.4非常重要。前面已经证明了伪钉和伪梭都是满足条件C1和条件C2的框架，再加上它们本身就是含有唯一颠覆子的有根的有穷深度框架。于是，这些结果，即命题4.5、命题4.6和定理4.4，合在一起产生定理4.5。

　　定理4.5　如果框架 $\mathfrak{F}$ 是一伪钉或伪梭，那么 $\mathrm{Log}\mathfrak{F}$ 是有穷深度的濒表格逻辑。

　　应用第二节得到的定理4.3，即"每个有穷深度的濒表格逻辑都被一伪钉或者伪梭所刻画"，便又得到定理4.6。

　　定理4.6　L 是一有穷深度的濒表格逻辑，当且仅当 $L = \mathrm{Log}\mathfrak{F}$，此处框架 $\mathfrak{F}$ 是一伪钉或伪梭。

　　至此，已经建立了伪钉和伪梭能成为有穷深度濒表格逻辑的范形的奠基性结果，即定理4.6。

　　虽然条件C1和条件C2并不太直观，但它们还是在某种程度上描述了这两类范形的某些特点。据此，先来建立与条件C1和条件C2相关的濒表格性判据 I 。

　　定理4.7（有穷深度逻辑的濒表格性判据 I ）　L 是一有穷深度的濒表格逻辑，当且仅当 $L = \mathrm{Log}\mathfrak{F}$，此处框架 $\mathfrak{F}$ 是一有根的有穷深度的框架，含唯一的 Alt_N- 颠覆子并且满足条件C1和条件C2。

　　濒表格性判据 I 的证明很简单。它是由定理4.4、定理4.3、命题4.5及命题4.6合在一起得到的。这个判据有一些特点值得一提。虽然濒表格性判据 I 是在考虑刻画濒表格逻辑的无穷框架 $\mathfrak{F}$，但它把注意力放在 $\mathfrak{F}$ 的常见切出物的特征上。这些常见切出物几乎全是有穷框架。也许可以这么说：濒表格性判据 I 不关心 $\mathfrak{F}$ 本身的性状，关心的是刻画 $\mathrm{Log}\mathfrak{F}$ 的有穷框架类的性状。当然，它揭示出来的性状（尤其C2）不像是模态语义学者已知的。

　　正如前文提到的，完全可以换一换视角，直接关注伪钉与伪梭本身具有的更为直观的性状，制定另一种濒表格性判据。它比濒表格性判据 I 更容易应用，也更能解释在定理4.6的基础上为什么选择这两个框架作为范形。

三、有穷深度的濒表格逻辑的语义判据 II

认真观察和思考伪钉和伪梭的人，很难不为它们的某种很强的不变性而感到诧异，这里被提到首要地位的，一是在点式归约下的不变性，二是在颠覆子形成运算下的不变性。前一种在定义3.2[①]中已经定义，下面补上后一种运算的定义。

定义4.4　给定框架$\mathfrak{F}=\langle W, R\rangle$。如果$\mathfrak{F}$的生成子框架或约本$\mathfrak{F}'$含一颠覆子，从$\mathfrak{F}$到$\mathfrak{F}'$的运算被称为颠覆子形成运算。如果$\mathfrak{F}$在每一次颠覆子形成运算下的结果$\mathfrak{F}'$，即$\mathfrak{F}$的每一个含颠覆子的生成子框架或约本，都与$\mathfrak{F}$同构，就说$\mathfrak{F}$在颠覆子形成下不变。

先看伪钉和伪梭的第一个特点——在点式归约下的不变性。

所有的伪钉和伪梭，无一例外都不是既约框架。因为伪钉至少对消去真团的归约ρ是开放的，伪梭至少对消去复本的归约η是开放的。可是，伪钉和伪梭，同样无一例外，都是在点式归约下不变的。何以如此，理由十分清楚。在一个伪钉中，

点x可被点式归约消去，当且仅当该点x在颠覆子无穷团中；

在一个伪梭中，

点x可被点式归约消去，当且仅当该点x在颠覆子无穷反链与其有穷既约部$\mathfrak{f}$不相交的部分中。

总之，可被点式归约消去的点，无论在伪钉还是在伪梭中，都属一个明显的"开放区"（参见图4-8a和b，其中S指开放区中所有点的公共直接后继集（它是有穷既约部$\mathfrak{f}$的一个子集））。伪钉只对P_1-型点式归约开放（如图4-8a'）。伪梭有时只对P_2-或P_3-型点式归约开放（因为图4-8b'中的S不是由单个自返点构成），有时还对P_4-或P_5-型点式归约开放（当S是由单个自返点构成的）。然而，开放区是由无穷多个处处相似的点组成的，基于这样的结构特点，对其施加的每一次点式归约都只不过产生伪钉或者伪梭的同构象。

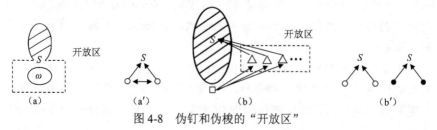

图4-8　伪钉和伪梭的"开放区"

命题4.7 伪钉和伪梭在点式归约下不变。

命题4.7的证明太过简单，这里将其省略。读者完全可以从前文对伪钉和伪梭在点式归约下不变性的说明中找到证明该命题的主要线索。

再看伪钉和伪梭的第二个特点——在颠覆子形成下的不变性。

首先关注伪钉。伪钉中唯一的颠覆子是无穷团 X，并且该无穷团中的任意一点都可以看成是该伪钉的根。这样的结构特点意味着在对该伪钉做生成子框架运算时，如果要保存该无穷团，得到的结果一定是原框架本身；对其作归约运算时，施加在该伪钉上的归约只可能是消去无穷团中若干个点的归约（消去的结果只能使约本中的无穷团成为某有穷团或者是不同于 X 的无穷团），此时，若要在约本中保存一个（不一定同于 X）无穷团，该约本一定与原框架同构。

其次关注伪梭。请读者回想伪梭的定义，伪梭的一个结构特点对于它在颠覆子形成下能保持不变有决定性意义。

给定任一有根框架 $\mathfrak{F}$，$\mathfrak{F}$ 含唯一强颠覆子 X。只要 X 不是无穷团而是无穷反链，$\mathfrak{F}$ 就极有可能在颠覆子形成下可变。事实上，X 也许有两个互不相交的无穷子集 X_1 和 X_2 满足：

对任意 $x,y \in X_i$（$i \in \{1,2\}$），$x\uparrow^- = y\uparrow^-$，但 $X_1\uparrow^- \neq X_2\uparrow^-$。

令 x^* 是 $\mathfrak{F}$ 的根。那么，对 X_1 作归并复本的归约 η 形成的框架 $\mathfrak{F}_1$ 就肯定与对 X_2 作归约 η 形成的框架 $\mathfrak{F}_2$ 不同构（图4-9，S_1 和 S_2 分别是 X_1 的真后继集和 X_2 的真后继集且 $S_1 \neq S_2$）。

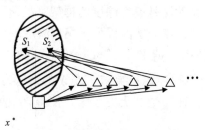

图 4-9 在颠覆子形成下可变的框架示例

然而，当 $\mathfrak{F}$ 是一伪梭时，以上情况却不会发生。因为，此时 $\mathfrak{F}$ 的颠覆子 X 与其有穷既约部 $\mathfrak{f}$ 不相交的部分 Y 是 X 的余有穷子集，并且满足对任何 $x,y \in Y$，$x\uparrow^- = y\uparrow^-$。同时，颠覆子 X 除去 Y 的有穷剩余部分 $X \backslash Y$ 中的每个点的真后继集都不相同。在这样的情况下，对伪梭作归约，其结果只能是消去无穷反链 Y 中的点，消去的结果只能使约本不含有由无穷反链构成的颠覆子，或者含有一个不同于 X 的仍由无穷反链构成的颠覆子。在后一种情形下，该约本与原框架同构。再看对伪梭做生成子框架运算的情形。要想使得到的生成子框架仍然保存一个颠覆子，由于其中Y中的点都以伪梭的根为其唯一的直接前趋，因此，唯一的可能就是以该伪梭的根来生成子框架，所得到的结果恰好就是该框架本身。

上述分析实际上证明了命题4.8。

命题4.8　伪钉和伪梭在颠覆子形成下不变。

不同于濒表格性判据 I 的条件C1和条件C2，这里提出的两个"不变性"关注的是伪钉和伪梭的整体属性。

定理4.8　令$\mathfrak{F}$是一有穷深度的框架。如果$\mathfrak{F}$含一强颠覆子，在颠覆子形成下不变，又在点式归约下不变，那么$\mathfrak{F}$是伪钉或伪梭。

证明

假设$\mathfrak{F}=\langle W, R\rangle$是一个有穷深度的框架，含一个强颠覆子$X$，在颠覆子形成下不变且在点式归约下不变。因为$\mathfrak{F}$是在颠覆子形成下不变的，$\mathfrak{F}$中的颠覆子就是唯一的，也不可能是由$\omega$-团-反链构成的，并且当$X$为一个无穷反链时，对任一点$x\in X$，$C(x)$都不是真团；否则，运用消去真团或者归并复本的归约，我们总能将$\mathfrak{F}$归约为一个含颠覆子但与它自身不同构的约本。既然X是强颠覆子，利用引理4.2知道，存在一与X相关联的Alt_N-反驳子$X'=\{x^*\}$，此处$x^*\in X$，或者x^*是X的某无穷子集Y中每一点的直接前趋。由于$\mathfrak{F}$在颠覆子形成下不变，点x^*就一定是$\mathfrak{F}$的根；否则，就能通过生成子框架运算从$\mathfrak{F}$中由点x^*生成一与$\mathfrak{F}$不同构的包含一颠覆子的子框架。既然$\mathfrak{F}$是有穷深度的框架且颠覆子X是唯一的，点集$W\setminus X{\downarrow}^+$是有穷的且存在一$Y$的极大子集$Y'$满足：

$$对任意 x, y\in Y',\quad x{\uparrow}\setminus C(x) = y{\uparrow}\setminus C(x)$$

$\mathfrak{F}$是在颠覆子形成下不变的，这就要求Y'是X的余有穷子集。否则，$X\setminus Y'$是无穷集，其中一定存在一个Y'无穷子集，使得该子集中的任意两点都满足：

抛开自身所在团之后的后继集完全相同。

只是由于Y'的极大性，这个后继集与Y'中的点的抛开自身所在团之后的后继集不相同。于是，在$X\setminus Y'$上作归约会得到一个含有颠覆子但又与$\mathfrak{F}$不同构的约本，这与假定$\mathfrak{F}$在颠覆子形成下不变相矛盾。最后，由于框架$\mathfrak{F}$是在点式归约下不变的，于是，$\mathfrak{F}$的有穷生成子框架$\langle W\setminus Y'\cup\{x^*\}), R{\restriction}W\setminus Y'\cup\{x^*\})\rangle$（如果存在的话）一定是既约的。否则，从该生成子框架的有穷性，总能利用点式归约从$\mathfrak{F}$得到一个含有颠覆子的约本，并且该约本

不是 $\mathfrak{F}$ 的同构象①。

根据已知结果及伪钉和伪梭的定义,框架 $\mathfrak{F}$ 正是一伪钉或者伪梭。■

命题4.7、命题4.8和定理4.8实际上给出伪钉和伪梭的另一种方式的精确刻画。

命题4.9 一个框架 $\mathfrak{F}$ 是伪钉或者伪梭,当且仅当 $\mathfrak{F}$ 是有穷深度的、含有一个强颠覆子,在点式归约下不变且在颠覆子形成下不变。

应用命题4.9和定理4.6,立即得到定理4.9。

定理4.9(有穷深度逻辑的濒表格性判据Ⅱ)L 是一有穷深度的濒表格逻辑,当且仅当 $L = \mathrm{Log}\mathfrak{F}$,此处 $\mathfrak{F}$ 是一有穷深度的框架,含一强颠覆子,在颠覆子形成下不变又在点式归约下不变。

有穷深度逻辑的濒表格性判据Ⅰ中的条件C1和条件C2主要关于刻画框架的内部子框架间的关系,而有穷深度的濒表格逻辑的语义判据Ⅱ中描述的则是刻画框架的整体特征。这一点正是两个判据的最本质区别。

四、有穷伪钉和有穷伪梭的拟司克罗格斯-链

重新关注伪钉和伪梭的子框架。很容易看出,伪钉和伪梭,它们都可以看作是保存其有穷既约部 $\mathfrak{f}$ 不变,而它们的无穷团或者真后继集相同的无穷反链,是从有穷多个点构成的有穷团或者真后继集相同的有穷反链通过无穷次复制得到的。这样一些有穷框架就构成一条拟司克罗格斯-链。这一过程正好与布洛克的想法不谋而合。只不过,在这时候已经确切知道,在扩充开始时极小的框架——在历史部分中曾称它们为"濒表格模式的原型"——是怎样的:只需将伪钉的无穷团替换成一个单独的自返点,而将伪梭的真后继集相同的无穷反链替换成一个与之同色的单个点即可。为了更加准确地叙述这一过程,引入定义4.5。

定义4.5 框架 $\mathfrak{f}_{(m)}$ 被称为一个与伪钉 $\mathfrak{F}=\langle W, R\rangle$ 相关的有穷伪钉,如果 $\mathfrak{f}_{(m)}=\langle W_{(m)}, R_{(m)}\rangle$,此处 $W_{(m)}=(W\setminus X)\cup X_{(m)}$ 且 $R_{(m)}=R\restriction W_{(m)}$,这里 X 代表 $\mathfrak{F}$ 中的无穷团, $X_{(m)}$ 表示 X 中的 m($\in\omega$)个点的集合。

框架 $\mathfrak{f}_{\langle m\rangle}^{s}$ 被称为一个与伪梭 $\mathfrak{F}=\langle W, R\rangle$ 相关的有穷伪梭,如果 $\mathfrak{f}_{\langle m\rangle}^{s}=\langle W_{\langle m\rangle},$

---

① 不利用框架在点式归约下的不变性,而只利用它在颠覆子形成下的不变性应该就能证明 $\mathfrak{F}$ 的该有穷生成子框架是既约的。这里还是把点式归约和点式归约下的不变性强调出来,其目的就是为了表明:在点式归约下的不变性是伪钉和伪梭的共同特点,而这个特点也完全被无穷深度的濒表格逻辑的规范化框架所继承。如果不把这点明确地指出来,就看不到所有的濒表格逻辑(包括无穷深度的)的规范化框架共同具有的特点。当然,在保留点式归约不变性的前提下,应该可以弱化"颠覆子形成下的不变性"这一条件。本书把这一任务留待日后考量。

$R_{\langle m\rangle}$ 〉，此处 $W_{\langle m\rangle}=(W\setminus Y)\cup Y_{\langle m\rangle}$ 且 $R_{\langle m\rangle}=R\restriction W_{\langle m\rangle}$ ，这里的 Y 代表伪梭 $\mathfrak{F}$ 的颠覆子的那个极大的余有穷子集，其中的点的真后继集 S 完全相同，$Y_{\langle m\rangle}$ 则表示 Y 中的 m（$\in\omega$）个点的集合。

　　显然，与伪钉或伪梭相关的有穷伪钉或有穷伪梭的数目一定是无穷多的。它们都是该伪钉或伪梭的在消去无穷团中的自返点或者归并复本的归约下的约本，也是该伪钉或伪梭的真常见切出物。需要特别指出的是，这些有穷伪钉或有穷伪梭与原伪钉或伪梭享有共同的有穷既约部 $\mathfrak{f}$，而在同构的意义下改变的只是团或者反链中点的数目。这也是本书用符号 $\mathfrak{f}_{\langle m\rangle}$ 或 $\mathfrak{f}^{S}_{\langle m\rangle}$ 来表示一个有穷伪钉或者有穷伪梭的原因。本书想强调的是：$\mathfrak{f}$ 恰是不变的部分。

　　接下来讨论有穷深度濒表格逻辑与这些有穷伪钉和有穷伪梭的关系。读者早已经知道：每个有穷深度的濒表格逻辑 L 都等价于某伪钉 $\mathfrak{F}$ 上的逻辑或者某伪梭 $\mathfrak{G}$ 上的逻辑。在前一情况下，L 等价于全体与 $\mathfrak{F}$ 相关的有穷伪钉上的逻辑；在后一情况下，L 等价于全体与 $\mathfrak{G}$ 相关的有穷伪梭上的逻辑。为了澄清（无穷）伪钉与有穷伪钉、（无穷）伪梭与有穷伪梭之间的关系，可以求助于图4-10a和b。请注意，$\subseteq$ 指同构嵌入，图4-10中大大小小的有穷伪钉（有穷伪梭）都嵌入相关的伪钉（伪梭）。借用模型论家弗瑞斯（R. Fraïssé）的生动比喻，有穷结构可以看成终端无穷结构的"年龄"[①]。他的比喻在这里特别合适，因为这里的"年龄"是一岁一岁见长的。用前文里引进的术语，它们正好形成一条拟司克罗格斯-链，而这条无穷链的并就是伪钉（伪梭）。再请注意，图4-10中的 $\frown$ 指归约，如前所述，每个有穷伪钉（有穷伪梭）都是伪钉 $\mathfrak{F}$（伪梭 $\mathfrak{G}$）的约本。按照归约定理，

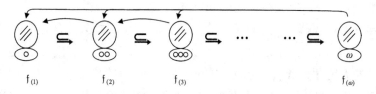

$$\mathfrak{f}_{(1)} \qquad\qquad \mathfrak{f}_{(2)} \qquad\qquad \mathfrak{f}_{(3)} \qquad\qquad \cdots \qquad \cdots \qquad \mathfrak{f}_{(\omega)}$$

（a）$\mathfrak{f}_{(m)}$ 的拟司克罗格斯-链的并 $\mathfrak{f}_{(\omega)}$

[①] 参见 R. Fraïssé "Theory of relations"（*Studies in Logic and the Foundations of Mathematics*，vol.118，1986，pp.278~279）的相关定义。

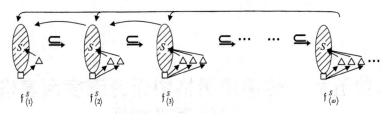

（b）$f_{(m)}^{S}$ 的拟司克罗格斯–链的并 $f_{(\omega)}^{S}$

图 4-10　伪钉和有穷伪钉、伪梭和有穷伪梭的关系

$$\mathrm{Log}\mathfrak{F} \subseteq \mathrm{Log}\{f_{(m)}:1\leqslant m<\omega\}，\quad \mathrm{Log}\mathfrak{G} \subseteq \mathrm{Log}\{f_{(m)}^{S}:1\leqslant m<\omega\}$$

经过冗长的论证，直到定理4.5，我们才敢断言，对任何伪钉$\mathfrak{F}$和伪梭$\mathfrak{G}$，$\mathrm{Log}\mathfrak{F}$和$\mathrm{Log}\mathfrak{G}$一定是濒表格的。所以，直到现在才敢断言，作为它们的非表格扩充，$\mathrm{Log}\{f_{(m)}:1\leqslant m<\omega\}$ 和 $\mathrm{Log}\{f_{(m)}^{S}:1\leqslant m<\omega\}$ 也一定是濒表格的。

在某种限度内的确可以说，本书的目的之一是给布洛克的替换术与复制术重新奠基。第一编第二章第四节曾指出，布洛克的方法是从类似于有穷伪钉的极小框架开始替换，从类似于有穷伪梭的极小框架开始复制。布洛克感觉到，既是要找刻画濒表格逻辑的有穷框架类，就应当这么做。布洛克的感觉是对的，可惜他没有给出理由。现在本书替他找到了理由：布洛克的替换和复制——假使愿意采纳他的技术——的确应当从能够充当濒表格逻辑无穷刻画框架的范形的那类框架的"极小"约本①入手。问题在于布洛克不想预先决定什么能够充当范形，因此也就不清楚什么是范形的"极小"约本。想通过分析有穷框架来把握这类"极小"约本的特征是有困难的，比如，没有理由要求"极小"的有穷伪钉或有穷伪梭是既约的。然而，正如本书反复强调的，要求它们相关的（无穷）伪钉或（无穷）伪梭在点式归约下具有不变性，这是合理的。

---

① 这里用引号标明的"极小"是在"濒表格模式的原型"意义上来说的。因此，"极小"的约本不一定是既约的约本，但一定是能作为"濒表格模式的原型"的那个不能再归约的约本。

第五章 传递逻辑格中无穷深度濒表格逻辑的语义判据

本章转向无穷深度的濒表格逻辑的判据问题。本章进入主题的途径与第四章大不相同。研究有穷深度濒表格逻辑的判据时，我们直接从分析刻画那些逻辑的无穷框架入手。这种处理方法相当奏效，是因为在那里能够求助于两类匀齐的强颠覆子，即同层、同色又与单点状反驳子相关联的无穷团或无穷反链。在这里，如此便利的分析手段却难有用武之地了[①]。然而，每个传递的濒表格逻辑都被一个有穷有根的框架类刻画[②]。出于技术上的方便，在无穷深度濒表格逻辑这个领域，本章将改变路线，从分析刻画这些逻辑的有穷有根框架类入手来寻找它们的语义判据。

第一节 刻画无穷深度濒表格逻辑的有穷框架类的规范化

本节将引入两类特殊的风筝框架，并完成刻画无穷深度濒表格逻辑的有穷框架类的规范化工作。

一、两类特殊的风筝框架

根据本章的主题，从一开始就可以大大限制所考虑的框架。首先，任何有穷有根框架类 C，如果刻画一个无穷深度的濒表格逻辑，那么 C 中的框架的深度是没有有穷上界的。对它们施加消去真团和归并复本这些不会改变框架深度的（点式）归约，仍能保证所得到的约本的深度没有有穷上界。于是，根据归约定理及濒表格逻辑的定义，由 C 中框架的约本构成的框架类 C^* 也能刻画同样的濒表格逻辑。鉴于此，可以只考虑不含真团也不含复本的有穷有根框架类。 进一步地，对无穷深度的框架来说，同一深度又互为约本的点的多少与当前的研究无关，所以本章只考虑其中无真

[①] 在含有无穷下降链的框架中，每一条无穷下降链都可以充当 "Alt_N-颠覆子"（就其颠覆公式集 Alt_N 而言），但都是弱的，而且它们的构成方式十分多样化，仅在特殊情况下才呈现明显的共同点。

[②] 参见本书第一编第一章第三节定理 1.6。

团又无复本的框架。其次，命题4.2禁止无穷上升链在刻画濒表格逻辑的无穷深度的框架中出现，所以，本章只考虑含无穷下降链的无穷深度的框架。基于生成定理，还不妨假定它们都没有根，都不含无穷深度的点。

由于本章将频繁地提及自返点、禁自返点及若干类型的点式归约，为醒目起见，在今后的叙述中会采取"以图代文"或"以图辅文"的方式。例如，可以不说白返点而说"○点"，不说"禁自返点"而说"●点"。又如，提到消去前趋的 P_4-型或 P_5-型点式归约的时候，可以附上 $\uparrow \Rightarrow \circ$ 或 $\uparrow \Rightarrow \circ$ 这样的图形表示，以便唤起读者更直观的联想。

本章要建立的第一个结果，按模态逻辑学者常用的术语，属于"统一的有穷模型性定理"。它是本章的预备性定理，证明任意无穷深度的濒表格逻辑 L 都被一个满足某些性状的有穷有根框架类 C 刻画。这一过程称为框架类 C 的规范化过程。

在正式介绍该结果之前，需要引入定义5.1。

定义5.1　给定任一不含真团的框架 $\mathfrak{F}=\langle W, R\rangle$。框架 $\mathfrak{F}$ 中不同点的一个序列 x_0，x_1，x_2，$\cdots$ 是一条 $\mathfrak{F}$ 的下降○-链（或者下降●-链），当且仅当 $\cdots x_2 \bar{R} x_1 \bar{R} x_0$，该序列中的每个点 x_i 都是自返点（或禁自返点），并且任一点 x_i（$i \geqslant 1$）的唯一的直接后继就是 x_{i-1}。

需要注意的是，下降○-链（或者下降●-链）不同于所谓的"自返点○（或禁自返点●）构成的严格下降链"，它们的重要区别就在于：前者除 x_0 以外的每个点的直接后继集不含有该链之外的点，但后者的点的直接后继集则不一定。下降○-链（或者下降●-链）一定是"自返点○（或禁自返点●）构成的严格下降链"，反之不然。

还需要定义极大的下降○-链（或者下降●-链）。

定义5.2　给定任一不含真团的框架 $\mathfrak{F}=\langle W, R\rangle$。$\mathfrak{F}$ 中的一条下降○-链（或者下降●-链）的深度是 $k \in \omega$，如果它恰好包含 k 个自返点（或禁自返点）。$\mathfrak{F}$ 中的一条下降○-链（或者下降●-链）是极大的，如果除它自身之外再没有下降○-链（或者下降●-链）包含其中所有的自返点（或禁自返点）。

前文已述，本书只考虑含有下降链的框架，因此，本章只涉及下降的○-链（或者下降●-链）[①]。有了上述两个概念，可以比较准确地描述[②]如下三类特殊的有穷框架。

[①] 有鉴于此，后面将省略"下降"二字，也希望读者明白为什么本书对定义"上升的○-链（或者上升的●-链）"不感兴趣。

[②] 采用描述而非精确定义的方式引入这三类框架，相信更能够给读者提供直观的认识。有兴趣的读者可以自己尝试给出它们的精确定义。

　　一类框架被称为深度为 n（$n \geqslant 1$）的既约框架[①]，用符号 f_n（$n \geqslant 1$）来表示；第二类框架被称为 f_n°-风筝（$n \geqslant 2$）（见图5-1a），如果它由有穷的既约部分 f 和一个非既约部分——称之为"尾巴"——构成，其中"尾巴"是由一条深度为 n（$n \geqslant 2$）的○-链构成，该○-链是唯一的且是极大的，○-链中的每个点都能看见既约部分 f 中的每个点，f 中的任一点都无法通达○-链中的任何点；第三类框架 $f_n^{\bullet}$-风筝（$n \geqslant 1$）（图5-1b），如果它由有穷的既约部分 f 和另一个既约部分——称之为"尾巴"——构成，其中既约部分 f 含有一个特殊的自返点 x^*（图5-1b），"尾巴"是由一条深度为 n（$n \geqslant 1$）的●-链构成，该●-链是唯一的且是极大的，●-链中的每个点都能看见既约部分 f 中的每个点，x^* 可以看见 f 中的每个点但无法看见该●-链中的任一点。

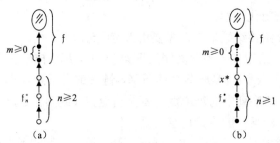

图 5-1　两类有穷的风筝框架

二、有穷框架类的规范化

　　一旦读者对这三类框架有了直观认识，接下来就可以介绍本章的预备性定理。

　　定理5.1　令 L 是一无穷深度的濒表格逻辑。这时，存在一可数的有穷有根框架类 $C = \{\mathfrak{F}_i : i \in \omega\}$，使得 $L = \mathrm{Log}C$，此处框架类 C 满足如下4个条件：

　　（α）C 中框架的深度没有有穷上界，即 $\sup\{d(\mathfrak{F}) : \mathfrak{F} \in C\} = \omega$；

　　（β）C 中框架构成一条安全扩充的链，即对任何框架 $\mathfrak{F}_i$，$\mathfrak{F}_j \in C$，$i \leqslant j$ 蕴涵着 $\mathfrak{F}_i$ 与 $\mathfrak{F}_j$ 的一点生成子框架同构；

　　（γ）对任何 $\mathfrak{F}_i \in C$，$\{\mathfrak{G} \in G_p(C) : \neg \exists \mathfrak{G}' \in G_p(\mathfrak{G})(\mathfrak{F}_i \cong \mathfrak{G}')\}$ 是有穷集；

　　（δ）C 中的框架是同型的，即或者所有 $\mathfrak{F} \in C$ 都是既约框架 f_n（$n \geqslant 1$），或者所有 $\mathfrak{F} \in C$ 都是 f_n°-风筝（$n \geqslant 2$），或者所有 $\mathfrak{F} \in C$ 都是 $f_n^{\bullet}$-风筝（$n \geqslant 1$）。

[①] 请读者复习第二编第三章第二节里关于既约框架的定义，即定义 3.2。对于深度为 $n \in \omega$ 的既约框架来说，它一定是一个有穷框架。

证明该定理需要引理5.1。

引理5.1 令$\mathfrak{F}$是一既约框架$\mathfrak{f}_n$（$n\geq 1$），或者是一$\mathfrak{f}_n^\circ$-风筝（$n\geq 2$）或$\mathfrak{f}_n^\bullet$-风筝（$n\geq 1$）。于是，框架$\mathfrak{F}$满足条件D1，即对任一框架$\mathfrak{F}'\in R(G(\mathfrak{F}))$，存在一$\mathfrak{G}\in G(\mathfrak{F})$使得$\mathfrak{F}'\cong\mathfrak{G}$。

证明

总共有三种情况需要考虑。

情况1：$\mathfrak{F}$是一既约框架$\mathfrak{f}_n$（$n\geq 1$）。这时，如果存在一$\mathfrak{F}$的生成子框架$\mathfrak{F}'$可归约到框架$\mathfrak{G}$上，那么只能有$\mathfrak{G}\cong\mathfrak{F}'$。所以，$\mathfrak{F}$显然满足条件D1。

情况2：$\mathfrak{F}$是一$\mathfrak{f}_n^\circ$-风筝（$n\geq 2$）。令$\mathfrak{F}'$是$\mathfrak{F}$的生成子框架且$\mathfrak{G}$是$\mathfrak{F}'$的约本。如果$\mathfrak{F}'$恰好是$\mathfrak{F}$的既约部分的生成子框架，即$\mathfrak{F}'$本身是既约的，那么显然有$\mathfrak{G}\cong\mathfrak{F}'$。假设$\mathfrak{F}'$不是既约的，即它不是$\mathfrak{F}$的既约部分的生成子框架。由于$\mathfrak{F}$形状特殊，在$\mathfrak{F}'$上能做的真点式归约只限于其既约部分$\mathfrak{f}$下方的尾巴上的$P_4$-型点式归约。根据$\mathfrak{f}_n^\circ$-风筝的定义，$\mathfrak{F}$的尾巴只含有穷多个自返点。于是，施加在$\mathfrak{F}'$上的任一集式归约都可以看成是有穷多个$P_4$-型点式归约的复合。因此，对$\mathfrak{F}'$每一次归约的结果都只是减少其尾巴中有穷多个自返点的数目。这时，$\mathfrak{G}$一定与$\mathfrak{F}$的某一与$\mathfrak{F}$同深度的生成子框架同构。所以，$\mathfrak{F}$满足条件D1。

情况3：$\mathfrak{F}$是一$\mathfrak{f}_n^\bullet$-风筝（$n\geq 1$）。令$\mathfrak{F}'$是$\mathfrak{F}$的生成子框架且$\mathfrak{G}$是$\mathfrak{F}'$的约本。如果$\mathfrak{F}'$本身是既约的，那么有$\mathfrak{G}\cong\mathfrak{F}'$。假设$\mathfrak{F}'$不是既约的，也就是说，它不是$\mathfrak{F}$的既约部分的生成子框架。由于$\mathfrak{F}$形状特殊，在$\mathfrak{F}'$上能做的真点式归约只限于其既约部分$\mathfrak{f}$下方的点链上的$P_5$-型点式归约。根据$\mathfrak{f}_n^\bullet$-风筝的定义，$\mathfrak{F}$的尾巴只含有穷多个禁自返点。于是，施加在$\mathfrak{F}'$上的任一集式归约都可以看成是有穷多个$P_5$-型点式归约的复合。因此，对$\mathfrak{F}'$每一次归约的结果都只是减少其尾巴中有穷多个禁自返点的数目。这时，$\mathfrak{G}$一定与$\mathfrak{F}$的某一生成子框架同构，即$\mathfrak{F}$满足条件D1。 ∎

现在来证明定理5.1。

定理5.1的证明. 令L是一无穷深度的濒表格逻辑。已知传递逻辑格中所有的濒表格逻辑都是有穷可逼近的，所以，L被它的全体（不含真团和复本的）有穷有根框架的类C^*所刻画，即$L=\mathrm{Log}C^*$，这里，

$$C^*=\{\mathfrak{F}:\mathfrak{F}\text{是有穷有根框架且}\mathfrak{F}\models L\}$$

由于L是无穷深度的逻辑，C^*中框架的深度必定是无界的，所以C^*已经满足条件(α)。这确保C^*中的全体框架可以按深度大小排成一个序列$S=\langle\mathfrak{F}_i\rangle_{i\in\omega}$且满足：

$$对任何 \mathfrak{F}_i,\ \mathfrak{F}_j \in S,\ i<j \in \omega\ 蕴涵着\ d(\mathfrak{F}_i) \leqslant d(\mathfrak{F}_j)$$

然而，序列 S 未必满足余下三个条件(β)、(γ)和(δ)。我们的目的就是从 S 构造出一个新的框架序列满足剩余的三个条件。

事实上，S 中的框架甚至可能根本不是既约的，也不是 f_n°-风筝或 $f_n^\bullet$-风筝。为了消除这种可能，先说明如何通过点式归约从 S 得到一个更符合要求的序列 S^*，该序列中的框架或者是既约的，或者是一 f_n°-风筝或 $f_n^\bullet$-风筝。

I. S^* 的 构 造

令框架 $\mathfrak{F}=\langle W,\ R\rangle$ 是序列 S 中的框架且 x_0 是 $\mathfrak{F}$ 的根。把 $\mathfrak{F}$ 中任何一条始于 x_0 的 $\bar{R}$-极大链：

$$\langle x_0,x_1,\cdots,x_n\rangle（此处 x_0,x_1,\cdots,x_n \in W）$$

称为 $\mathfrak{F}$-贯通链。只可能存在三种 $\mathfrak{F}$-贯通链：

第一种，对所有 $i \leqslant n$，x_i 在 $\mathfrak{F}$ 中的直接后继集是 $\varnothing$ 或 $\{x_{i+1}\}$（图5-2a）；

第二种，存在一 j（$1 \leqslant j < n$）使得 x_j 在 $\mathfrak{F}$ 中的直接后继集不是单元集，但是，对任何 $i<j$，x_i 在 $\mathfrak{F}$ 中的直接后继集是单元集 $\{x_{i+1}\}$（图5-2b）；

第三种，x_0 在 $\mathfrak{F}$ 中的直接后继集不是单元集（图5-2c）。

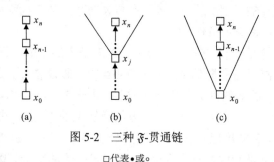

图 5-2　三种 $\mathfrak{F}$-贯通链

□代表●或○。

实际上，可以把第一种和第三种 $\mathfrak{F}$-贯通链都看成第二种，方法是把终点 x_n 的足标 n 看成 j（对第一种而言），并且把始点 x_0 的足标0看成 j（对第三种而言），同时把第二种情况中的条件"$1 \leqslant j < n$"放宽为"$0 \leqslant j \leqslant n$"。很明显，对 S 中的每个框架 $\mathfrak{F}$，虽然 $\mathfrak{F}$-贯通链不是唯一的，$\mathfrak{F}$ 中的点 x_j 却是唯一的。把这样的点 x_j 姑且称为 $\mathfrak{F}$ 的顽固点。$\mathfrak{F}$ 的顽固点同时决定 $\mathfrak{F}$ 的两个子框架：

一个是 $\mathfrak{F}$ 由点 x_j 所生成的子框架，简称 x_j-生成子框架，记为 $x_j \uparrow^+$（即框架 $\mathfrak{F}^{x_j}$）；另一个是 $\mathfrak{F}$ 的包含点 x_j 的剩余部分，将其记为 $x_j \downarrow^+$。对 S 中的每个框架 $\mathfrak{F}$，$x_j \uparrow^+$ 和 $x_j \downarrow^+$ 是被唯一地决定的。

给定 S 中的任一框架 $\mathfrak{F}$。令 x_j 为 $\mathfrak{F}$ 的顽固点。现在将 $\mathfrak{F}$ 归约为一个新

框架 $\mathfrak{F}^*$，办法是在 $x_j\uparrow^+$ 上作所有类型的点式归约，直到得出一个既约框架（$x_j\uparrow^+$ 是有穷框架，根据第二编第三章第二节定理3.2，在有穷多步内能得出该既约框架），然后，在 $\mathfrak{F}$ 的子框架 $x_j\downarrow^+$ 上作以下两种受限点式归约，直到得出一个在这两种归约下不变的框架：

受限的 P_4-型点式归约——在 x_0 是一禁自返点 • 的条件下消去一自返点。的 P_4-型点式归约，如图5-3所示。

图 5-3　受限的 P_4-型点式归约

受限的 P_5-型点式归约——在一禁自返点 • 介于两自返点。之间的条件下消去该 • 点的 P_5-型点式归约，如图5-4所示。

图 5-4　受限的 P_5-型点式归约

更确切地说，这样归约要求被消去的 • 点是某。点的后继。

按上述方式从给定有穷有根框架 $\mathfrak{F}$ 得到的约本 $\mathfrak{F}^*$，其深度可能减少，但显然或是既约型的，或者是 f_n°-风筝或 $f_n^\bullet$-风筝。用 $\mathfrak{F}^*$ 替换原序列 S 中的 $\mathfrak{F}$，便得到所求的新序列 S^*。

S^* 中的框架类型比 S 中的更统一。然而，一般来说，框架 $\mathfrak{F}^*$ 的构造方式稍显刻板，永远只对 $\mathfrak{F}$ 的顽固点 x_j 所决定的子框架 $x_j\uparrow^+$ 和 $x_j\downarrow^+$ 做点式归约，这就未必还能保证新序列 S^* 继续满足条件(α)。为了防止这种可能，在出现 S^* 不满足条件(α)的情况下，必须把从 S 构造新序列的方法精致化，更灵活地选择分隔 $\mathfrak{F}$ 的两个子框架 $x_j\uparrow^+$ 和 $x_j\downarrow^+$ 的那一点 x_j。只有这样，才能得到一个远比 S^* 更符合要求的序列 S^{**}。

II. S^{**} 的 构 造

原序列 S 中框架的深度无界，这意味着那些框架的 $\mathfrak{F}$-贯通链的长度无界。假设 S^* 不满足条件(α)，意味着从 $\mathfrak{F}$ 归约后得到的 $\mathfrak{F}^*$ 的 $\mathfrak{F}^*$-贯通链的长度存在有穷上界。我们知道影响深度的点式归约是 P_4-型和 P_5-型。因此，既然 S^* 中框架的 $\mathfrak{F}$-贯通链的长度变成有界了，那么在 P_4-型、P_5-型、受限

P_4-型和受限 P_5-型这4种点式归约中必定有一种从 $\mathfrak{F}$-贯通链中消去的点的数目是没有有穷上界的。把这样一种点式归约称为"过激归约"。分4种情况来讨论应当如何修正本书原先的做法。

情况1："过激归约"是受限 P_5-型点式归约。

情况1.1：假设 S 中所有被行使"过激归约"的框架 $\mathfrak{F}$ 的下部 $x_j\downarrow^+$（x_j 是 $\mathfrak{F}$ 的顽固点）所含自返点。的数目是有有穷上界的。这时，由"过激归约"从这些下部 $x_j\downarrow^+$ 中消去的 • 点的数目是没有有穷上界的，也就是说，它所消去的介于两。点之间的 • -链的长度是没有有穷上界的。于是，对 S 中所有被行使"过激归约"的框架 $\mathfrak{F}$，取 $\mathfrak{F}$ 的由点 x_m 所生成的 x_m -点生成子框架 $x_m\uparrow^+$，并且要求它满足条件 $a1$。

$a1$. x_m 是一禁自返点 •，$x_m\uparrow^+$ 是包含 $x_j\downarrow^+$ 中最长 • -链的 $\mathfrak{F}$ 的极小的点生成子框架（图5-5）。

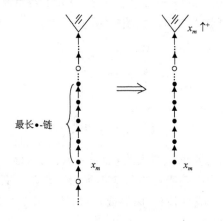

图 5-5　　满足条件 $a1$ 的 $x_m\uparrow^+$ 的取法

对所有满足条件 $a1$ 的 $x_m\uparrow^+$ 作 S^* 的构造法中应用的点式归约，所得的约本是 f_n^*-风筝。这些约本中 • -链的长度是没有有穷上界的。

情况1.2：设 S 中所有被行使"过激归约"的框架 $\mathfrak{F}$ 的下部 $x_j\downarrow^+$（x_j 是 $\mathfrak{F}$ 的顽固点）所含。点的数目是没有有穷上界的。这时，对所有这样的 $\mathfrak{F}$，取其点 x_m 所决定的 x_m -点生成子框架 $x_m\uparrow^+$，并要求它满足条件 $a2$。

$a2$. x_m 是自返点。，$x_m\uparrow^+$ 是包含 $x_j\downarrow^+$ 中所有。点的 $\mathfrak{F}$ 的极小的点生成子框架（图5-6）。

对所有满足条件 $a2$ 的 $x_m\uparrow^+$ 作 S^* 的构造法中应用的点式归约，所得的约本是 f_n°-风筝。这些约本中。-链的长度是没有有穷上界的。

情况2："过激归约"是受限 P_4-型点式归约。这说明 S 中所有被行使

"过激归约"的框架 $\mathfrak{F}$ 的下部 $x_j\downarrow^+$（x_j是 $\mathfrak{F}$ 的顽固点）所含。点的数目是没有有穷上界的。对所有这样的 $\mathfrak{F}$，取 $\mathfrak{F}$ 的一个由点 x_m 所决定的 x_m-点生成子框架 $x_m\uparrow^+$，要求它满足前面提到的条件$a2$（图5-7）。

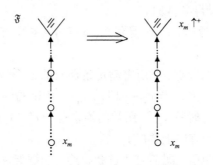

图 5-6　满足条件 $a2$ 的 $x_m\uparrow^+$ 的取法

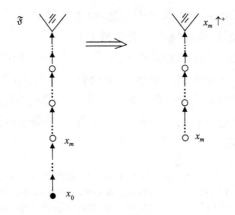

图 5-7　满足条件 $a2$ 的 $x_m\uparrow^+$ 的取法

对所有满足条件$a2$的 $x_m\uparrow^+$ 作 S^* 的构造法中应用的点式归约，所得的约本是 f_n°-风筝。这些约本中。o-链的长度没有有穷上界。

情况3："过激归约"是 P_5-型点式归约。

情况3.1：设 S 中所有被行使"过激归约"的框架 $\mathfrak{F}$ 的上部$x_j\uparrow^+$（x_j是 $\mathfrak{F}$ 的顽固点）的$x_j\uparrow^+$-贯通链中所含自返点。的数目是有有穷上界的。这时，由"过激归约"从这些上部 $x_j\uparrow^+$ 的贯通链中消去的●点的数目是没有有穷上界的。于是，由●点构成的极大的且能够归约到某个自返点。的链[1]的长

---

① 由禁自返点构成的链不一定是●-链。请读者复习本章第一节定义 5.1 及后面的说明。

度是没有有穷上界的。因此，$x_j\uparrow^+$能够归约为框架$(x_j\uparrow^+)^{*①}$，显然，在这些$x_j\uparrow^+$的约本中•-链的长度是没有有穷上界的[②]。对 S 中所有被行使"过激归约"的框架 $\mathfrak{F}$，取$(x_j\uparrow^+)^*$的一个由点 x_m 所决定的 x_m-点生成子框架 $x_m\uparrow^+$，并要求它满足条件 $b1$。

　　$b1$.　x_m 是禁自返•，$x_m\uparrow^+$ 是包含$(x_j\uparrow^+)^*$中最长•-链的$(x_j\uparrow^+)^*$的极小的点生成子框架。

令 y 是框架 $x_m\uparrow^+$ 的顽固点。对所有满足条件 $b1$ 的 $x_m\uparrow^+$ 作 S^* 的构造法中应用的点式归约。很明显，当 $x_m=y$ 时从 $x_m\uparrow^+$ 所得的约本是既约框架；当 x_m 是 y 的一个真前趋时从 $x_m\uparrow^+$ 所得的约本是一 f_n^*-风筝。当然，这些约本中•-链的长度是没有有穷上界的。

　　情况3.2：设 S 中所有被行使"过激归约"的框架 $\mathfrak{F}$ 的上部 $x_j\uparrow^+$（x_j 是 $\mathfrak{F}$ 的顽固点）的 $x_j\uparrow^+$-贯通链中所含◦点的数目是没有有穷上界的。这时，对所有这样的 $\mathfrak{F}$，（在经过某些点式归约删去多余的后继之后）能够通过 P_4-型点式归约归约到一个共同的自返点◦点的数目是没有有穷上界的。否则，S^* 中的框架 $\mathfrak{F}^*$ 的深度将会没有有穷上界，这与本节先前假设的 S 中的框架被施加过"过激归约"相矛盾[③]。于是，$x_j\uparrow^+$ 能够归约为框架$(x_j\uparrow^+)^*$，在这些 $x_j\uparrow^+$ 的约本中◦-链的长度 x_m 是没有有穷上界的[④]。取$(x_j\uparrow^+)^*$的一个由点 x_m 所决定的 x_m-点生成子框架 $x_m\uparrow^+$，并要求它满足条件 $b2$。

　　$b2$.　x_m 是自返点◦，$x_m\uparrow^+$ 是包含$(x_j\uparrow^+)^*$中最长◦-链的$(x_j\uparrow^+)^*$的极小的点生成子框架。

---

①　之所以要将框架 $x_j\uparrow^+$ 归约到框架$(x_j\uparrow^+)^*$，原因在于原框架 $x_j\uparrow^+$ 中的由禁自返点构成的链不一定是•-链，尽管它们经过归约后能形成•-链。如果将其后件条件 $b1$ 中陈述的部分内容"$(x_j\uparrow^+)^*$中最长•-链"替换成"$x_j\uparrow^+$中所有•点"，那么很有可能的是我们不能保证 x_m 是禁自返•。因此，这里将 $x_j\uparrow^+$ 归约为框架$(x_j\uparrow^+)^*$后，就可以直接在$(x_j\uparrow^+)^*$上取满足条件 $b1$ 的生成子框架。

②　本节没有详细叙述如何将框架 $x_j\uparrow^+$ 归约到框架$(x_j\uparrow^+)^*$。实际上，本书是将 $x_j\uparrow^+$ 中的"由•点构成的极大的且能够归约到某个自返点◦的链"归约为•-链。这些由•点构成的链中的点可以经由 P_5-型点式归约归约到（相对于链本身来说的）某个共同的自返点 x^* 上。于是，它们的在该链之外的直接后继（除自返点 x^* 以外）都能利用点式归约被"删去"，从而形成一条在位于自返点 x^* 下方的能够用 P_5-型点式归约"删去"的•-链。

③　如果（在经过某些点式归约删去多余的后继之后）能够通过 P_4-型点式归约归约到一个共同的自返点◦点的数目是有穷上界的，这说明 $\mathfrak{F}$ 的上部 $x_j\uparrow^+$ 中的 $x_j\uparrow^+$-贯通链中的点在从 S 到 S^* 的构造中被"删去"的数目是有有穷上界的。在情况 3.2 的假设下，即" $\mathfrak{F}$ 的上部 $x_j\uparrow^+$ 中的 $x_j\uparrow^+$-贯通链中所含◦点的数目是没有有穷上界的"，S 到 S^* 的构造就不会破坏条件(α)，即 S 不会被施加"过激归约"而形成 S^*。这与我们的假设不相符合。

④　这里同样没有详细叙述如何将框架 $x_j\uparrow^+$ 归约为框架$(x_j\uparrow^+)^*$。实际上，本书是将 $x_j\uparrow^+$ 中的 $x_j\uparrow^+$-贯通链中所含的（在经过某些点式归约删去多余的后继之后）能够通过 P_4-型点式归约归约到（相对于贯通链来说的）某个共同的自返点◦的点归约为一条◦-链。这些点可以经由 P_4-型点式归约归约到某个共同的自返点 x^{**} 上。于是，它们的在该链之外的直接后继（除自返点 x^{**} 以外）都能利用点式归约被"删去"，从而形成一条在位于 x^{**} 下方的能够用 P_4-型点式归约"删去"的◦-链。

令 y 是 $x_m \uparrow^+$ 的顽固点。对所有满足条件b2的 $x_m \uparrow^+$ 作 S^* 的构造法中应用的点式归约。当 $x_m = y$ 时 $x_m \uparrow^+$ 的约本是既约的；当 x_m 是 y 的真前趋时 $x_m \uparrow^+$ 的约本是一 f_n°-风筝。这些约本中∘-链的长度是没有有穷上界的。

情况4："过激归约"是 P_4-型点式归约。该情况与情况3.2相似。对所有被行使"过激归约"的框架 $\mathfrak{F}_j$，取其生成子框架 $x_j \uparrow^+$ 的约本 $(x_j \uparrow^+)^*$（与情况3.2中的 $x_j \uparrow^+$ 的约本类似）的一个由点 x_m 所决定的 x_m-点生成子框架 $x_m \uparrow^+$，要求它满足条件b2。所有满足b2的 $x_m \uparrow^+$ 被施加 S^* 的构造法中应用的点式归约后得到的约本，或者是既约的或者是 f_n°-风筝，依 $x_m \uparrow^+$ 的顽固点 y 是不是 x_m 而定。当然，这些约本中∘-链的长度也是没有有穷上界的。

对 S 中的每个有穷有根框架 $\mathfrak{F}$，令 $\mathfrak{F}^{**}$ 是 $\mathfrak{F}$ 按情况1～4中的规定形成的点生成子框架 $x_m \uparrow^+$ 在 S^* 的构造法中应用的点式归约下的约本。只要把 S 中所有 $\mathfrak{F}$ 都用相应的约本 $\mathfrak{F}^{**}$ 替换，就能从框架序列 S 得到一个新序列 S^{**}，其中框架的深度是没有有穷上界的，即 S^{**} 满足条件(α)，并且其中每一个框架或者是既约的，或者是一 f_n°-风筝或 $f_n^\bullet$-风筝[①]。

不言而喻，本书尽可假定序列 S^{**} 中所有的框架都是两两不同构的。

令 $C^{**} = \{\mathfrak{G} : \mathfrak{G}$ 是序列 S^{**} 的项$\}$。C^{**} 中的每个框架都是 C^* 中某个框架的（生成子框架）的约本。按生成定理和归约定理，可以得到 $L = \mathrm{Log}\, C^* \subseteq \mathrm{Log}\, C^{**}$。鉴于 L 的濒表格性及 $\mathrm{Log}\, C^{**}$ 的非表格性，$L = \mathrm{Log}\, C^{**}$。

III. 从序列S^{**}中抽取同时满足条件(α)、(β)、(γ)和(δ)的子序列

现在要表明 S^{**} 至少有一满足条件(β)的无穷子序列，即存在一 S^{**} 的无穷子序列满足：

对任何 $\mathfrak{F}_i$, $\mathfrak{F}_j$，$i \leq j$ 蕴涵着 $\mathfrak{F}_i$ 与 $\mathfrak{F}_j$ 的一点生成子框架同构。

假定相反，即 S^{**} 的所有满足(β)的子序列都是有穷的。很明显，这个假定蕴涵着 S^{**} 中的每个框架 $\mathfrak{F}^{**}$ 都有一极大安全扩充 $\mathfrak{G}^{**}$，$\mathfrak{G}^{**}$ 就是始于 $\mathfrak{F}^{**}$ 的某一条极大安全扩充链——按归谬假设，它只能是有穷链——的末元。令 S^{**} 中的框架 $\mathfrak{G}_0^{**}$ 是序列 S^{**} 的首项 $\mathfrak{F}_0^{**}$ 的一个极大安全扩充，又令

$$C' = \{\mathfrak{F}^{**} \in C^{**} : d(\mathfrak{F}^{**}) > d(\mathfrak{G}_0^{**})\}$$

一望便知，$\mathrm{Log}\, C'$ 是 $\mathrm{Log}\, C^{**}$ 的非表格扩充，所以从 L 的濒表格性得到：

$$L = \mathrm{Log}\, C^{**} = \mathrm{Log}\, C' \tag{5-1}$$

然而，考虑 $\mathfrak{G}_0^{**}$ 的框架公式 $A(\mathfrak{G}_0^{**})$，证明：

[①] 注意：此时新序列 S^{**} 并不一定满足条件(δ)，即 S^{**} 中的框架并不一定都是同型的。一般而言，三种框架类型都可能在其中出现。

$$对任一 \mathfrak{F}^{**} \in C', \quad \mathfrak{G}_0^{**} \notin R(G_p(\mathfrak{F}^{**})) \qquad\qquad (5\text{-}2)$$

假设相反，即存在一 $\mathfrak{F}^{**} \in C'$，$\mathfrak{G}_0^{**} \in R(G_p(\mathfrak{F}^{**}))$。于是可以得到 $\mathfrak{G}_0^{**} \in R(G(\mathfrak{F}^{**}))$。从引理5.1得到，存在一框架 $\mathfrak{G}_0^{***} \in G(\mathfrak{F}^{**})$ 使得 $\mathfrak{G}_0^{**} \cong \mathfrak{G}_0^{***}$。既然 $d(\mathfrak{F}^{**}) > d(\mathfrak{G}_0^{**})$，该 $\mathfrak{F}^{**}$ 便是 $\mathfrak{G}_0^{**}$ 一个真安全扩充，这与 $\mathfrak{G}_0^{**}$ 作为 $\mathfrak{G}_0^{**}$ 的一个极大安全扩充相矛盾。因此，原假设不成立，式（5-2）成立。根据范因定理，对所有 $\mathfrak{F}^{**} \in C'$，$\mathfrak{F}^{**} \vDash A(\mathfrak{G}_0^{**})$。可见，有

$$A(\mathfrak{G}_0^{**}) \in \text{Log } C'$$

然而，从范因定理直接推出 $\mathfrak{G}_0^{**} \nvDash A(\mathfrak{G}_0^{**})$，而 $\mathfrak{G}_0^{**} \in C^{**}$，可见，

$$A(\mathfrak{G}_0^{**}) \notin \text{Log } C^{**}$$

因此，从式（5-1）就得到 $A(\mathfrak{G}_0^{**}) \in L$ 且 $A(\mathfrak{G}_0^{**}) \notin L$。这个矛盾表明，$S^{**}$ 必有一满足 (β) 的无穷子序列 S'，该无穷子序列也是一同时满足 (α) 与 (β) 的子序列。从这里到满足 (γ) 和 (δ) 仅一步之遥了。

接下来表明 S' 也满足条件 (γ)，即对 S' 中的任一框架 $\mathfrak{F}_i$，框架集 $\{\mathfrak{G} \in G_p(S'): \neg \exists \mathfrak{G}' \in G_p(\mathfrak{G})(\mathfrak{F}_i \cong \mathfrak{G}')\}$[①] 是有穷集。假设相反，即存在一 $\mathfrak{F}_i^* \in S'$ 使得 $C'' = \{\mathfrak{G} \in G_p(S'): \neg \exists \mathfrak{G}' \in G_p(\mathfrak{G})(\mathfrak{F}_i^* \cong \mathfrak{G}')\}$ 是无穷集。令 $A(\mathfrak{F}_i^*)$ 是 $\mathfrak{F}_i^*$ 的框架公式。既然 C'' 是无穷的，并且 C'' 中的每一个框架或者是既约的，或者是一 f_n°-风筝或 $f_n^\bullet$-风筝，C'' 中框架的深度就没有有穷上界[②]。因此，从 L 的濒表格性，得到 $L = \text{Log } C''$。根据范因定理，$\mathfrak{F}_i^* \nvDash A(\mathfrak{F}_i^*)$。于是，$A(\mathfrak{F}_i^*) \notin \text{Log}\{\mathfrak{F}_i : \mathfrak{F}_i \in S'\} = L$。然而，从范因定理和引理5.1得到：

$$对任一 \mathfrak{F}_i \in C'', \quad \mathfrak{F}_i^* \notin R(G_p(\mathfrak{F}_i))$$

继而有 $\mathfrak{F}_i \vDash A(\mathfrak{F}_i^*)$。所以，$A(\mathfrak{F}_i^*) \in \text{Log } C'' = L$。矛盾产生，假设不成立。因此，$S'$ 满足条件 (γ)。

从这里到满足条件 (δ) 仅剩下最后一步。

如同 S^{**} 一样，S' 中的框架未必属于同一类型。既然 S^{**} 中的框架或者是既约的，或者是一 f_n°-风筝或 $f_n^\bullet$-风筝，S' 中必有无穷多个框架属于同一类型。于是，根据集合论中"非独立选择公理"，存在 S' 的一个子序列 S'' 满足：

$$对每个 i \in \omega, \quad \mathfrak{F}_{i+1} 是 \mathfrak{F}_i 的同型安全扩充$$

这样一来，S'' 便是一满足 (α)、(β)、(γ) 和 (δ) 的框架序列。

令 C 是框架序列 S'' 中的各项的集合，可以立即得出 $L \subseteq \text{Log } C$，继而

---

① 为省符号计，这里用符号 S' 来代指序列 S' 中的项构成的集合。

② 请读者注意：如果 C'' 中的框架的深度有有穷上界，那么 C'' 就不会是无穷集。

从 L 的濒表格性得到 $L=\mathrm{Log}C$。 ∎

定理 5.1 完成了刻画无穷深度濒表格逻辑的有穷框架类的规范化过程。利用特殊的点式归约，将无穷深度濒表格逻辑 L 的所有有穷有根框架类转换为由一类特殊的 L-框架①构成的框架类 C。C 同样刻画逻辑 L，其中的框架不仅都是同型的，而且由于它们满足条件 (β) 和 (γ)，它们就能够合并成一具有特殊性质的刻画 L 的无穷框架。

第二节　刻画无穷深度濒表格逻辑的三类框架——收拢式既约框架、$\mathfrak{f}_{\bar{\omega}}^{\circ}$-风筝和 $\mathfrak{f}_{\bar{\omega}}^{\bullet}$-风筝

定理 5.1 表明：对任一无穷深度的濒表格逻辑 L，L 被一有穷有根的框架类 $C=\{\mathfrak{F}_i:i\in\omega\}$ 所刻画，C 中的框架都是同型的，在深度上没有有穷上界，构成一条安全扩充的链，同时满足条件 (γ)，即

对任何 $\mathfrak{F}_i\in C$，$\{\mathfrak{G}\in G_p(C):\neg\exists\mathfrak{G}'\in G_p(\mathfrak{G})(\mathfrak{F}_i\cong\mathfrak{G}')\}$ 是有穷集。

所谓 "C 中的框架构成一条安全扩充的链"，是指 "对任何 $\mathfrak{F}_i,\mathfrak{F}_j\in C$，$i\leqslant j$ 蕴涵着 $\mathfrak{F}_i$ 与 $\mathfrak{F}_j$ 的一点生成子框架同构"。于是可以在 C 中从 $\mathfrak{F}_0$ 开始，将 $\mathfrak{F}_1$ 替换成与自己同构的框架 $\mathfrak{F}_1^*$，使得 $\mathfrak{F}_0$ 正是 $\mathfrak{F}_1^*$ 的点生成子框架；接下来将 $\mathfrak{F}_2$ 替换成与之同构的 $\mathfrak{F}_2^*$，使得 $\mathfrak{F}_1^*$ 正是 $\mathfrak{F}_2^*$ 的点生成子框架……一般地，将 $\mathfrak{F}_{i+1}$ 替换成一个与之同构的框架 $\mathfrak{F}_{i+1}^*$ 使得 $\mathfrak{F}_i^*$ 成为它的点生成子框架。于是得到一个刻画 L 的新的框架类 C^*，此时，C^* 中的框架仍然是同型的，在深度上没有有穷上界，并且满足一个新条件：

(β^*)　对任何 $\mathfrak{F}_i^*,\mathfrak{F}_j^*\in C^*$，$i\leqslant j$ 蕴涵着 $\mathfrak{F}_i^*$ 是 $\mathfrak{F}_j^*$ 的点生成子框架。

显然，(β^*) 是一个比 (β) 更强的条件。然而，这不影响框架类 C^* 刻画濒表格逻辑 L。根据定理 5.1 的证明，C^* 还如 C 一样满足条件 (γ)。由于 C^* 满足条件 (β^*)，C^* 就不仅满足条件 (γ)，还满足一个比 (γ) 更强的条件：

(γ^*)　对任何 $\mathfrak{F}\in C^*$，$\{\mathfrak{G}\in G_p(C^*):\mathfrak{F}\notin G_p(\mathfrak{G})\}$ 是有穷的。

我们把上述关于 L 的刻画框架类 C^* 的结果叙述为命题 5.1。

命题 5.1　令 L 是一无穷深度的濒表格逻辑。这时，存在一可数的有穷有根框架类 $C^*=\{\mathfrak{F}_i:i\in\omega\}$ 使得 $L=\mathrm{Log}C^*$，此处，框架类 C^* 满足如下 4 个条件：

(α) C^* 中框架的深度没有有穷上界，就是说，$\sup\{d(\mathfrak{F}):\mathfrak{F}\in C^*\}=\omega$；

---

① 显然，本书在证明定理 5.1 时使用的框架变形运算主要是（点）生成子框架和点式归约。根据生成定理和归约定理，本书总是从一个 L-框架得到另一个 L-框架。

(β^*) 对任何 $\mathfrak{F}_i, \mathfrak{F}_j \in C^*$，$i \leqslant j$ 蕴涵着 $\mathfrak{F}_i$ 是 $\mathfrak{F}_j$ 的点生成子框架；

(γ^*) 对任何 $\mathfrak{F}_i \in C^*$，$\{\mathfrak{G} \in G_p(C^*) : \mathfrak{F}_i \notin G_p(\mathfrak{G})\}$ 是有穷的；

(δ) C^* 中的框架是同型的，即或者所有框架 $\mathfrak{F} \in C^*$ 都是既约框架 $\mathfrak{f}_n$（$n \geqslant 1$），或者所有框架 $\mathfrak{F} \in C^*$ 都是 $\mathfrak{f}_n^\circ$-风筝（$n \geqslant 2$），或者所有框架 $\mathfrak{F} \in C^*$ 都是 $\mathfrak{f}_n^\bullet$-风筝（$n \geqslant 1$）。

证明

设 L 是一无穷深度的濒表格逻辑。根据定理5.1，L 被一有穷有根框架类 C 所刻画，并且 C 满足条件 (α)、(β)、(γ) 和 (δ)。显然，L 一定被一满足条件 (α)、(β^*)、(γ) 和 (δ) 的框架类 C^* 所刻画。接下来证明 C^* 同时也满足条件 (γ^*)。只需要证明：对任何 $\mathfrak{F} \in C^*$，

$$\{\mathfrak{G} \in G_p(C^*) : \mathfrak{F} \notin G_p(\mathfrak{G})\} = \{\mathfrak{G} \in G_p(C^*) : \neg \exists \mathfrak{G}' \in G_p(\mathfrak{G})(\mathfrak{F} \cong \mathfrak{G}')\}$$

令 $\mathfrak{F}$ 是 C^* 中的任一框架。事实上，如果 $\mathfrak{F} \in G_p(\mathfrak{G})$，那么一定存在一 $\mathfrak{G}' \in G_p(\mathfrak{G})$ 使得 $\mathfrak{F} \cong \mathfrak{G}'$。于是，显然有

$$\{\mathfrak{G} \in G_p(C^*) : \neg \exists \mathfrak{G}' \in G_p(\mathfrak{G})(\mathfrak{F} \cong \mathfrak{G}')\} \subseteq \{\mathfrak{G} \in G_p(C^*) : \mathfrak{F} \notin G_p(\mathfrak{G})\}$$

现在假设 $\mathfrak{G} \in G_p(C^*)$ 且存在一框架 $\mathfrak{G}' \in G_p(\mathfrak{G})$ 使得 $\mathfrak{F} \cong \mathfrak{G}'$。由于 C^* 满足条件 (δ)，而既约框架、$\mathfrak{f}_n^\circ$-风筝及 $\mathfrak{f}_n^\bullet$-风筝的点生成子框架仍然或者是既约的，或者是一 $\mathfrak{f}_n^\circ$-风筝或 $\mathfrak{f}_n^\bullet$-风筝。$\mathfrak{G}$ 和 $\mathfrak{G}'$ 都是 C^* 中某一框架 $\mathfrak{G}^*$ 的点生成子框架。因此，它们或者是有穷有根的既约框架，或者是一 $\mathfrak{f}_n^\circ$-风筝或 $\mathfrak{f}_n^\bullet$-风筝。$\mathfrak{F} \in C^*$ 说明 $\mathfrak{F}$ 本身也是一有穷有根的既约框架，或者是一 $\mathfrak{f}_n^\circ$-风筝或 $\mathfrak{f}_n^\bullet$-风筝。在 $\mathfrak{F} \cong \mathfrak{G}'$ 的假设及 C^* 满足条件 (β^*) 下，$\mathfrak{F}$ 是 $\mathfrak{G}^*$ 的点生成子框架。如果 $\mathfrak{G}'$ 不是 $\mathfrak{F}$ 本身，这说明 $\mathfrak{G}^*$ 有两个同构的但含有不相同点的点生成子框架，这两个点生成子框架或者是有穷有根的既约框架，或者是一 $\mathfrak{f}_n^\circ$-风筝或 $\mathfrak{f}_n^\bullet$-风筝。显然，在这种情况下，$\mathfrak{G}^*$ 将既不会是既约框架，也不会是 $\mathfrak{f}_n^\circ$-风筝或 $\mathfrak{f}_n^\bullet$-风筝。所以，$\mathfrak{G}'$ 正是 $\mathfrak{F}$ 本身。这说明 $\mathfrak{F} \in G_p(\mathfrak{G})$。即

$$\{\mathfrak{G} \in G_p(C^*) : \mathfrak{F} \notin G_p(\mathfrak{G})\} \subseteq \{\mathfrak{G} \in G_p(C^*) : \neg \exists \mathfrak{G}' \in G_p(\mathfrak{G})(\mathfrak{F} \cong \mathfrak{G}')\}$$

可见，在 C^* 满足条件 (γ) 的基础上，它也满足条件 (γ^*)。 ∎

命题5.1的证明非常简单。它主要利用既约框架、$\mathfrak{f}_n^\circ$-风筝和 $\mathfrak{f}_n^\bullet$-风筝的结构特点，即它们的点生成的子框架仍然或者是既约的，或者是一 $\mathfrak{f}_n^\circ$-风筝或 $\mathfrak{f}_n^\bullet$-风筝，并且它们的任何两个不同的点生成的子框架都不同构。没有这样的结构特点，我们难以从 C^* 满足条件 (γ) 过渡到它满足条件 (γ^*)。

诚然，本节的主要目的不是讨论无穷深度濒表格逻辑 L 究竟被怎样的有穷框架类刻画，而是 L 被一个具有怎样特点的无穷框架刻画。命题5.1将我们的目标大大地拉近了。从命题5.1知道，

$$L = \mathrm{Log}\{f_n \in C^* : 1 \leqslant n < \omega\}$$

或者

$$L = \mathrm{Log}\{f_n^\circ\text{-风筝} \in C^* : 2 \leqslant n < \omega\}$$

或者

$$L = \mathrm{Log}\{f_n^\bullet\text{-风筝} \in C^* : 1 \leqslant n < \omega\}$$

C^* 中的框架已经构成一条拟可克罗格斯-链。取 C^* 中这条无穷链的并，便得到一无穷深度的刻画 L 的框架 $\mathfrak{F}$。进一步地，$\mathfrak{F}$ 满足条件：

　　D2　对任何 $\mathfrak{F}' \in G_p(\mathfrak{F})$，$\{\mathfrak{G} \in G_p(\mathfrak{F}) : \mathfrak{F}' \notin G_p(\mathfrak{G})\}$ 是有穷的。

换句话说，条件D2实际上表明：

　　对 $\mathfrak{F}$ 的每一个点生成子框架 $\mathfrak{F}'$，仅有有穷多个 $\mathfrak{F}$ 的点生成子框架满足 $\mathfrak{F}'$ 不是其点生成子框架。

　　读者大约已经明白，在命题5.1中建立的 C^* 满足条件(γ^*)的结果能帮助我们看清 $\mathfrak{F}$ 为什么满足条件D2。在这里仅给出简略的说明。

　　对任一 $\mathfrak{F}' \in G_p(\mathfrak{F})$，根据 $\mathfrak{F}$ 的构造，存在一 $\mathfrak{F}^* \in C^*$ 使得 $\mathfrak{F}'$ 是 $\mathfrak{F}^*$ 的点生成子框架。由于 C^* 满足条件(γ^*)，有

$$A^* = \{\mathfrak{G} \in G_p(C^*) : \mathfrak{F}^* \notin G_p(\mathfrak{G})\} \text{ 是有穷的}$$

而对任一 $\mathfrak{G} \in A^*$，$\mathfrak{G}$ 一定是 $\mathfrak{F}$ 的点生成子框架。于是得到

$$A^* \subseteq \{\mathfrak{G} \in G_p(\mathfrak{F}) : \mathfrak{F}^* \notin G_p(\mathfrak{G})\} = B^* \text{①}$$

同时，对任一框架 $\mathfrak{G} \in G_p(\mathfrak{F})$，一定有 $\mathfrak{G} \in G_p(C^*)$。因此，$A^* = B^*$。这说明 B^* 也是有穷集。$\mathfrak{F}'$ 是 $\mathfrak{F}^*$ 的点生成子框架，那么对任一框架 $\mathfrak{G}$，有

$$\text{如果 } \mathfrak{F}^* \in G_p(\mathfrak{G})\text{，那么 } \mathfrak{F}' \in G_p(\mathfrak{G})$$

因此，$\{\mathfrak{G} \in G_p(\mathfrak{F}) : \mathfrak{F}' \notin G_p(\mathfrak{G})\} \subseteq B^*$。已证 B^* 是有穷集，所以，$\{\mathfrak{G} \in G_p(\mathfrak{F}) : \mathfrak{F}' \notin G_p(\mathfrak{G})\}$ 也是有穷的。

　　把所有满足条件D2的框架都称之为"收拢式"框架②。因此，依据 C^* 中框架的类型，刻画该无穷深度濒表格逻辑的框架 $\mathfrak{F}$ 有三种可能情况：

　　当 C^* 中的框架都是既约框架时，所得链并是一收拢式的无穷深度的既约框架（图5-8a），用符号 f_ω 来表示这类框架；当 C^* 中的框架都是 f_n°-风筝时，所得链并会是一无穷深度的风筝框架——f_ω°-风筝，它与 f_ω°-风筝的差别在于它有一条由 ω 个自返点构成的尾巴（图5-8b）；当 C^* 中的框架都是 $f_n^\bullet$-风筝时，所得链并会是一无穷深度的风筝框架——$f_\omega^\bullet$-风筝，它

---

① 其实，证明 B^* 也是有穷集，只需要证明 B^* 是 A^* 的子集即可。我们这里多证明了一点，即表明两个集合实际上是完全相同的。

② 这样命名的理由将在本章第三节中予以说明。

与$f_n^\bullet$-风筝的差别在于它有一条由ω个禁自返点构成的尾巴（图5-8c）[①]。

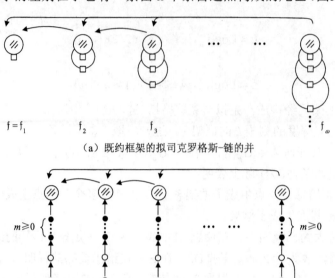

（a）既约框架的拟司克罗格斯–链的并

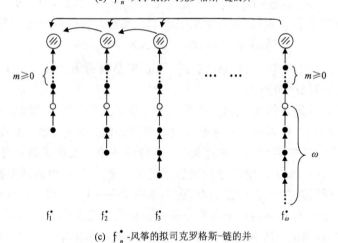

(b) f_n°-风筝的拟司克罗格斯–链的并

（c）$f_n^\bullet$-风筝的拟司克罗格斯–链的并

图 5-8　收拢式的无穷深度的既约框架和两类无穷深度的风筝框架

[①] 两类无穷深度的风筝框架都满足条件 D2，理应被称为"收拢式"风筝。然而，这两类风筝框架自身的构造已经直接体现了"收拢式"这一特点。因此，在命名时将"收拢式"三字省略。

在图5-8中，⊆指同构嵌入，图中的⌒指点生成子框架运算。

从命题5.1可以直截了当地得出：

系理5.1　令 L 是一无穷深度的濒表格逻辑。这时，存在一个无穷深度的框架 $\mathfrak{F}$ 使得 $L = \mathrm{Log}\,\mathfrak{F}$，此处 $\mathfrak{F}$ 或者是一收拢式既约框架 $\mathfrak{f}_\omega$，或者是一 $\mathfrak{f}_\omega^\circ$-风筝或 $\mathfrak{f}_\omega^\bullet$-风筝。

下面用例子直观地说明无穷深度濒表格逻辑的这三类刻画框架——收拢式既约框架 $\mathfrak{f}_\omega$、$\mathfrak{f}_\omega^\circ$-风筝及 $\mathfrak{f}_\omega^\bullet$-风筝。

例5.1　图5-9中的无穷深度的框架都刻画濒表格逻辑。$\mathfrak{F}_1$ 是收拢式既约框架，$\mathrm{Log}\,\mathfrak{F}_1 = \mathrm{GL.3}$。$\mathfrak{F}_2$ 是一 $\mathfrak{f}_\omega^\circ$-风筝（它的有穷既约部分 $\mathfrak{f}$ 不存在），$\mathrm{Log}\,\mathfrak{F}_2 = \mathrm{Grz.3}$。$\mathfrak{F}_3$ 是一 $\mathfrak{f}_\omega^\bullet$-风筝（它的有穷既约部分 $\mathfrak{f}$ 是单个自返点。），$\mathrm{Log}\,\mathfrak{F}_3 = \mathrm{D4.3ZM} = \mathrm{D4.3} \oplus \Diamond\Box p \to (\Box(\Box p \to p) \to \Box p) \oplus \Box\Diamond p \to \Diamond\Box p$。$\mathfrak{F}_4$ 是一收拢式既约框架，与布洛克证明传递逻辑格中存在濒表格逻辑连续统时所用的框架 $\mathfrak{F}_M$ 属于同一类型[1]（我们将在后文看到为什么 $\mathfrak{F}_4$ 刻画濒表格逻辑）。

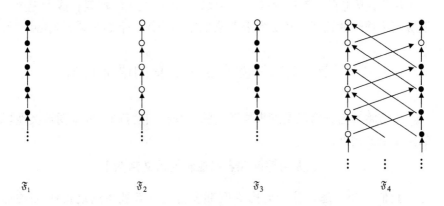

$\mathfrak{F}_1$　　　　　$\mathfrak{F}_2$　　　　　$\mathfrak{F}_3$　　　　　$\mathfrak{F}_4$

图 5-9　刻画濒表格逻辑的无穷深度的框架示例

这里不妨将第四章的伪钉和伪梭与 $\mathfrak{f}_\omega^\circ$-风筝及 $\mathfrak{f}_\omega^\bullet$-风筝进行比较。虽然 $\mathfrak{f}_\omega^\circ$-风筝及 $\mathfrak{f}_\omega^\bullet$-风筝是无穷深度的框架，伪钉和伪梭是有穷深度的框架，但两者之间有很明显的相似之处。发现这些相似之处有助于理解为什么要把 $\mathfrak{f}_\omega^\circ$-风筝及 $\mathfrak{f}_\omega^\bullet$-风筝视为无穷深度濒表格逻辑的"范形"。它们的结构中都有一个有穷的既约的生成子框架，删去该生成子框架后剩下的部分都是一非既约但在点式归约下不变的子框架——对两种无穷风筝来说，它是一无穷下降链（图5-10a和b）；对伪钉与伪梭来说，它是一无穷团或有唯一

---

[1] Blok，W. J.，"Pretabular varieties of modal algebras"，*Studia Logica*，Vol.39，1980，pp.101～124.

公共直接前趋的无穷反链（图5-10c和d）。正是这个剩余的无穷部分的特点造成了它的"母体"上的逻辑的濒表格性：这个无穷部分颠覆公式集 Alt_N，因此该逻辑是非表格的；这个无穷部分是非既约的但在点式归约下不变，从它能切出的真正新的切出物都是有穷框架，因此该逻辑没有非表格扩充。

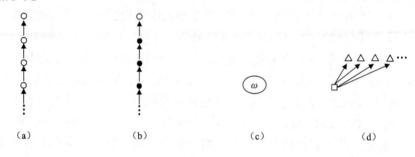

图 5-10　颠覆公式集 Alt_N 的无穷部分

　　然而，要想真正使 f_ω°-风筝、$f_\omega^\bullet$-风筝及收拢式既约框架 f_ω 成为无穷深度濒表格逻辑的范形，还必须表明它们中的任何一个都刻画濒表格逻辑。

第三节　无穷深度濒表格逻辑的语义判据

　　本节将给出无穷深度濒表格逻辑的刻画框架的范形，并证明这类逻辑的两个语义判据。

一、无穷深度濒表格逻辑的语义判据 I

　　我们已经知道，任一无穷深度濒表格逻辑都被一满足条件D2的框架——收拢式框架——所刻画，即收拢式既约框架 f_ω、f_ω°-风筝和 $f_\omega^\bullet$-风筝。我们不能满足于此，可以尝试证明系理5.1的逆定理，即任一收拢式既约框架 f_ω、f_ω°-风筝和 $f_\omega^\bullet$-风筝都刻画一个无穷深度的濒表格逻辑。先来审视之前已经提出的两个条件：

　　D1．对任一 $\mathfrak{F}' \in R(G(\mathfrak{F}))$，存在一 $\mathfrak{G} \in G(\mathfrak{F})$ 使得 $\mathfrak{F}' \cong \mathfrak{G}$；

　　D2．对任何 $\mathfrak{F}' \in G_p(\mathfrak{F})$，$\{\mathfrak{G} \in G_p(\mathfrak{F}) : \mathfrak{F}' \notin G_p(\mathfrak{G})\}$ 是有穷的。

很容易改用文字来表达这两个条件的涵义：

　　D1．$\mathfrak{F}$ 的生成子框架的约本恰好就是 $\mathfrak{F}$ 的一生成子框架的同构象；

　　D2．设 $\mathfrak{F}'$ 是 $\mathfrak{F}$ 的点生成子框架。这时，$\mathfrak{F}$ 只有有穷多个点生成子框架 $\mathfrak{G}$ 满足 $\mathfrak{F}'$ 不是其点生成子框架。换句话说，几乎 $\mathfrak{F}$ 的所有点生成

子框架 $\mathfrak{G}$ 都以 $\mathfrak{F}'$ 为其点生成子框架。

这两个条件与第四章提到的条件C1与条件C2有些类似之处，都描述了一个无穷框架的比较抽象的结构特点。在第四章中，已经证明有穷深度濒表格逻辑的语义判据Ⅰ与条件C1和条件C2有关。现在设法表明，无穷深度的逻辑具备濒表格性的充分必要条件是它被一满足条件D1和条件D2的无穷深度的框架所刻画。条件D2自不必说。引理5.1则表明了有穷既约框架和两种有穷风筝都满足条件D1。自然地，能够设想，收拢式既约框架 f_ω、f_ω°-风筝和 $f_\omega^\bullet$-风筝应该也满足条件D1。

定理5.2 令 L 是一无穷深度的濒表格逻辑。于是，存在一满足条件D1和条件D2的无穷深度的框架 $\mathfrak{F}$ 使得 $L = \text{Log}\mathfrak{F}$。

证明

令 L 是一无穷深度的濒表格逻辑。系理5.1告诉我们，如果 L 是一无穷深度的濒表格逻辑，L 必定被一无穷深度的框架 $\mathfrak{F}$ 所刻画，此处 $\mathfrak{F}$ 不是一收拢式既约框架 f_ω，就是一 f_ω°-风筝或 $f_\omega^\bullet$-风筝。只要表明任何一个收拢式既约框架 f_ω、f_ω°-风筝和 $f_\omega^\bullet$-风筝都满足条件D1，我们的目的便达到了。有三种情况需要考虑。

情况1：设 $\mathfrak{F}$ 是一收拢式既约框架 f_ω 且 $\mathfrak{F}' \in G(\mathfrak{F})$。既约框架的每一个生成子框架仍是既约的，所以 $\mathfrak{F}'$ 的任何约本都是 $\mathfrak{F}'$ 的同构象，从而也是 f_ω 某一生成子框架的同构象。由此可见，$\mathfrak{F}$ 满足条件D1。

情况2：设 $\mathfrak{F}$ 是一 f_ω°-风筝且 $\mathfrak{F}' \in G(\mathfrak{F})$。如果 $\mathfrak{F}' = \mathfrak{F}$，它的真约本[1]只能是某个有穷的 f_n°-风筝或是一有穷的既约框架，并且与 $\mathfrak{F}$ 的某一生成子框架同构。如果 $\mathfrak{F}' \neq \mathfrak{F}$，鉴于 f_ω°-风筝的特殊结构，$\mathfrak{F}'$ 只可能是 $\mathfrak{F}$ 的有穷生成子框架——一有穷的 f_n°-风筝或是一有穷的既约框架。从引理5.1便得到 $\mathfrak{F}'$ 的约本与 $\mathfrak{F}'$ 的某一生成子框架同构，因而也与 $\mathfrak{F}$ 的某一生成子框架同构。足见，$\mathfrak{F}$ 满足条件D1。

情况3：设 $\mathfrak{F}$ 是一 $f_\omega^\bullet$-风筝且 $\mathfrak{F}' \in G(\mathfrak{F})$。如果 $\mathfrak{F}' = \mathfrak{F}$，它的真约本只能是某个有穷的 $f_n^\bullet$-风筝或是一有穷的既约框架，并且与 $\mathfrak{F}$ 的某一生成子框架同构。如果 $\mathfrak{F}' \neq \mathfrak{F}$，鉴于 $f_\omega^\bullet$-风筝的结构的特殊性，$\mathfrak{F}'$ 只可能是 $\mathfrak{F}$ 的有穷生成子框架——一有穷的 $f_n^\bullet$-风筝或是一有穷的既约框架。从引理5.1知道 $\mathfrak{F}'$ 的约本与 $\mathfrak{F}'$ 的某一生成子框架同构，因而也与 $\mathfrak{F}$ 的某一生成子框架同构。足见，$\mathfrak{F}$ 满足条件D1。 ■

满足条件D1的收拢式的无穷深度的框架都刻画一个濒表格逻辑。

---

[1] 即与该框架不同构的约本。

定理5.3　　令 L 是一无穷深度的逻辑。如果存在一满足条件D1和条件 D2的无穷深度的框架 $\mathfrak{F}$ 使得 $L = \mathrm{Log}\mathfrak{F}$，那么 L 是濒表格逻辑。

证明

设 $L = \mathrm{Log}\mathfrak{F}$ 且 $\mathfrak{F}$ 是一满足条件D1和条件D2的无穷深度的框架。既然 $L = \mathrm{Log}\mathfrak{F}$ 且 $\mathfrak{F}$ 是无穷深度的，L 就不是表格的。因此，存在一濒表格逻辑 L^* 使得 $L \subseteq L^*$，L^* 必定是有穷可逼近的。令 $L^* = \mathrm{Log}C^*$，此处 C^* 是一可数的有穷有根框架类，并且其中任意两个不同的框架不同构。现在来证明：

$$\text{对每个 } \mathfrak{F}' \in C^*, \text{ 存在一框架 } \mathfrak{G} \in G(\mathfrak{F}) \text{ 使得 } \mathfrak{F}' \cong \mathfrak{G} \qquad (5\text{-}3)$$

用反证法证明如下：假定有一 $\mathfrak{F}^* \in C^*$ 满足 $\mathfrak{F}^*$ 不与 $G(\mathfrak{F})$ 中任何一个框架同构。从 $\mathfrak{F}$ 满足条件D1可以推出 $\mathfrak{F}^* \notin R(G(\mathfrak{F}))$，因而从 $\mathfrak{F}^* \in C^*$ 是一有根框架，可以得到 $\mathfrak{F}^* \notin R(G_p(\mathfrak{F}))$。令 $\mathrm{A}(\mathfrak{F}^*)$ 为 $\mathfrak{F}^*$ 的框架公式。根据范因定理，$\mathrm{A}(\mathfrak{F}^*) \in \mathrm{Log}\mathfrak{F} = L$。然而，再次根据范因定理及已知假设 $\mathfrak{F}^* \in C^*$，得到 $\mathrm{A}(\mathfrak{F}^*) \notin \mathrm{Log}\, C^* = L^*$。这与 $L \subseteq L^*$ 相矛盾。所以，式（5-3）成立。既然 C^* 中的框架都是有根的，从已经证明的式（5-3）可以进一步得到：

$$\text{对每个 } \mathfrak{F}' \in C^*, \text{ 存在一框架 } \mathfrak{G} \in G_p(\mathfrak{F}) \text{ 使得 } \mathfrak{F}' \cong \mathfrak{G} \qquad (5\text{-}4)$$

现在来表明 $L = L^*$。假定相反，存在一模态公式 φ，$\varphi \in L^*$ 但 $\varphi \notin L$。从 $\varphi \notin L$ 得出：存在一 $\mathfrak{F}' \in G_p(\mathfrak{F})$ 使得 $\mathfrak{F}' \nvDash \varphi$。由于 $\mathfrak{F}$ 满足条件D2，从 $\mathfrak{F}' \in G_p(\mathfrak{F})$ 得出：

$$\{\mathfrak{G} \in G_p(\mathfrak{F}) : \mathfrak{F}' \notin G_p(\mathfrak{G})\} \text{ 是有穷集}$$

根据归谬假设，$\varphi \in L^* = \mathrm{Log}\, C^*$。于是，对任何 $\mathfrak{G} \in G_p(\mathfrak{F})$，$\mathfrak{F}' \in G_p(\mathfrak{F})$ 蕴涵着 $\mathfrak{G} \nvDash \varphi$，从而蕴涵着 $\mathfrak{G} \notin C^*$。利用式（5-4）得到，对任一 $\mathfrak{G}' \in C^*$，存在一 $\mathfrak{G}'' \in \{\mathfrak{G} \in G_p(\mathfrak{F}) : \mathfrak{F}' \notin G_p(\mathfrak{G})\}$ 使得 $\mathfrak{G}' \cong \mathfrak{G}''$。既然 C^* 中任意两个不同的框架不同构且 $\mathfrak{F}$ 满足条件D2，C^* 是有穷集，继而 $\mathrm{Log}\, C^*$ 是一个表格逻辑。这与先前假设 $L^* = \mathrm{Log}\, C^*$ 是濒表格逻辑相矛盾。总之，L 没有濒表格的真扩充。所以，L 本身是一濒表格逻辑。　■

定理5.2与定理5.3的合取产生定理5.4。

定理5.4（无穷深度逻辑的濒表格性判据Ⅰ）　　令 L 是一无穷深度的逻辑。L 是濒表格的，当且仅当存在一满足条件D1和条件D2的无穷深度的框架 $\mathfrak{F}$ 使得 $L = \mathrm{Log}\mathfrak{F}$。

收拢式既约框架 $\mathfrak{f}_\omega$、$\mathfrak{f}_\omega^\circ$-风筝和 $\mathfrak{f}_\omega^\bullet$-风筝都是无穷深度的满足条件D1 的收拢式框架[①]，由定理5.4和系理5.1，我们可以论定

定理5.5　　令 L 是一无穷深度的逻辑。L 是濒表格的，当且仅当 L 被一

---

① 参见本章定理 5.2 的证明。

收拢式既约框架 f_ω 或 f_ω°-风筝或 $f_\omega^\bullet$-风筝所刻画。

定理5.5确保我们所中意的这三类无穷深度的框架——收拢式既约框架 f_ω、f_ω°-风筝及 $f_\omega^\bullet$-风筝——能够充当无穷深度濒表格逻辑的刻画框架的范形。

二、无穷深度濒表格逻辑的语义判据 II

我们对这三类框架的好奇心并未就此消失。相反,我们更想了解这三类框架有些什么样的共同特征——或许还是相对隐蔽的特征——使得它们格外适于充当范形呢?看来,有两个特征值得一提,第一个涉及所谓"收拢式",第二个涉及在点式归约下的某种强不变性。

取为范形的三类无穷深度的框架都满足条件D1。可是满足条件D1的无穷深度框架未必能归入三类范形。不仅如此,它们甚至有可能不刻画濒表格逻辑。

例5.2 请对比图5-11中出示的两个不同的无穷深度的既约框架 $\mathfrak{F}_1$ 与 $\mathfrak{F}_2$。很清楚, $\mathfrak{F}_1$ 满足条件D1又满足条件D2;根据判据 I , $\mathrm{Log}\mathfrak{F}_1$ 是濒表格逻辑。 $\mathfrak{F}_2$ 只满足条件D1但不满足条件D2,并且 $\mathrm{Log}\mathfrak{F}_2$ 不是濒表格逻辑(不难看出 $\mathfrak{F}_2$ 有一生成子框架是濒表格逻辑GL.3的刻画框架,所以 $\mathrm{Log}\mathfrak{F}_2 \subseteq \mathrm{GL}.3$。但由于框架 $\mathfrak{F}_2$ 含自返点, $\mathrm{Log}\mathfrak{F}_2 \neq \mathrm{GL}.3$)。

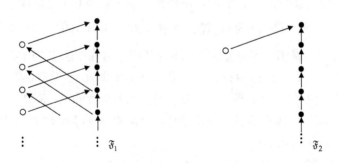

图 5-11 条件 D2 对刻画濒表格逻辑框架的重要性

既然任何一个既约框架都满足条件D1,一个无穷深度的既约框架刻画濒表格逻辑的关键在于它是否满足条件D2。不妨追问,满足条件D2会给无穷深度框架的结构带来什么特别的性状呢?对于收拢式既约框架 f_ω 来说,确认这一点非常重要[①]。观察的初步结果有些出乎意料地简单和直观:满足条件D2的无穷深度的框架,如 $\mathfrak{F}_1$,它的每个点生成子框架都被

---

① 要知道,每个既约框架都自动满足条件 D1。

包含在深度较大的某一层上任一点所生成的子框架之中。不满足条件D2的，正好相反。

接下来证明例5.2中的观察结果。

命题5.2 令 $\mathfrak{F}=\langle W, R\rangle$ 是一无穷深度的不含真团、复本和无穷深度的点的框架，并且 $F_n = \{x \in W : d(x) = n \ \& \ 1 \leq n \in \omega\}$。于是，$\mathfrak{F}$ 满足条件D2，当且仅当 $\mathfrak{F}$ 满足条件：

$$(*) \qquad \forall n \geq 1 \exists m \geq 1 \forall x \in F_{n+m}(F_n \subseteq x\uparrow)$$

证明

($\Rightarrow$)假定 $\mathfrak{F}$ 不满足条件(*)，即存在某个 $n \geq 1$，对所有 $m \geq 1$，存在一 $x \in F_{n+m}$ 使得 $F_n \nsubseteq x\uparrow$。令满足上述条件的 $x \in F_{n+m}$ 为 x_{n+m}。既然 $F_n \nsubseteq x_{n+m}\uparrow$，存在一 $y_n^m \in F_n$ 但 $y_n^m \notin x_{n+m}\uparrow$。由于 $\mathfrak{F}$ 不含真团、复本和无穷深度的点，对任一 $n \in \omega$，F_n 是有穷集。于是，存在一点 $y_n^{m^*} \in F_n$ 使得对无穷多个 m，$\mathfrak{F}$ 的生成子框架 $\mathfrak{F}^{y_n^{m^*}} \notin G_p(\mathfrak{F}^{x_{n+m}})$。因此，有 $\{\mathfrak{F}^{x_{n+m}} : \mathfrak{F}^{y_n^{m^*}} \notin G_p(\mathfrak{F}^{x_{n+m}})\}$ 是无穷的。又有

$$\{\mathfrak{F}^{x_{n+m}} : \mathfrak{F}^{y_n^{m^*}} \notin G_p(\mathfrak{F}^{x_{n+m}})\} \subseteq C = \{\mathfrak{G} \in G_p(\mathfrak{F}) : \mathfrak{F}^{y_n^{m^*}} \notin G_p(\mathfrak{G})\}$$

C 也是一无穷的。这说明 $\mathfrak{F}$ 不满足条件D2，不是收拢式的。

($\Leftarrow$)假定 $\mathfrak{F}$ 不满足条件D2，即存在某框架 $\mathfrak{F}' \in G_p(\mathfrak{F})$ 使得

$$C = \{\mathfrak{G} \in G_p(\mathfrak{F}) : \mathfrak{F}' \notin G_p(\mathfrak{G})\} \text{ 是无穷的}$$

由于 $\mathfrak{F}$ 既不含真团又不含复本，也不含任何无穷深度的点，所以 $\mathfrak{F}$ 的每一层上，即 $F_i(1 \leq i \in \omega)$ 中只有有穷多个点。可见，C 是无穷集仅当 C 中框架 $\mathfrak{G}$ 的深度没有有穷上界。又因为 $\mathfrak{F}$ 不含无穷深度的点，$\mathfrak{F}$ 的点生成子框架 $\mathfrak{F}'$ 是一有穷深度的框架。为确定计，令 $d(\mathfrak{F}') = n(1 \leq n \in \omega)$。用一简单的归谬即可建立论断：

$$\forall m \geq 2(\exists x_{n+m} \in F_{n+m}(\mathfrak{F}' \notin G_p(\mathfrak{F}^{x_{n+m}})) \rightarrow$$
$$\rightarrow \forall i \leq m \exists x_{n+i} \in F_{n+i}(\mathfrak{F}' \notin G_p(\mathfrak{F}^{x_{n+i}}))) \qquad (5\text{-}5)$$

既然 C 中框架 $\mathfrak{G}$ 的深度是没有有穷上界的，那么，每当有一 $\mathfrak{F}$ 的点生成子框架 $\mathfrak{G}$ 使得 $\mathfrak{F}' \notin G_p(\mathfrak{G})$ 时必定还有一深度比 $\mathfrak{G}$ 更大的点生成子框架 $\mathfrak{G}'$ 使得 $\mathfrak{F}' \notin G_p(\mathfrak{G}')$。于是根据方才建立的论断（5-5），对所有 $m \geq 1$，存在一 $x \in F_{n+m}$ 使得 $\mathfrak{F}'$ 的根 y 不属于 $x\uparrow$，但 $y \in F_n$。可见：

$$F_n \nsubseteq x\uparrow$$

这表明 $\mathfrak{F}$ 不满足条件(∗)。 ■

命题5.2还有另一种证法。这种证法依托的是条件D2与条件D3等价的性质：

D3   对框架 $\mathfrak{F}=\langle W, R\rangle$ 中的每个点 x， $x{\downarrow}$ 是 W 的余有穷子集[①]

将命题5.2叙述的条件D2替换成条件D3以后，再利用条件D2与条件D3的等价性就可以证明命题5.2。由于这种证法与已经写出的证法在本质上是相似的，所以略去不写。读者可以自行尝试证明。不过，条件D2与条件D3的等价性却能从另一方面阐述条件D2对框架所施加的影响，因此，这里将给与简要说明，并将完整证明留给感兴趣的读者：

令框架 $\mathfrak{F}=\langle W, R\rangle$。先证明从条件D2能推出条件D3。假设 $\mathfrak{F}$ 中存在一点 x^*， $x^*{\downarrow}$ 不是 W 的余有穷子集。这意味着 $W \setminus x^*{\downarrow}^+$ 是一无穷集。取 $\mathfrak{F}$ 的生成子框架 $\mathfrak{F}^{x^*}$。令 $C = \{\mathfrak{F}^y \in G_p(\mathfrak{F}): y \in W \setminus x^*{\downarrow}^+ \;\&\; \mathfrak{F}^{x^*} \notin G_p(\mathfrak{F}^y)\}$。显然，$C$ 是无穷的。这说明框架 $\mathfrak{F}$ 不满足条件D2。

再来证明从条件D3推出条件D2。假设 $\mathfrak{F}$ 不满足条件D2，即存在一个框架 $\mathfrak{F}' \in G_p(\mathfrak{F})$ 使得 $C = \{\mathfrak{G} \in G_p(\mathfrak{F}): \mathfrak{F}' \notin G_p(\mathfrak{G})\}$ 是无穷的。令 x^* 为 $\mathfrak{F}'$ 的根，并且令 $y_\mathfrak{G}$ 为框架 $\mathfrak{G} \in C$ 的根。显然，$y_\mathfrak{G} \notin x^*{\downarrow}^+$。由于 C 是无穷的，这样的点 $y_\mathfrak{G}$ 的数目有无穷多个。于是得到 $W \setminus x^*{\downarrow}^+$ 是一无穷集。可见，$x^*{\downarrow}$ 不是 W 的余有穷子集。这样就在 $\mathfrak{F}$ 中找到了一点 x^*，该点不满足条件D3。

条件D2与条件D3等价是自然而然的。可以把条件D3看作是条件D2的另一个版本。不过，条件(∗)的出现则为我们某些特定框架上认识条件D2（及条件D3）提供了更直观的渠道。

现在可以解释为什么将满足条件D2的框架称为"收拢式"框架了。命题5.2说明：

一个无穷深度的不含真团、复本和无穷深度点的框架是收拢式框架，当且仅当它满足条件(∗)。满足条件(∗)的无穷深度的框架中的每一点都被某更高层上所有的点——因而也被整个框架更高层上所有的点——当作它们的后继收拢在一起。整个框架就好像渔夫织成的一张渔网，其中的每个点都被其他的深度更大的点收拢起来。为了强调这一性状，根据命题5.2的结果，我们才将满足条件D2的框架称之为"收拢式"框架。

有无这一性状无助于判别拖着一条无穷长尾巴的两类风筝框架是否刻画濒表格逻辑，因为它们自动满足条件(∗)。然而，对判别更无定形的既

[①] 条件 D3 的说明参见 S. Du "On pretabular logics in NExtK4 (part II)"（*Studia Logica*，Vol.102，2014，p.945）脚注①。

约框架是否刻画濒表格逻辑，条件(∗)则很大程度上具有判据意义。例5.2中的既约框架 $\mathfrak{F}_2$ 是一个很好的实例，出现在其中的自返点。破坏条件(∗)，因为 $\mathfrak{F}_2$ 中每一层上都有它的非前趋。我们能够构造远比 $\mathfrak{F}_2$ 复杂的既约框架，不用条件(∗)几乎很难鉴定它是否属于范形 f_ω，以及是否刻画濒表格逻辑。为篇幅所限，略去。眼前我们关注的主要是条件(∗)的理论价值。正如命题5.2所显示的，作为范形研究的三类框架—— f_ω、f_ω°-风筝和 $f_\omega^\bullet$-风筝——都是收拢式的，因而都满足条件(∗)。

　　除了条件(∗)以外，三类范形的另一个共同特征则对判别框架是否属于范形 f_ω°-风筝或 $f_\omega^\bullet$-风筝起显著作用。该特征涉及这些框架在点式归约下的不变性。

　　没有一个 f_ω°-风筝和 $f_\omega^\bullet$-风筝是既约框架，但它们总能通过集式归约变换成图5-12所示形状的有穷既约框架，这种非既约性对这两类风筝框架刻画濒表格逻辑是不可少的。前面曾提出，在点式归约下的不变性的对比同样不可少。图5-13a和b标明了 f_ω°-风筝和 $f_\omega^\bullet$-风筝各自的"开放区"，其中每一个对一种也只对一种点式归约开放。所谓"**框架对某种点式归约开放**"指的是在该框架上能做该类型的真点式归约。在收拢式既约框架 f_ω 上不能施加任何真的点式归约，因此这类框架总是不对所有的点式归约开放。就 f_ω°-风筝而言，这种被开放的点式归约是 P_4-型的；就 $f_\omega^\bullet$-风筝而言，这种被开放的点式归约是 P_5-型的（图5-13a′和b′）。然而，每一次点式归约施加的结果只能是产生 f_ω°-风筝和 $f_\omega^\bullet$-风筝的同构象。

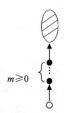

图 5-12　两类风筝在某集式归约下的约本

　　f_ω°-风筝和 $f_\omega^\bullet$-风筝都是在点式归约下不变的极简框架。从这一点看，伪钉和伪梭有所不同，一般来说，它们只是在点式归约下不变的简单框架，往往同时对两种点式归约开放。但可以肯定的是，濒表格逻辑的范形不会属于在点式归约下不变的复杂框架[①]。

---

① 参见第二编第三章第二节定义3.3。

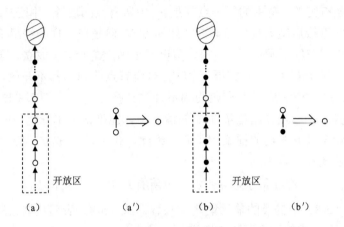

图 5-13 两类风筝的开放区

命题5.3 令 $\mathfrak{F}$ 是一个无穷深度的非既约框架。$\mathfrak{F}$ 是一 f_ω°-风筝,当且仅当 $\mathfrak{F}$ 是一个收拢式的在 P_4-型点式归约下不变的极简框架;$\mathfrak{F}$ 是一 $f_\omega^\bullet$-风筝,当且仅当 $\mathfrak{F}$ 是一个收拢式的在 P_5-型点式归约下不变的极简框架。

证明

令 $\mathfrak{F}$ 是一个无穷深度的非既约框架。($\Rightarrow$)显而易见,当 $\mathfrak{F}$ 是一 f_ω°-风筝或 $f_\omega^\bullet$-风筝时,$\mathfrak{F}$ 是一个收拢式的,并且在 P_4-型或 P_5-型点式归约下不变的极简框架。

($\Leftarrow$)设 $\mathfrak{F}$ 是一个收拢式的在 P_4-型点式归约下不变的极简框架。即 $\mathfrak{F}$ 在点式归约下不变,只对 P_4-型点式归约开放,对非 P_4-型点式归约不开放,并且不包含真团、复本和无穷深度的点。利用命题5.2便得到 $\mathfrak{F}$ 满足条件 $(*)$。我们先表明下面的论断对 $\mathfrak{F}$ 成立:

$$存在一 k \in \omega,对所有 k' \geqslant k,|F_{k'}|=1 \qquad (5\text{-}6)$$

为归谬,假定相反,即对所有 $k \in \omega$,存在一 $k' \geqslant k$ 使得 $|F_{k'}| \neq 1$。已知 $\mathfrak{F}$ 是无穷深度的,对任何 $k' \in \omega$ 不可能有 $|F_{k'}|=0$。因而归谬假设意味着:

$$对所有 k \in \omega,存在一 k' \geqslant k 使得 |F_{k'}| \geqslant 2$$

于是,存在无穷多的自然数 k' 使得 $|F_{k'}| \geqslant 2$。用符号 $\mathfrak{F}[F_{k'}]$ 表示框架 $\mathfrak{F}$ 的由点集 $F_{k'}$ 所生成的子框架。既然 $\mathfrak{F}$ 不包含真团、复本和无穷深度的点,$\mathfrak{F}$ 的每一层都只含有穷多个点,因此,$\mathfrak{F}[F_{k'}]$ 是一有穷框架。接下来证明:

$$\mathfrak{F}[F_{k'}] 不含任何长度 >1 的有穷的 \circ\text{-链} \qquad (5\text{-}7)$$

假设相反,即 $\mathfrak{F}[F_{k'}]$ 含有一条有穷的 $\circ$-链。既然框架 $\mathfrak{F}$ 满足条件 $(*)$ 且存在无穷多的自然数 k' 使得 $|F_{k'}| \geqslant 2$,存在一 $k'' \geqslant k'$ 使得 $|F_{k''}| \geqslant 2$ 且在 $\mathfrak{F}[F_{k'}]$

的那条有穷的○-链中的每一点都是 $F_{k''}$ 中所有点的后继，并且 $F_{k''}$ 中至少有一点的直接后继集包含该○-链之外的点[①]。但是在这样的情况下，$\mathfrak{F}$ 就不是在点式归约下不变了。可见，假设不正确，式（5-7）成立。这样一来，对无穷多个 $k' \in \omega$，有穷框架 $\mathfrak{F}[F_{k'}]$ 对所有点式归约都不开放，从而利用定理3.2[②]知道它们对所有归约都不开放。换言之，它们都是既约的。这个事实，在已知 $\mathfrak{F}$ 满足条件(*)的情况下，能推出 $\mathfrak{F}$ 本身也是既约的。这与假设 $\mathfrak{F}$ 是非既约的框架相矛盾。因此，式（5-6）成立。应用最小数原理，从式（5-6）得出

$$存在最小数 h \in \omega，对所有 k' \geq h，|F_{k'}| = 1 \qquad (5-8)$$

令式（5-8）中提及的单元集 $F_{k'} = \{x_{k'}\}$。式（5-8）表明从框架的第 h 层起 $\mathfrak{F}$ 由如下形式的无穷下降链组成：

$$\cdots \to x_{h+2} \to x_{h+1} \to x_h$$

容易看出，这条无穷下降链不能只含禁自返点●，否则 $\mathfrak{F}$ 的每一个生成子框架都会是既约的。由于 $\mathfrak{F}$ 满足条件(*)，$\mathfrak{F}$ 将变成既约的；这条链也不能含两点链●→○（○是●唯一的直接后继），否则，$\mathfrak{F}$ 将对 P_5-型点式归约开放。结果，只剩下一种可能：

存在一 $m \in \omega$，使得所有深度为 $k' \geq h + m$ 的点都是自返点○，所有深度在 h（含 h）与 $h+m$ 之间的点都是禁自返●（如果 $m = 0$，则所有深度 $k' \geq h$ 的点都是自返点○）。同时，$\mathfrak{F}$ 由全体深度小于 $h+m$ 的点所生成的子框架是既约的。

很清楚，满足上述条件的框架 $\mathfrak{F}$ 只能是一 f_{ω}°-风筝。

设 $\mathfrak{F}$ 是一收拢式的在 P_5-型点式归约下不变的极简框架。即 $\mathfrak{F}$ 在点式归约下不变，只对 P_5-型点式归约开放，对非 P_5-型点式归约不开放，并且不包含真团、复本和无穷深度的点。利用命题5.2便得到 $\mathfrak{F}$ 满足条件(*)。同先前一样，先表明下面的论断对 $\mathfrak{F}$ 成立：

$$存在一 k \in \omega，对所有 k' \geq k，|F_{k'}| = 1 \qquad (5-9)$$

假定相反，即对所有 $k \in \omega$，存在一 $k' \geq k$ 使得 $|F_{k'}| \neq 1$。$\mathfrak{F}$ 是无穷深度的，因此对任何 $k' \in \omega$ 都不可能有 $|F_{k'}| = 0$。因而归谬假设意味着

$$对所有 k \in \omega，存在一 k' \geq k 使得 |F_{k'}| \geq 2$$

于是，存在无穷多的自然数 k' 使得 $|F_{k'}| \geq 2$。既然 $\mathfrak{F}$ 不包含真团、复本和

---

① 如果 $F_{k''}$ 中任一点都没有该○-链之外的直接后继，由 $F_{k''}$ 的基数 ≥ 2，以及 $\mathfrak{F}$ 只对 P_4-型点式归约开放，可知 $F_{k''}$ 中存在两个自返点的复本。

② 参见第二编第三章第二节定理3.2。

无穷深度的点，$\mathfrak{F}$ 的每一层都只含有穷多个点，因此，$\mathfrak{F}[F_{k'}]$ 是一有穷框架。现在来证明：

$$\mathfrak{F}[F_{k'}] \text{ 不含任何只通达某个自返点的有穷的 }\bullet\text{-链} \qquad (5\text{-}10)$$

假设相反，即 $\mathfrak{F}[F_{k'}]$ 含有一条只通达某个自返点的有穷的 $\bullet$-链。既然框架 $\mathfrak{F}$ 满足条件(*)且存在无穷多的自然数 k' 使得 $|F_{k'}| \geqslant 2$，存在一 $k'' \geqslant k'$ 使得 $|F_{k''}| \geqslant 2$ 且在 $\mathfrak{F}[F_{k'}]$ 的那条有穷的 $\bullet$-链中的每一点都是 $F_{k''}$ 中所有点的后继。但是在这样的情况下，$\mathfrak{F}$ 不在点式归约下不变。可见，假设不正确，式（5-10）成立。于是，对无穷多个 $k' \in \omega$，有穷框架 $\mathfrak{F}[F_{k'}]$ 对所有点式归约都不开放，从而利用定理3.2[①]知道它们都是既约的。这个事实，在已知 $\mathfrak{F}$ 满足条件(*)的情况下，能推出 $\mathfrak{F}$ 本身也是既约的。这与假设 $\mathfrak{F}$ 是非既约的框架相矛盾。因此，式（5-9）成立。从式（5-9）便得出

$$\text{存在最小数 } h^* \in \omega, \text{ 对所有 } k' \geqslant h^*, \ |F_{k'}| = 1 \qquad (5\text{-}11)$$

令式（5-11）中提及的单元集 $F_{k'} = \{x_{k'}\}$。式（5-11）表明从框架的第 h^* 层起 $\mathfrak{F}$ 由如下形式的无穷下降链组成：

$$\cdots \to x_{h^*+2} \to x_{h^*+1} \to x_{h^*}$$

容易看出，这条无穷下降链不能只含禁自返点 $\bullet$，否则 $\mathfrak{F}$ 的每一个生成子框架都会是既约的，由于 $\mathfrak{F}$ 满足条件(*)，$\mathfrak{F}$ 将变成既约的；这条链不能含形如 $\circ \to \bullet \to \bullet \cdots \to \circ$ 链，否则 $\mathfrak{F}$ 不会在点式归约下不变；这条链也不能含形如 $\circ \to \circ$ 的链[②]，否则，$\mathfrak{F}$ 将对 P_4-型点式归约开放。结果，只剩下一种可能：

存在一 $m \in \omega$ 使得所有深度为 $k' > h^* + m$ 的点都是禁自返点 $\bullet$，深度为 $h^* + m$ 的点则是一个自返点 $\circ$，所有深度在 h^*（含 h^*）与 $h^* + m$ 之间的点都是禁自返 $\bullet$（如果 $m=0$，则所有深度 $k' > h^*$ 的点都是禁自返点 $\bullet$，而深度为 h^* 的点则是一个自返点 $\circ$），同时，$\mathfrak{F}$ 由全体深度小于等于 $h^* + m$ 的点所生成的子框架必定是既约的。

很清楚，满足上述条件的框架 $\mathfrak{F}$ 只能是一 $\mathsf{f}_\omega^{\bullet}$-风筝。　■

命题5.3假设所讨论的框架是非既约的。一个收拢式的既约框架一定也是在 P_4-或 P_5-型点式归约下不变的极简框架。这样一来，我们就用收拢性和点式归约下的不变性概括了所有作为范形的三类框架的重要特征。

定理5.5和命题5.3合在一起给出濒表格性判据 Ⅱ。

定理5.6（无穷深度逻辑的濒表格性判据 Ⅱ）　令 L 是一无穷深度的逻辑。L 是濒表格的，当且仅当 L 被一无穷深度的框架 $\mathfrak{F}$ 所刻画，$\mathfrak{F}$ 是一收

拢式的在 P_4-或 P_5-型点式归约下不变的极简框架。

　　与无穷深度逻辑的濒表格性判据 I（即定理5.4）相比，使用判据 II 验证一个无穷深度的框架是否为刻画濒表格逻辑的范形要容易得多。

　　至此，（有穷深度和无穷深度的）传递逻辑的濒表格性的语义判据全部证明完毕。任何一个判据在它没有经过已知和未知领域的检验之前，都不能称之为成功的判据。第六章中该判据将被应用到传递逻辑格的一个被人忽略的子格——NExtQ4，并且还会介绍模态逻辑界已知的若干濒表格逻辑的结果是如何与该判据相契合的。

第六章　濒表格逻辑语义判据的应用

本章应用第四、五章制定的濒表格性判据，来解决传递逻辑格的若干子格中的濒表格逻辑的范形及其相关问题。

首先将目光聚焦于一个子格NExtQ4。这个子格又大又重要，但一直以来总被人忽视，其中的濒表格逻辑更是无人做过全面勘查。本章要解决的正是其中濒表格逻辑族的分类、基数及公理化问题。以NExtQ4为研究的对象不是偶然，而是经过慎重思考后的选择，其立足点正是麦金森分类法[①]。基于此，本章可被视为该分类法的一个彻底的实践。

此外，本章还将探讨如何利用判据寻找其他3个子格——NExtS4、NExtD4和NExtGL——的濒表格逻辑的范形。与NExtQ4不同的是，这3个子格的濒表格逻辑的相关问题已经得到比较充分的研究，并成为传递逻辑格论问题的经典结果[②]。不同于以往学者的研究办法，本章从全新的角度阐述这些格中的濒表格逻辑的刻画框架（用我们的语言来说就是"范形"）是如何通过我们的判据被轻而易举地找到的。

第一节　麦金森分类法眼光下的模态逻辑 Q4

一、最小的无稽型传递逻辑Q4

首先回想麦金森关于NExtK的一个著名结果——麦金森定理。

麦金森定理　对任何逻辑 $L \in$ NExtK，L 是一致的，当且仅当 L 是 Abs 或 Triv 的子逻辑。即

$$L \in \text{NExtK} \Rightarrow (L \neq \text{For} \Leftrightarrow L \subseteq \text{Abs} \vee L \subseteq \text{Triv})$$

再回想第一编第一章第二节的第二部分介绍过的麦金森分类法。

根据麦金森定理，将一致正规逻辑分为三类——无稽型的、无谓型的

---

① 参见第一编第一章第一节及康宏逵的《模态、自指和哥德尔定理——一个优美的模态分析案例（代序）》（马库斯 R B 等：《可能世界的逻辑》，康宏逵译，上海，上海译文出版社，1993 年，第 29～31 页）。其他一些关于麦金森分类法的若干结果都被保存在康宏逵未发表的笔记中。

② 参见第一编第二章。

和居间型的。值得注意的是，无谓型逻辑有最大者Triv和最小者D，居间型逻辑也有最大者 Neut = Abs∩Triv = K4 ⊕ $p \to \Box p$ 和最小者K，但无稽型逻辑只有最大者Abs，并无最小者。全体无稽型逻辑，即使加上不一致逻辑For，也不是NExtK的完备子格[①]。

　　不言而喻，麦金森定理及其诱发的分类法同样适用于一致的传递逻辑[②]。无谓型和居间型传递逻辑的最小者分别是D4和K4。与NExtK不同的是，无稽型传递逻辑有最小者，就是Q4。接下来证明这一点。不过，在此之前让我们再回想第一编第一章第二节第二部分介绍的两种将模态公式变成无模态公式的语法变换 a 和 t。

　　简言之，变换 a 就是将模态公式中所有形如 $\Box\chi$ 和 $\Diamond\chi$ 的子公式分别换成⊤和⊥的结果。变换 t 则是将模态公式中出现的所有模态算子一概删去的结果。Abs的定理在变换 a 下产生重言式，Triv的定理在变换 t 下产生重言式。众所周知：

　　(∗∗)　　任何一个模态公式是Triv（或Abs）中定理，当且仅当该公式在变换 t（或变换 a）下的结果是经典命题演算C1中的重言式。

　　命题6.1　Q4是最小的无稽型传递逻辑[③]。

　　证明

　　根据无稽型逻辑的定义，Q4是一个无稽型传递逻辑。现在来证明它是最小的，即对任一无稽型逻辑 $L \in$ NExtK4，Q4$\subseteq L$。假设 $L \in$ NExtK4 是一致的无稽型逻辑。根据无稽型逻辑的定义和(∗∗)，可以知道 $L \oplus \Diamond\top$ 既不是Triv的子逻辑，也不会是 Abs 的子逻辑。于是，从麦金森定理便得到 $L \oplus \Diamond\top$=For，是不一致逻辑。因此，$\bot \in L \oplus \Diamond\top$。从K4的演绎定理得到：

$$\Box^{+}\Diamond\top \to \bot \in L^{④}$$

于是，$\Box\bot \lor \Diamond\Box\bot \in L$，即Q4$\subseteq L$。　　　　■

　　事实上，对任何一致的逻辑$L \in$ NExtK4，如果它满足Q4$\subseteq L$，那么L就是一无稽型传递逻辑。证明是显而易见的。如果$Q \in L$，那么$L \oplus \Diamond\top$就是不一致的逻辑，即$L \oplus \Diamond\top$=For。因此，$L \oplus \Diamond\top \not\subseteq$Triv。从$\Diamond\top \in$ Triv立刻得到 $L \not\subseteq$Triv。由于L是一致的，根据麦金森定理，$L \subseteq$Abs。根据(∗∗)，L中不可能含有无谓型定理，否则$L \not\subseteq$Abs。可见，L是一无稽型逻辑。这个结果和命题6.1合在一起就是命题6.2。

---

① 参见康宏逵的《模态、自指和哥德尔定理——一个优美的模态分析案例（代序）》（马库斯 R B 等：《可能世界的逻辑》，康宏逵译，上海，上海译文出版社，1993 年，第29~31 页）。
② 参见第一编第一章第二节第二部分。
③ 该定理及其证明均出自康宏逵尚未发表的笔记。
④ $\Box^{+}\alpha$ 是 $\Box\alpha\land\alpha$ 的缩写。

命题6.2　对任何一致的逻辑$L \in$ NExtK4，L是一无稽型的逻辑，当且仅当Q4$\subseteq L$。

正因为无稽型传递逻辑的最小者是Q4，由Q4的所有正规扩充构成的格NExtQ4也就包括全体无稽型传递逻辑——当然，它还包括不一致传递逻辑For。此外，它还形成NExtK4的一个完备子格。

鉴于一致的正规逻辑划分为无稽型、无谓型和居间型的做法是由麦金森定理所诱发的，我们主张称它为"麦金森分类法"。这里不谈麦金森分类法在模态逻辑研究中如何重要。但是，本书想强调三类正规逻辑各有各的用途。以往的模态逻辑学者拘泥于"必然性"算子□在直观的可能世界语义学中的自然解释而忽视无稽型逻辑，大概要算是一个错误，尽管是一个历史环境酿成的错误。属于无稽型的可证性逻辑GL进入证明论后旋即构成它的一个分支，已经足以显示无稽型逻辑的研究是有广阔前景的。何况NExtGL仅是NExtQ4的一个不算很大的子格。

二、NExtQ4中濒表格性问题的研究动机

前面已经提过，
$$Q4 = K4 \oplus \Diamond\Box\bot \vee \Box\bot^{①}$$
也提过Q4被"濒死的"传递框架类所刻画[②]。一个框架$\mathfrak{F}=\langle W, R\rangle$（无论是不是传递的）称为濒死的，如果它满足：

濒死性条件　　$\forall x \in W(x{\uparrow} = \emptyset \vee \exists y \in x{\uparrow}(y{\uparrow} = \emptyset))$

换句话说，$\mathfrak{F}$中所有的点要么是死点，要么通达死点。如所周知，模态公式$\Diamond\Box\bot \vee \Box\bot$恰好表达这个条件：

$$\mathfrak{F} \vDash \Diamond\Box\bot \vee \Box\bot，当且仅当\mathfrak{F}是濒死的[③]$$

鉴于此，本书提议给迄今无定名的公式$\Diamond\Box\bot \vee \Box\bot$重新取名为$Q$，Q是拉丁字Quietus的起始字母。该拉丁字的意思则是"致死""寂灭"或"停止活动"。据我们所知，只有普赖尔（A. Prior）的一个模态系统曾经用Q命名。然而，他的Q极不寻常，□与◇不保持对偶性，跟本书的系统$Q = K \oplus Q$恐怕难有碰头的机会。

提及研究NExtQ4中濒表格逻辑问题的动机，正是麦金森分类法把本书的注意力引向一直无人问津的NExtQ4。这里恐怕不能不提及Q4作为

---

① 参见第一编第一章第一节的第三部分。

② 同①。

③ 摆出模态公式$\Diamond\Box\bot \vee \Box\bot$对应的濒死性条件不是偶然。事实上，刻画濒表格逻辑的框架所满足的条件会限制范形的性状和数目。对NExtQ4中的逻辑来说，适于它们的框架满足濒死性条件就是最重要的特点。

最小的无稽型传递逻辑的地位。先看图6-1展示的NExtK4的一张总体结构图①。图6-1的右侧展示了所有无谓型传递逻辑构成的格NExtD4（其中D4为最小的无谓型传递逻辑）及其子格NExtS4。

　　这两个格里的濒表格逻辑都已知是有穷多个。图6-1的左侧部分则展现了所有无稽型传递逻辑构成的格NExtQ4（其中Q4为最小的无稽型传递逻辑）及其子格NExtGL。已知NExtGL中的濒表格逻辑是可数多个。图6-1的中间部分显示了所有的居间型传递逻辑构成的格（其中K4为最小的居间型传递逻辑）。可以看到，Q4与D4在图6-1中所处的位置都位于它们所属类型逻辑中的"最低点"。自然产生将两个逻辑格进行比较的想法。最初我们猜测正如NExtS4和NExtD4的情况（它们中的濒表格逻辑都只有有穷多个），最小的无稽型传递逻辑Q4的濒表格的正规扩充的数目也应与NExtGL的相同。鉴于NExtGL中濒表格逻辑的数目是可数多个，NExtQ4中的濒表格逻辑也只有可数多个。然而，我们相信NExtQ4中的濒表格逻辑族（即无稽型的濒表格逻辑族）会有它的特点，却没有料到它有如此鲜明的特点，既不能与它的"对跖格"NExtD4类比，也不能与它的真子格NExtGL类比。NExtQ4中的濒表格成员数不是有穷的，也不是可数的（竟然是不可数的），这些濒表格成员的规范化刻画框架——范形——不都是非既约的，也不都是既约的，但可以说几乎都是既约的！从许多方面看，NExtQ4中的濒表格逻辑族与NExtK4中的十分相似，虽然前者只是后者的真子族。所有这些不寻常的特点，将在本章第二节予以论述。既然已有传递逻辑格（NExtK4）中的濒表格性判据可供利用，我们的论述可以相对简短。

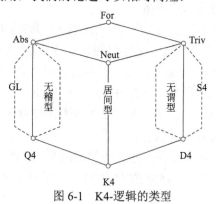

图 6-1　K4-逻辑的类型

　　另外，麦金森分类法也引起若干涉及居间型的濒表格逻辑与非表格逻辑的问题。

---

① 这张图曾在第一编第一章第二节第二部分被展示过，但当时未作具体说明。

首先，按麦金森定理，每个居间型逻辑$L \in$NextK4都有无稽型扩充与无谓型扩充。但是，如果L是濒表格的，那么L的无稽型扩充与无谓型扩充只可能是表格的。L会以什么方式决定它的这些非同型扩充呢？目前不是很清楚。

其次，如果这个居间型L只是非表格的，L会不会具备一种"临界性"，即L的一切濒表格扩充都是无稽型的或者都是无谓型的？不过，这个最初看似令人费解的难题已经有了某种程度上的回答。本书在NExtK4的某子格中找到了这样临界的居间型非表格逻辑的实例，其中一例只有无谓型的濒表格的正规扩充，另一例的唯一的濒表格扩充则是无稽型的逻辑[①]。虽然已经找到例子，但还没有找到行之有效的方法全面地解决NExtK4及其子格中的这个问题。这大概跟我们还不善于决定无稽型或无谓型的濒表格逻辑可能有的直接前趋有关系。我们深知，对诸如此类的难题的认知欠缺大大限制了我们对NExtK4、NExtD4和NExtQ4的认识。

第二节 濒表格逻辑的语义判据的应用——NExtQ4

本节的目标是寻找NExtQ4中濒表格逻辑的范形并确定它们的数目。在可能的情况下，将讨论这些濒表格逻辑的公理化问题。

一、NExtQ4中的濒表格逻辑的范形、分类和基数

由于模态公式 Q 表达濒死性条件，对任何框架$\mathfrak{F}=\langle W, R \rangle$，

$\qquad$ $\text{Log}\mathfrak{F} \in$ NExtQ4，当且仅当$\mathfrak{F}$是濒死的传递框架

濒死性条件给各种范形加上的限制并不多，全是针对这些框架的终端。然而，为了看清楚这是一些什么样的限制，应当严格区分一个传递框架$\mathfrak{F}=\langle W, R \rangle$中的终点（又称极大点）与末点（又称最大点）。

定义6.1 令$\mathfrak{F}=\langle W, R \rangle$是一传递框架。点$x \in W$称为$\mathfrak{F}$中的终点，如果$x\uparrow = \emptyset$，即$x$的真后继集是空集；点$x \in W$称为$\mathfrak{F}$中的末点，如果$x\downarrow^+ = W$。

显而易见，$\mathfrak{F}$中的终点就是其中深度为1的点。同样，$\mathfrak{F}$中的末点一定是终点，但终点未必是末点。

现在可以把濒死性给范形带来的主要特点总结成命题6.3。

命题6.3 令$\mathfrak{F}=\langle W, R \rangle$是刻画NExtQ4中一个濒表格逻辑的范形。这时，$\mathfrak{F}$满足下列三个条件：

(a) $\mathfrak{F}$中所有的终点都是禁自返点；

---

① 参见本书附录 B。

(b)　$\mathfrak{F}$ 或者含末点或者含无穷多个（非末点的）终点；

(c)　如果 $\mathfrak{F}$ 含末点，那么 $\mathfrak{F}$ 含唯一末点。

证明

令 $\mathfrak{F}=\langle W, R\rangle$ 是刻画NExtQ4中一个濒表格逻辑的范形。根据对应理论，$\mathfrak{F}$ 一定满足濒死性条件。

$\mathfrak{F}$ 显然满足条件(a)。因为条件(a)实际上适用于一切濒死的传递框架 $\mathfrak{G}$，因为框架 $\mathfrak{G}$ 中出现任一自返的终点 x，x 会自动满足：

$$x{\uparrow}\neq\varnothing \wedge \forall y \in x{\uparrow}(y{\uparrow}\neq\varnothing)$$

从而破坏濒死性条件。

$\mathfrak{F}$ 满足条件(b)来自一个简单的观察：濒死的伪扇①不含末点，只在终端出现一由禁自返点组成的无穷反链。但是，除此之外，所有濒死的范形一概含末点。很明显，使伪扇与其他这些框架判然有别的是它们的可通达关系 R 不满足收敛性条件：

$$\forall x \in W \ \forall y \in W \ \forall z \in W(y \in x{\uparrow}\wedge z \in x{\uparrow}\to y{\uparrow}\cap z{\uparrow}\neq\varnothing)$$

$\mathfrak{F}$ 满足条件(c)是由于濒死的传递框架 $\mathfrak{F}$ 的末点是死点。如果 $\mathfrak{F}$ 有不止一个末点，那么由于这些末点 x 都是死点，因而都不会满足 $x{\downarrow}^{+}=W$。根据定义6.1，如果存在 $\mathfrak{F}$ 的末点，末点只能有一个。

因此，$\mathfrak{F}$ 满足条件(a)、(b)和(c)。　　　　　　　　　　　　　■

NExtQ4中濒表格逻辑的分类可以归结为刻画它们的范形的分类。这里只需要提示NExtQ4中的这些范形的某些最突出的性状就够了。

1．有穷深度的范形

有穷深度的范形分为两种：濒死的伪钉和濒死的伪梭。濒死的伪钉有末点（图6-2a）；濒死的伪梭一般也有末点（图6-2b）。但是，当伪梭蜕化成一伪扇时，其强颠覆子 X 与有穷既约部 $\mathfrak{f}$ 不相交的余有穷子集 Y 的后继集 S 是一空集，该类型的伪扇不含末点，只含无穷多个终点（图6-2c）。

 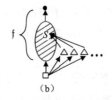 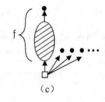

图 6-2　濒死的伪钉和伪梭

---

① 当伪钉中由无穷反链构成的颠覆子的后继集是空集时，伪钉就蜕化成伪扇。所谓"濒死的"伪扇是指满足濒死性条件的伪扇。

2. 无穷深度的范形

无穷深度的范形共分为三类：濒死的收拢式既约框架 f_ω、濒死的 f_ω°-风筝和濒死的 $f_\omega^\bullet$-风筝。这三类框架都有末点（图6-3a、b和c）。对后两类框架，要特别注意其有穷既约部 f 一定存在，否则它们不刻画NExtQ4中的濒表格逻辑。

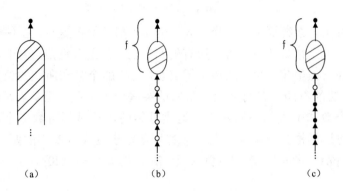

图 6-3　濒死的收拢式既约框架和风筝

现在转向NExtQ4中濒表格逻辑族的基数问题。

传递逻辑格中只有可数多个有穷深度的濒表格逻辑，早经布洛克证明。在它的子格NExtQ4中这类濒表格逻辑的数目要么可数，要么有穷。但充当濒死的伪钉和伪梭的有穷既约部的 f 既然有可数多个非同构的，濒死的伪钉上的逻辑和濒死伪梭上的逻辑也就有可数多个。

传递逻辑格中存在不可数多个无穷深度的濒表格逻辑，也早经布洛克证明。然而，由此根本无法推断在它的子格NExtQ4中这类濒表格逻辑有多少。哪怕已经知道无穷深度的濒死的范形只有三个类型，能断定的也只是濒死的 f_ω°-风筝和濒死的 $f_\omega^\bullet$-风筝至多只有可数多个（因为每一类风筝的尾巴同构，它们的差异完全是有穷既约部 f 不同构造成的，而不同构的 f 至多可数多个）。至于濒死的收拢式既约框架 f_ω，即使人们知道它们都是0-生成框架 $\mathfrak{F}_{K4}(0)$ 的生成子框架，要表明其中非同构的构成一连续统也不得不求助于相当精细的构造。我们的方法是构造 $2^{\aleph_0}$ 个不同构的无穷深度的收拢式既约框架，证明这些框架都是传递逻辑格中无穷深度的濒表格逻辑的范形，并且它们都刻画着不同的逻辑。

定义一类宽度为2的无穷深度的框架，统称 $\mathfrak{F}_I = \langle W_I, R_I \rangle$，此处 $I \subseteq \omega \setminus \{0\}$，

$$W_I = \{a_i : i \in \omega\} \cup \{b_i : i \in I\}$$
$$R_I = \{\langle a_j, a_i \rangle : j, i \in \omega, j > i\} \cup$$
$$\{\langle b_i, a_j \rangle : i \in I, j \in \omega, j > i\} \cup$$
$$\{\langle b_i, b_j \rangle : i, j \in I, i = j \text{ 或 } i > j+1\} \cup$$
$$\{\langle a_i, b_j \rangle : i \in \omega, j \in I, i > j\}$$

容易看出，这类框架中每个点 a_i（$i \in \omega$）都是禁自返点，在任一框架 $\mathfrak{F}_I$ 的每一层上恰好出现一个。所有的 b_i（$i \in I$）都是自返点。由于与框架 $\mathfrak{F}_I$ 对应的自然数集 I 的取法决定了点 b_i（$i \in I$）的个数和所在的位置，根据 I 的取法的不同，它们可能只在 $\mathfrak{F}_I$ 的某些层上出现。正是点 b_i（$i \in I$）出现的个数和位置的不同决定了这类框架的数目是不可数多个。为确保读者对这类框架有直观的想象，特别地举出这类框架中的两个实例。

例6.1 图6-4中 $\mathfrak{F}_I$ 的两例 $\mathfrak{F}_{I_1}$ 和 $\mathfrak{F}_{I_2}$，这里 $I_1 = \omega \setminus \{0\}$，$I_2 = \{1, 3, 4\}$。

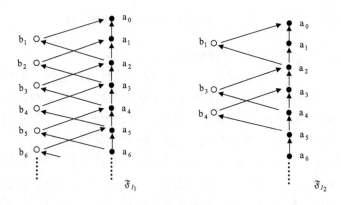

图 6-4　框架 $\mathfrak{F}_I$ 的两个实例

一旦了解框架 $\mathfrak{F}_I$ 的构造法，就不难验证任何一个框架 $\mathfrak{F}_I$ 都是濒死的收拢式既约框架，继而刻画NExtQ4中的一个濒表格逻辑。

命题6.4 对任何自然数集 $I \subseteq \omega \setminus \{0\}$，$\mathfrak{F}_I$ 刻画NExtQ4中的一个无穷深度的濒表格逻辑。

证明

首先，$\mathfrak{F}_I$ 是濒死的传递框架，因为它必有一禁自返的末点，从而自动满足濒死性条件。

其次，$\mathfrak{F}_I$ 是收拢式的。事实上，$\mathfrak{F}_I$ 有一不变的特性，即对每个 $i \in I$，$b_{i+1}\!\uparrow \setminus \{a_i\} = a_i\!\uparrow$。与此同时，$\mathfrak{F}_I$ 中每个深度为 $n+2$（$n \in \omega$）的点都是

深度为 $n+1$ 的禁自返点 a_n 的真前趋。这两个特性兼备便确保每一层上的点是低两层上所有点的前趋，因此 $\mathfrak{F}_I$ 满足条件：

$$\forall n \geq 1 \forall x \in F_{n+2}(F_n \subseteq x\uparrow)$$

从命题5.2得到 $\mathfrak{F}_I$ 是收拢式框架。

最后，$\mathfrak{F}_I$ 还是既约的。要知道，$\mathfrak{F}_I$ 是非既约的仅当 $\mathfrak{F}_I$ 的某一有穷的生成子框架是非既约的。按定理3.2[①]，这蕴涵着 $\mathfrak{F}_I$ 的某一有穷生成子框架在点式归约下可变。然而，在 $\mathfrak{F}_I$ 中出现在同一层上的自返点 b_i 与禁自返点 a_i 对 P_1-，P_2-和 P_3-型点式归约不开放；任一层上的自返点 b_i 的后继集与高一层上的禁自返点 a_{i+1} 的真后继集不相等：$b_i\uparrow \neq a_{i+1}\uparrow$，以致点 a_{i+1} 对 P_5-型点式归约不开放；而 P_4-型点式归约又无一处用得上。既然 $\mathfrak{F}_I$ 的所有有穷生成子框架都在点式归约下不变，足见 $\mathfrak{F}_I$ 是既约的。

因为 $\mathfrak{F}_I$ 是无穷深度的收拢式既约框架，根据定理5.5[②]，可以看出 $\mathrm{Log}\mathfrak{F}_I$ 是传递逻辑格中的无穷深度的濒表格逻辑。又因为 $\mathfrak{F}_I$ 是濒死的，还有 $\mathrm{Log}\mathfrak{F}_I \in \mathrm{NExtQ4}$。∎

下一步，要直截了当地表明 $2^{\aleph_0}$ 个非零自然数集 I 各决定一个独特的濒表格逻辑。为此，先归纳地定义两组无变号公式。令

$$\alpha_0 = \Box\bot, \quad \alpha_{i+1} = \Diamond\alpha_i \wedge \neg \Diamond^2\alpha_i$$

$$\beta_{i+1} = \Diamond\alpha_i \wedge \neg\Diamond^+\alpha_{i+1}$$

此处 $\Diamond^2\alpha$ 代表 $\Diamond\Diamond\alpha$，并且 $\Diamond^+\alpha$ 表示 $\Diamond\alpha \vee \alpha$。然后建立引理6.1。

引理6.1　给定任一框架 $\mathfrak{F}_I$，有

（1）　对每个 $i \in \omega$，$(\mathfrak{F}_I, x) \vDash \alpha_i$，当且仅当 $x = a_i$；

（2）　对每个 $i \in \omega \backslash \{0\}$，$(\mathfrak{F}_I, x) \vDash \beta_i$，当且仅当 $x = b_i$。

证明

施归纳于自然数 i。

基始：当 $i = 0$ 或1时，$x \vDash \alpha_0$，当且仅当 $x = a_0$ 不足论道，$x \vDash \alpha_1$，当且仅当 $x = a_1$ 也不足论道，所以（1）在 $i = 0$ 或1的情况下成立。现在考虑（2）。当 $i = 1$ 时，显然，从 $x = b_1$ 能推出 $x \vDash \beta_1 = \Diamond\alpha_0 \wedge \neg\Diamond\alpha_1 \wedge \neg\alpha_1$。为得到逆蕴涵式，假设 $x \vDash \Diamond\alpha_0 \wedge \neg\Diamond\alpha_1 \wedge \neg\alpha_1$。这时，由（1）得出 $a_0 \in x\uparrow$，$a_1 \notin x\uparrow$ 且 $x \neq a_1$。这意味着 $x = b_1$。可见，（2）在 $i = 1$ 的情况下也成立。

归纳步骤：假设（1）和（2）对所有 $i < n \in \omega$ 都成立。接下来证明它们对 $i = n$ 成立。

---

① 参见第二编第三章第二节定理3.2。
② 参见第二编第五章第三节定理5.5。

对（1）来说，令 $x=a_n$，这时 $a_{n-1}\in a_n{\uparrow}=x{\uparrow}$。按归纳假设，$a_{n-1}\vDash\alpha_{n-1}$，有 $x\vDash\diamondsuit\alpha_{n-1}$。其次，$x{\uparrow}\subseteq\{a_{n-1},\cdots,a_0\}\cup\{b_{n-1},\cdots,b_1\}$，因而得到 $x{\uparrow}\cap a_{n-1}{\downarrow}=\varnothing$。于是，按归纳假设，对所有 $y\in x{\uparrow}$，$y\vDash\neg\diamondsuit\alpha_{n-1}$。因此 $x\vDash\neg\diamondsuit^2\alpha_{n-1}$。总之，$x\vDash\alpha_n$ 成立。

设 $x\vDash\alpha_n=\diamondsuit\alpha_{n-1}\wedge\neg\diamondsuit^2\alpha_{n-1}$。按归纳假设，$x\vDash\diamondsuit\alpha_{n-1}$ 蕴涵着 $a_{n-1}\in x{\uparrow}$，并且 $x\vDash\neg\diamondsuit^2\alpha_{n-1}$ 蕴涵着 $x{\uparrow}\cap a_{n-1}{\downarrow}=\varnothing$。因此，$x=a_n$ 成立。

对（2）来说，令 $x=b_n$，这时，$a_{n-1}\in b_n{\uparrow}$。所以，按（1），$b_n\vDash\diamondsuit\alpha_{n-1}$。又，$b_n\notin a_n{\downarrow}^+$，所以，从（1）推出 $b_n\vDash\neg\diamondsuit\alpha_n\wedge\neg\alpha_n$。总之，$x\vDash\beta_n$ 成立。

设 $x\vDash\beta_n=\diamondsuit\alpha_{n-1}\wedge\neg\diamondsuit\alpha_n\wedge\neg\alpha_n$。按（1），$x\vDash\diamondsuit\alpha_{n-1}$ 蕴涵着 $a_{n-1}\in x{\uparrow}$。根据（1），$x\vDash\neg\diamondsuit\alpha_n\wedge\neg\alpha_n$ 蕴涵着 $a_n\notin x{\uparrow}^+$。因此，$x=b_n$ 成立。 ■

利用上述辅助论断得到命题6.5。

命题6.5 对任何 I，$I'\subseteq\omega\setminus\{0\}$，如果 $I\neq I'$，那么 $\mathrm{Log}\mathfrak{F}_I\neq\mathrm{Log}\mathfrak{F}_{I'}$。

证明

设 $I\neq I'$ 且 I，$I'\subseteq\omega\setminus\{0\}$。可以假定存在 $i\in I$ 但 $i\notin I'$ 不失一般性。于是，存在一 $x\in W_I$ 使得 $x=b_i$。由引理6.1便可以得到 $(\mathfrak{F}_I,x)\nvDash\neg\beta_i$。这表明 $\mathfrak{F}_I\nvDash\neg\beta_i$，足见 $\neg\beta_i\notin\mathrm{Log}\mathfrak{F}_I$。另外，对所有 $x\in W_{I'}$，$x\neq b_i$。因而从引理6.1得到：

$$\text{对任一}\,x\in W_{I'}，\quad(\mathfrak{F}_I,x)\vDash\neg\beta_i$$

这表明 $\mathfrak{F}_{I'}\vDash\neg\beta_i$，足见 $\neg\beta_i\in\mathrm{Log}\,\mathfrak{F}_{I'}$。 ■

命题6.4和命题6.5合在一起产生了定理6.1。

定理6.1 NExtQ4中存在一无穷深度的濒表格逻辑的连续统，刻画这些无穷深度的濒表格逻辑的范形都是濒死的收拢式既约框架 $\mathfrak{f}_\omega$。

二、NExtQ4中一类濒表格逻辑的公理化问题

NExtQ4中无穷深度的濒表格逻辑有 $2^{\aleph_0}$ 个，其中不递归可公理化的也必定有 $2^{\aleph_0}$ 个，只是在极其特殊的情况下才会遇到递归可公理化的，所以不予讨论。

在这种情况下，我们把当前的目标限定于NExtQ4中一类易于处理的有穷深度濒表格逻辑的有穷公理化问题。当然这种处理方法是否能移用到其他更为复杂的范形上去，是值得探讨的。

先考虑伪钉逻辑与伪梭逻辑的一种简单特例，在这样的特例中伪钉的"极小"①约本（它的原型），即与该伪钉相关的某有穷伪钉 $\mathfrak{f}_{(1)}$ ②，恰是

---

① 参见本书第 121 页脚注①中的说明。
② 参见第二编第四章第三节定义 4.5。

既约的；伪梭的"极小"约本（它的原型），即与该伪梭相关的某有穷伪梭 $f_{(1)}^{S}$，也恰好是既约的。这样的特例是最常见的，它们易于处理是因为不需要对这部分的完备描述做太多的变动便可以实现所求的公理化。为行文简便，统一用符号 f 表示伪钉和伪梭的"极小"约本 $f_{(1)}$ 和 $f_{(1)}^{S}$ [①]。

对于本节考察的这类简单的伪钉和伪梭，令 f 是它们的"极小"约本。这意味着 f 是一濒死的有穷有根传递既约框架。为醒目，把框架 f 的基集也写成 f，把提及 f 中可通达关系的描述一律省去，代之以后继集号↑。前面已经多次指出，这样的既约框架一定是0-生成的，其中每一点 $w \in f$ 被一无变号公式 χ_w ——称为 w 的特征公式——所决定，即

$$(f, x) \vDash \chi_w,\quad \text{当且仅当 } x = w$$

现在令濒死的有穷传递既约框架 f 深度为 n。仿查格罗夫的办法，对所有点 $w \in f$，给出特征公式 χ_w 的归纳定义：

（1）如果 w 的深度为1，$\chi_w = \Box \bot$；

（2）设 χ_u 对所有深度 $<m$ 的点 $u \in f$ 已有定义，又设 w 的深度为 m。这时，按下列规则构造公式 χ_w：

　　　a. 如果 w 是禁自返点，那么

$$\chi_w = \chi_w^1 \wedge \Box \chi_w^2 \wedge \neg \chi_w^2$$

　　　b. 如果 w 是自返点，那么

$$\chi_w = \chi_w^1 \wedge \Diamond \chi_w^1 \wedge \Box(\neg \chi_w^1 \to \chi_w^2) \wedge \bigwedge_{d(u)=m\&\neg uRu} \neg\Diamond \chi_u$$

此处，$\chi_w^1 = \bigwedge_{u \in w\uparrow} \Diamond \chi_u \wedge \bigwedge_{u \notin w\uparrow} \neg \Diamond \chi_u$ 且 $\chi_w^2 = \bigvee_{u \in w\uparrow} \chi_u$。

有了每一点 $w \in f$ 的特征公式，可以只用两个公理来描述框架 f：

Ax1.　　　　　　　　　$\bigvee_{w \in f} \chi_w$

Ax2.　　　　　　　$\bigwedge_{w \in f}(\Box^+(\chi_w \to p) \vee \Box^+(\chi_w \to \neg p))$

公理Ax1规定了每一点 $w \in f$ 的类型，同时也规定了它的后继集 $w\uparrow$ 的组成；公理Ax2断定了每个类型的点的唯一性。应当很清楚，这个公理系统是范畴的。

关心逻辑的初等性的读者不妨留意，Ax1和Ax2都是萨奎斯特-范本腾公式[②]。有一种简单的算法得到它们的一阶对应物：

$$\forall x \bigvee_{w \in f} \chi_w^*(x)$$

---

① 读者应该注意：这里的 f 与伪钉和伪梭的有穷既约部是有区别的。

② 参见第一编第一章第二节第三部分。

和

$$\forall x \forall y \in x \uparrow^+ \forall z \in x \uparrow^+ (\chi_w^*(y) \wedge \chi_w^*(z) \to y = z)$$

这里 $\varphi_w^*(x)$ 是指模态公式 φ 的一阶对应公式，x 是其中的自由变号。

显而易见，在本书为 Log f 设计的公理系统中，Ax2 是唯一蕴涵 f 的有穷性的。当描述来自 f 的无穷伪钉或无穷伪梭时，首先需要修正的就是这条公理。修正的办法很简单，无非是把它改成：

Ax2′.　　　　$\bigwedge_{w \in f \& w \neq w^*} (\Box^+(\chi_w \to p) \vee \Box^+(\chi_w \to \neg p))$

此处，如果 f 是伪钉的"极小"约本，w^* 是 f 的根；如果 f 是伪梭的"极小"约本，w^* 是该伪梭的强颠覆子中的余有穷子集 Y[①] 与 f 的唯一公共点（按布洛克的处理法，前一种情况下 $w^* \in f$ 将被替换成越来越大的真团，后一种情况下 $w^* \in f$ 将被复制成越来越大的反链）。

然而，仅修正 Ax2 是不够的。

对于伪钉的逻辑，应当补充一条新公理。

Ax3.　　　　　　$\chi_{w^*} \wedge p \to \Box(\chi_{w^*} \to \Diamond p)$

这是一个萨奎斯特-范本腾公式，对应于一阶公式：

$$\forall x \forall y (\chi_{w^*}^*(x) \wedge \chi_{w^*}^*(y) \to (x \in y \uparrow \leftrightarrow y \in x \uparrow))$$

因此，Ax3 是说伪钉的各个根互相对称。

对于伪梭的逻辑，应当补充另一条公理，与 Ax3 不同：

Ax4.　　　　$q \vee \Box(q \to \Box(\chi_{w^*} \to p) \vee \Box(\chi_{w^*} \to \neg p))$

这也是一个萨奎斯特-范本腾公式，对应于一阶公式：

$$\forall x \forall y \in x \uparrow (\exists s \in y \uparrow \exists t \in y \uparrow (s \neq t \wedge \chi_{w^*}^*(s) \wedge \chi_{w^*}^*(t)) \to x = y)$$

因此，Ax4 是说伪梭中无穷反链至多有一个公共前趋。

容易看出，对任何伪钉 $\mathfrak{F}$，那么，

$$\text{Log}\mathfrak{F} = Q4 \oplus Ax1 \oplus Ax2' \oplus Ax3$$

对任何伪梭 $\mathfrak{G}$，那么，

$$\text{Log}\mathfrak{G} = Q4 \oplus Ax1 \oplus Ax2' \oplus Ax4$$

不能指望濒表格逻辑的公理系统是范畴的。然而，在某种意义上，本书的公理系统确是"弱范畴的"：凡满足该公理系统的含强颠覆子的有根的可数框架必定与一伪钉（伪梭）同构。

[①] 对 Y 的解释参见第二编第四章第三节。

第三节　NExtS4、NExtD4 和 NExtGL 中濒表格逻辑的范形

第一编第二章详述了关于传递逻辑格的若干子格——NExtS4、NExtD4和NExtGL——的濒表格逻辑的结果。它们各自的濒表格逻辑的范形（用本书的术语）都被找到了[①]。尽管本节涉及的研究对象已经是模态逻辑经典知识的一部分，但本节将用我们的方法——传递逻辑格中的濒表格逻辑的判据——重新获得这些已知结果。本节不仅展示了这些范形是如何与本书给出的判据相一致的，同时也提供了一些应用判据的经验——框架所满足的条件限制范形的形状和数目。

一、NExtS4中的濒表格逻辑的范形

已经知道，NExtS4中有5个濒表格逻辑，它们的刻画框架分别是无穷球、无穷链、无穷钉、无穷扇和无穷梭，如图6-5所示。

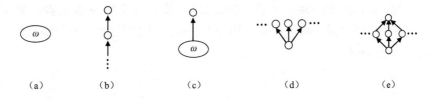

（a）　　　（b）　　　（c）　　　（d）　　　（e）

图 6-5　NExtS4 中 5 个濒表格逻辑的范形

在上述5个范形中，只有被称为无穷链的框架是无穷深度的，其余4个均是有穷深度濒表格逻辑的刻画框架。现在用本书的判据来看这些范形是如何得到的。

首先应该回答的问题是：为什么没有收拢式既约框架作为 NExtS4 中濒表格逻辑的范形？

很简单，因为所有适于S4的框架都必须满足自返和传递的性质。这意味着框架上每一个点都是自返的。深度为1的点也是自返的。在这种情况下，每一个濒表格逻辑的刻画框架都不会是既约的。所以，不可能存在收拢式既约框架f_ω成为其中濒表格逻辑的范形。类似地，$f_\omega^{\cdot}$-风筝也不会是其中濒表格逻辑的范形。这说明，能成为NExtS4中无穷深度濒表格逻辑的范形的

---

① 参见第一编第二章。

框架只能是f_ω°-风筝。由于要满足框架上的每一点都是自返的，f_ω°-风筝中的既约部分只能蜕化成单个自返点。（在其他任何情况下，该部分都不会是既约的），与其尾巴在一起形成一条由自返点构成的无穷链。

适于S4-逻辑的框架都必须满足自返性,这一特点也极大影响着其有穷深度濒表格逻辑的范形的形状和数目。我们知道，传递逻辑格中有穷深度濒表格逻辑的范形一共有两类框架——伪钉和伪梭。显然，由于所有范形都要求具备自返性，这使得伪钉和伪梭的既约部分都不得不蜕化成单个自返点。在其既约部分不存在的情况下，该伪钉就是一无穷球（图6-5a），该伪梭就成为无穷扇（图6-5d）；在其既约部分存在的情况下，该伪钉就是如图6-5c所示的无穷钉。如果颠覆子的后继集不是空集，那么该伪梭则成为无穷梭（图6-5e）；如果颠覆子的后继集是空集，那么该伪梭则成为无穷扇（图6-5d）。

这样一来，NExtS4中的濒表格逻辑的5个范形就从本书的判据中得到了。

二、NExtD4中的濒表格逻辑的范形

NExtS4是NExtD4的子格。NExtD4一共有10个濒表格逻辑。除了NExtS4中的5个濒表格逻辑外（图6-5），NExtD4中其余5个濒表格逻辑的范形如图6-6所示。

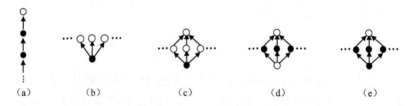

图6-6　NExtD4中5个不属于NExtS4的濒表格逻辑的范形

我们已经从NExtS4的濒表格逻辑的范形的分析中得到经验：刻画这些逻辑的框架所满足的某些性质很大程度上决定了范形的形状和数目。这一点在NExtD4中也得到了应验。

任何适于D4-逻辑的框架都满足持续性。因此，NExtD4中的濒表格逻辑的范形f_ω°-风筝和$f_\omega^\bullet$-风筝的既约部分蜕化成单个自返点。这时，f_ω°-风筝只能是NExtS4中的无穷链。对$f_\omega^\bullet$-风筝来说，它的既约部分是单个自返点。，只能与后面由禁自返点•构成的尾巴连在一起，形成图6-6所示的无穷"链"（图6-6a）。

　　收拢式既约框架是否会成为其中濒表格逻辑的范形呢？由于范形中的每一个点都必须是有后继的，该范形中深度为1的点一定是单个自返点。在这种情况下，该范形不可能是既约的。即NExtD4和NExtS4一样不可能出现收拢式既约框架作为范形的情况。

　　NExtD4中有穷深度濒表格逻辑的范形分为两类——满足持续性条件的伪钉和满足持续性条件的伪梭。如果它们的既约部分不存在，那么伪钉蜕化成NExtS4中的无穷团，伪梭蜕化成无穷"扇"。由于框架只需满足持续性条件，无穷"扇"将根据其根是自返点（即NExtS4中的无穷扇[1]）还是禁自返点分为两类（图6-6b）。在伪钉和伪梭的既约部分存在的情况下，由于要满足持续性，它们只能蜕化成单个自返点。此时，伪钉蜕化成NExtS4中的无穷钉[2]。对伪梭来说，如果颠覆子的后继集不是空集，伪梭蜕化成无穷"梭"。无穷"梭"将根据根是否为自返点还是禁自返点，以及它们的颠覆子是由自返点构成还是由禁自返点构成，分为4个（图6-5e及图6-6c、d和e），其中全由自返点构成的无穷梭属于NExtS4；如果颠覆子的后继集是空集，此时，伪梭的颠覆子不可能是禁自返点，只能全部由自返点构成，与其既约部分的单个自返点合在一起，蜕化成前文提及的两个无穷"扇"（图6-5d和图6-6b）。

　　可见，NExtD4中有如图6-5和图6-6所展示的10个濒表格逻辑的范形。

三、NExtGL中的濒表格逻辑的范形

　　布洛克已经证明NExtGL中有可数多个濒表格逻辑。它们的范形如图6-7所示。

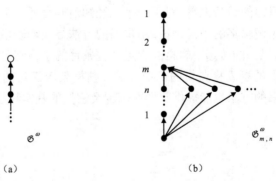

图6-7　NExtGL 中的濒表格逻辑的范形

---

① 参见图 6-5d。
② 参见图 6-5c。

众所周知，适于GL的框架都是禁自返和不含严格无穷上升链的传递框架。可见，NExtGL中的濒表格逻辑的范形都是禁自返的。于是，鉴于f_ω°-风筝和$f_\omega^\bullet$-风筝都含有自返点，它们都不会成为NExtGL中无穷深度濒表格逻辑的范形。因此，对无穷深度濒表格逻辑来说，能作为范形的框架只能是收拢式既约框架f_ω。由于适于GL的框架上的每个点都是禁自返的，作为范形的收拢式既约框架上深度为1的点是单个禁自返点●，深度为2的点是单个禁自返点●，……，深度为n（$n \geq 1$）的点是单个禁自返点●。这表明在该类框架满足收拢性条件的情况下，f_ω只能是由禁自返点组成的一条无穷下降链（图6-7a）。

无穷深度濒表格逻辑的范形已经找到了，再看有穷深度濒表格逻辑的范形。

由于这些范形中不可能出现含有自返点的框架，任何伪钉都不会成为NExtGL中有穷深度濒表格逻辑的范形。能成为范形的伪梭则必须满足禁自返条件。这意味着伪梭的颠覆子和根都由禁自返点构成。在其有穷既约部分不存在的情况下，伪梭蜕化成一完全由禁自返点构成的无穷"扇"（图6-7b，其中$m=0$，$n=1$）。而其有穷既约部分，如果存在，根据上述类似的分析，将形成一条由有穷多个禁自返点构成的链。这样一来，能够灵活变动的部分只有其颠覆子的后继集。如果颠覆子的后继集是空集，伪梭蜕化成一边拖着一有穷●-链的无穷伪"扇"（图6-7b，其中$m=0$，$n>1$）；如果颠覆子的后继集不是空集，伪梭蜕化成一边拖着一有穷●-链的无穷伪"梭"（图6-7b，其中$m>0$，$n \geq 1$[①]）。根据有穷●-链的长度的不同和颠覆子后继集的不同，范形的数目是可数多个。

就目前的经验来看，对于一个已经知道其合适的框架应该满足什么条件的传递逻辑格的子格来说，用本书的方法寻找濒表格逻辑的范形不是什么难事。已知的传递逻辑格的满足某些条件的子格都可以应用本书的方法寻找它们的濒表格逻辑的范形。对那些框架应满足的条件尚不清楚的子格，本书的方法也能提供范形的范围及它们的基本特征和性状。

[①] 当$m=1$且$n=1$时，无穷伪"梭"就成为全由禁自返点构成的真正的"梭"。

第七章 从一种新观点看问题

本章收集了一些观察结果。这些结果涉及传递逻辑格中灭表格逻辑不为人们熟知的一些语义特征，主要指向灭表格逻辑与框架逻辑、子框架逻辑和共尾子框架逻辑之间的关系。这里论及的语义特征不是前文所描述的，本书的附录C中将引入相关的背景知识供读者备查。这里仅作简要说明[1]。

本章将要使用扎哈里雅雪夫的典范公式作技术工具。正如他已表明的：对任何逻辑 $L \in \text{NExtK4}$，总有一典范公式集 Γ 把 L 公理化，即 $L = \text{K4} \oplus \Gamma$。给定任一有穷有根的克里普克框架 $\mathfrak{F}$，分别用典范公式 $\alpha^{(\#)}(\mathfrak{F}, \perp)$[2]，$\alpha(\mathfrak{F})$ 和 $\alpha(\mathfrak{F}, \perp)$ 充当 $\mathfrak{F}$ 的框架公式、子框架公式和共尾子框架公式。令 $L \in \text{NExtK4}$，

L 是框架逻辑，如果 L 能被表示成 $\text{K4} \oplus \{\alpha^{(\#)}(\mathfrak{F}_i, \perp) : i \in I\}$；

L 是子框架逻辑，如果 L 能表示成 $\text{K4} \oplus \{\alpha(\mathfrak{F}_i) : i \in I\}$；

L 是共尾子框架逻辑，如果 L 能表示成 $\text{K4} \oplus \{\alpha(\mathfrak{F}_i, \perp) : i \in I\}$。

后文还要经常援引范因定理的另一版本（为简便，今后在用到该定理时也称为范因定理）：

设 $\mathfrak{G}$ 是一传递框架且 $\mathfrak{F}$ 是一有穷有根的传递框架。于是，$\mathfrak{G} \nvDash \alpha^{(\#)}(\mathfrak{F}, \perp)$，当且仅当 $\mathfrak{G}$ 的某一生成子框架可归约到 $\mathfrak{F}$。

第一节 传递的灭表格逻辑和它们的表格扩充

想在传递逻辑格的上部进行探索的欲望引领我们到了灭表格逻辑这里。灭表格逻辑的真扩充都是表格逻辑。本节的目的就是讨论作为灭表格逻辑真扩充的表格逻辑的刻画框架的某些特点。

作为传递的灭表格逻辑的正规扩充，本书研究的这些表格逻辑的刻画

---

[1] 参见附录 C、查格罗夫和扎哈里雅雪夫 *Modal Logic*（Oxford，Oxford University Press，1997，pp.286~431）、扎哈里雅雪夫 "Canonical formulas for K4. part I: basic results"（*The Journal of Symbolic Logic*，Vol.57，1992，pp.1377~1402）、扎哈里雅雪夫 "Canonical formulas for K4. part II: cofinal subframe logics"（*The Journal of Symbolic Logic*，Vol.61，1996，pp.421~449）及扎哈里雅雪夫 "Canonical formulas for K4. part III: the finite model property"（*The Journal of Symbolic Logic*，Vol.62，1997，pp.950~975）。

[2] 扎哈里雅雪夫的框架公式 $\alpha^{\#}(\mathfrak{F}, \perp)$ 与范因的框架公式 $A(\mathfrak{F})$ 是演绎等价的。

框架与濒表格逻辑的范形密切相关。

命题7.1　　令 $L = \text{Log}\mathfrak{F}$ 是传递逻辑格中的无穷深度濒表格逻辑，$\mathfrak{F}$ 是一收拢式既约框架 f_ω 或一 f_ω°-风筝或 $\mathsf{f}_\omega^\bullet$-风筝。这时，对任何有穷有根的传递的克里普克框架 $\mathfrak{G}$，$\mathfrak{G} \vDash L$，当且仅当 $\mathfrak{G}$ 与 $\mathfrak{F}$ 的某点生成子框架同构。

证明

设 $L = \text{Log}\mathfrak{F}$ 是传递逻辑格中的无穷深度濒表格逻辑，$\mathfrak{F}$ 是一收拢式既约框架 f_ω 或一 f_ω°-风筝或 $\mathsf{f}_\omega^\bullet$-风筝。($\Leftarrow$)不足道。($\Rightarrow$)设 $\mathfrak{G}$ 是任一有穷有根的传递的克里普克框架，$\mathfrak{G} \vDash L$ 但 $\mathfrak{G}$ 与 $\mathfrak{F}$ 的任何点生成子框架不同构。根据定理5.2的证明[①]，$\mathfrak{F}$ 满足条件：

D1　对任一框架 $\mathfrak{F}' \in R(G(\mathfrak{F}))$，存在一 $\mathfrak{G} \in G(\mathfrak{F})$ 使得 $\mathfrak{F}' \cong \mathfrak{G}$。

这意味着 $\mathfrak{G} \notin R(G_p(\mathfrak{F}))$，即 $\mathfrak{F}$ 没有点生成子框架可归约到 $\mathfrak{G}$。否则，根据 $\mathfrak{F}$ 满足条件D1和 $\mathfrak{G}$ 本身是有根框架，可以得到：

$$\text{存在一 } \mathfrak{G}' \in G_p(\mathfrak{F}) \text{ 使得 } \mathfrak{G}' \cong \mathfrak{G}$$

这就与"$\mathfrak{G}$ 与 $\mathfrak{F}$ 的任何点生成子框架不同构"的假设相矛盾。因此，$\mathfrak{F}$ 没有点生成子框架可归约到 $\mathfrak{G}$。既然 $\mathfrak{G}$ 是有根的，$\mathfrak{F}$ 没有生成子框架可归约到 $\mathfrak{G}$[②]。于是，从范因定理可以得到 $\mathfrak{F} \vDash \alpha^{(\#)}(\mathfrak{G}, \bot)$，即 $\alpha^{(\#)}(\mathfrak{G}, \bot) \in \text{Log}\mathfrak{F} = L$。然而，按假设 $\mathfrak{G} \vDash L$，结果得出 $\mathfrak{G} \vDash \alpha^{(\#)}(\mathfrak{G}, \bot)$。这显然是荒谬的，原假设不成立。所以，对任何有穷有根的传递的克里普克框架 $\mathfrak{G}$，$\mathfrak{G} \vDash L$ 蕴涵着 $\mathfrak{G}$ 与 $\mathfrak{F}$ 的某点生成子框架同构。　　　　　■

显然，命题7.1在删去"框架 $\mathfrak{G}$ 的有根性"这一条件后是不成立的[③]。例如，由框架 $\langle\{x,y\},\varnothing\rangle$ 刻画的表格逻辑，根据不相交并定理，恰是NExtK 中最大的无稽型逻辑 Abs=Log•，也正是濒表格逻辑GL.3的扩充。该框架同样适于GL.3，但却不与GL.3的范形的任一生成子框架同构。

命题7.1的证明关键在于收拢式既约框架 f_ω、f_ω°-风筝和 $\mathsf{f}_\omega^\bullet$-风筝都满足条件D1。这让人不由地联想到传递逻辑格中有穷深度濒表格逻辑的范形——伪钉和伪梭——都满足条件C1。于是，类似地，我们有命题7.2。

命题7.2　　令 $L = \text{Log}\mathfrak{F}$ 是传递逻辑格中有穷深度的濒表格逻辑，$\mathfrak{F}$ 是一伪钉或一伪梭。这时，对任何有穷有根的传递的克里普克框架 $\mathfrak{G}$，$\mathfrak{G} \vDash L$，当且仅当 $\mathfrak{G}$ 与 $\mathfrak{F}$ 的某一点生成子框架同构或者与 $\mathfrak{F}$ 的某一作为 $\mathfrak{F}$ 约本的

---

① 参见第二编第五章第三节定理 5.2。

② 要得到这一结论需要记住证明开头的假设——$\mathfrak{F}$ 是一收拢式既约框架 f_ω 或一 f_ω°-风筝或 $\mathsf{f}_\omega^\bullet$-风筝。

③ 命题 7.1 在删去这一条件之后其完整表述应为："令 $L=\text{Log}\mathfrak{F}$ 是传递逻辑格中无穷深度的濒表格逻辑，$\mathfrak{F}$ 是一收拢式既约框架 f_ω 或一 f_ω°-风筝或 $\mathsf{f}_\omega^\bullet$-风筝。这时，对任何有穷传递的克里普克框架 $\mathfrak{G}$，$\mathfrak{G} \vDash L$，当且仅当 $\mathfrak{G}$ 与 $\mathfrak{F}$ 的某一生成子框架同构。"

子框架同构。

证明

令 $L = \mathrm{Log}\,\mathfrak{F}$ 是传递逻辑格中有穷深度的濒表格逻辑，$\mathfrak{F}$ 是一伪钉或伪梭。($\Leftarrow$) 不足论道。($\Rightarrow$) 设 $\mathfrak{G}$ 是任一有穷有根的传递的克里普克框架，但 $\mathfrak{G}$ 与 $\mathfrak{F}$ 的任何点生成子框架不同构，同时 $\mathfrak{G}$ 也不和 $\mathfrak{F}$ 的任何作为其约本的子框架同构。根据命题4.5[①]，$\mathfrak{F}$ 满足条件：

C1　对任一 $\mathfrak{F}' \in R(G(\mathfrak{F}))$，存在一 $\mathfrak{G} \in E(\mathfrak{F})$ 满足 $\mathfrak{F}' \cong \mathfrak{G}$

根据 $\mathfrak{G}$ 的有根性，我们对 $\mathfrak{G}$ 的其他假设说明：并不存在某个属于 $E(\mathfrak{F})$ 的框架与 $\mathfrak{G}$ 同构。$\mathfrak{F}$ 满足条件C1，这意味着 $\mathfrak{G} \notin R(G(\mathfrak{F}))$，即 $\mathfrak{F}$ 没有生成子框架可归约到 $\mathfrak{G}$。否则，根据 $\mathfrak{F}$ 满足条件C1，可以得到：

$$存在一 \mathfrak{G}' \in E(\mathfrak{F}) 使得 \mathfrak{G}' \cong \mathfrak{G}$$

这就与前面得到的"并不存在某个属于 $E(\mathfrak{F})$ 的框架与 $\mathfrak{G}$ 同构"的结论相矛盾。于是，根据范因定理，便得到 $\mathfrak{F} \vDash \alpha^{(\#)}(\mathfrak{G}, \perp)$，即 $\alpha^{(\#)}(\mathfrak{G}, \perp) \in \mathrm{Log}\,\mathfrak{F} = L$。然而，按范因定理，有 $\mathfrak{G} \nvDash \alpha^{(\#)}(\mathfrak{G}, \perp)$，即 $\mathfrak{G} \nvDash L$。所以，对任何有穷有根的传递的框架 $\mathfrak{G}$，$\mathfrak{G} \vDash L$ 蕴涵着 $\mathfrak{G}$ 与 $\mathfrak{F}$ 的某一点生成子框架同构或者与 $\mathfrak{F}$ 的某一作为 $\mathfrak{F}$ 约本的子框架同构。∎

从命题7.1和命题7.2可以发现一些有趣的现象。

首先，存在被有穷有根的传递的克里普克框架刻画的表格逻辑，不是传递逻辑格中任何濒表格逻辑的正规扩充。

例7.1　令 $\mathfrak{F} = \langle \{1,2,3,4,5\}, \{\langle i, j \rangle : i, j \in \{1,2,3,4,5\} \,\&\, i \leqslant j\} \backslash \{\langle 4,5 \rangle\} \rangle$，如图7-1所示。

图7-1　框架 $\mathfrak{F}$ 的图示

很容易知道 $\mathrm{Log}\,\mathfrak{F}$ 不会是传递逻辑格中任何濒表格逻辑的扩充。要确定这一点，不需要大费周章地在 $\mathfrak{F}$ 上构造出传递逻辑格中每个濒表格逻辑的反模型。根据本书的结果——命题7.1和命题7.2及 $\mathfrak{F}$ 本身是有根的传递框架这一事实，很容易知道，由于 $\mathfrak{F}$ 本身不与传递逻辑格中的任一濒表格逻辑范形的某点生成子框架同构，或者与作为该范形的某一约本的子框架同

---

① 参见第二编第四章第三节命题4.5。

构，$\mathfrak{F}$ 不会适于传递逻辑格中任何一个濒表格逻辑，即表格逻辑 $\mathrm{Log}\,\mathfrak{F}$ 不会是传递逻辑格中任何濒表格逻辑的正规扩充。

其次，无根的有穷传递框架所刻画的表格逻辑，该如何判断它们是否为传递逻辑格中某个濒表格逻辑的正规扩充呢？

解决方法很简单。无根的有穷传递框架可以分解为有穷多个点生成子框架，而原框架所刻画的逻辑恰好也是这些点生成子框架构成的不相交并或者框架类所刻画的逻辑。考虑这一点，焦点就可以转到该框架的所有点生成子框架上了。

命题7.3 令 $L = \mathrm{Log}\,\mathfrak{F}$ 是传递逻辑格中无穷深度的濒表格逻辑，$\mathfrak{F}$ 是一收拢式既约框架 $\mathfrak{f}_\omega$ 或一 $\mathfrak{f}_\omega^\circ$-风筝或 $\mathfrak{f}_\omega^*$-风筝。这时，对任何有穷传递的克里普克框架 $\mathfrak{G}$，$\mathfrak{G} \vDash L$，当且仅当 $\mathfrak{G}$ 的所有点生成子框架都与 $\mathfrak{F}$ 的某一点生成子框架同构。

证明

设 $L = \mathrm{Log}\,\mathfrak{F}$ 是传递逻辑格中无穷深度的濒表格逻辑，$\mathfrak{F}$ 是一收拢式既约框架 $\mathfrak{f}_\omega$ 或一 $\mathfrak{f}_\omega^\circ$-风筝或 $\mathfrak{f}_\omega^*$-风筝。($\Leftarrow$)设 $\mathfrak{G}$ 是任一有穷传递的克里普克框架且 $\mathfrak{G} \nvDash L$。这时，存在一模态公式 φ 使得 $\varphi \in L$ 但 $\mathfrak{G} \nvDash \varphi$。于是，存在一 $\mathfrak{G}$ 的点生成子框架 $\mathfrak{G}'$ 满足 $\mathfrak{G}' \nvDash \varphi$。由于 $L = \mathrm{Log}\,\mathfrak{F}$，从 $\varphi \in L$ 得到 $\mathfrak{F} \vDash \varphi$。这时，$\mathfrak{G}'$ 不会与 $\mathfrak{F}$ 的任一点生成子框架同构；否则，就会得到 $\mathfrak{F} \nvDash \varphi$。因此，当 $\mathfrak{G}$ 的所有点生成子框架都与 $\mathfrak{F}$ 的一个点生成子框架同构时，$\mathfrak{G} \vDash L$。($\Rightarrow$)设 $\mathfrak{G}$ 是任一有穷传递的克里普克框架，并且存在一 $\mathfrak{G}$ 的点生成子框架 $\mathfrak{G}'$ 与 $\mathfrak{F}$ 的任何点生成子框架都不同构。根据定理5.2的证明[①]，$\mathfrak{F}$ 满足条件：

D1   对任一框架 $\mathfrak{F}' \in R(G(\mathfrak{F}))$，存在一 $\mathfrak{G} \in G(\mathfrak{F})$ 使得 $\mathfrak{F}' \cong \mathfrak{G}$。

这意味着 $\mathfrak{G}' \notin R(G(\mathfrak{F}))$，即 $\mathfrak{F}$ 没有生成子框架可归约到 $\mathfrak{G}'$。否则，根据 $\mathfrak{F}$ 满足条件D1和 $\mathfrak{G}'$ 本身是有根框架，可以得到

$$\text{存在一 } \mathfrak{G}'' \in G_p(\mathfrak{F}) \text{ 使得 } \mathfrak{G}'' \cong \mathfrak{G}'$$

这就与"$\mathfrak{G}'$ 与 $\mathfrak{F}$ 的任何点生成子框架不同构"的假设相矛盾。于是，按范因定理，$\mathfrak{F} \vDash \alpha^{(\#)}(\mathfrak{G}', \bot)$，即 $\alpha^{(\#)}(\mathfrak{G}', \bot) \in \mathrm{Log}\,\mathfrak{F} = L$。然而，按范因定理，$\mathfrak{G}' \nvDash \alpha^{(\#)}(\mathfrak{G}', \bot)$。可见，$\mathfrak{G} \nvDash L$。正因为 $\mathfrak{G}'$ 是 $\mathfrak{G}$ 的点生成子框架，有 $\mathfrak{G} \nvDash L$。所以，对任何有穷传递的克里普克框架 $\mathfrak{G}$，$\mathfrak{G} \vDash L$ 蕴涵着 $\mathfrak{G}$ 的所有点生成子框架都与 $\mathfrak{F}$ 的某一点生成子框架同构。∎

上述命题是涉及无穷深度濒表格逻辑的，还有涉及有穷深度濒表格逻辑的相关命题。

---

① 参见第二编第五章第三节定理 5.2。

命题7.4　令 $L = \mathrm{Log}\,\mathfrak{F}$ 是传递逻辑格中有穷深度的濒表格逻辑，$\mathfrak{F}$ 是伪钉或伪梭。这时，对任何有穷传递的克里普克框架 $\mathfrak{G}$，$\mathfrak{G} \vDash L$，当且仅当 $\mathfrak{G}$ 所有的点生成子框架，都与 $\mathfrak{F}$ 的某一点生成子框架同构或者与 $\mathfrak{F}$ 的某一作为 $\mathfrak{F}$ 约本的子框架同构。

证明

令 $L = \mathrm{Log}\,\mathfrak{F}$ 是传递逻辑格中有穷深度的濒表格逻辑，$\mathfrak{F}$ 是伪钉或伪梭。($\Longleftarrow$)设 $\mathfrak{G}$ 是任一有穷传递的克里普克框架且 $\mathfrak{G} \nvDash L$。这时，存在一模态公式 φ 使得 $\varphi \in L$ 且 $\mathfrak{G} \nvDash \varphi$。于是，存在一 $\mathfrak{G}$ 的点生成子框架 $\mathfrak{G}'$ 满足 $\mathfrak{G}' \nvDash \varphi$。由于 $L = \mathrm{Log}\,\mathfrak{F}$，$\mathfrak{F} \vDash \varphi$。因此，$\mathfrak{G}'$ 既不会与 $\mathfrak{F}$ 的任一点生成子框架同构，也不会与 $\mathfrak{F}$ 的任一作为 $\mathfrak{F}$ 约本的子框架同构；否则，就会得到 $\mathfrak{F} \nvDash \varphi$。因此，当 $\mathfrak{G}$ 的所有点生成子框架，都与 $\mathfrak{F}$ 的一个点生成的子框架同构或与 $\mathfrak{F}$ 的某一作为其约本的子框架同构时，$\mathfrak{G} \vDash L$。($\Longrightarrow$)设 $\mathfrak{G}$ 是任一有穷传递的克里普克框架，但存在一 $\mathfrak{G}$ 的点生成子框架 $\mathfrak{G}'$ 与 $\mathfrak{F}$ 的任一点生成子框架不同构，同时 $\mathfrak{G}'$ 也不和 $\mathfrak{F}$ 的任一作为其约本的子框架同构。根据命题4.5[①]，可以知道 $\mathfrak{F}$ 满足条件：

C1　对任一 $\mathfrak{F}' \in R(G(\mathfrak{F}))$，存在一 $\mathfrak{G} \in E(\mathfrak{F})$ 满足 $\mathfrak{F}' \cong \mathfrak{G}$。

根据 $\mathfrak{G}'$ 的有根性，我们的假设说明：并不存在属于 $E(\mathfrak{F})$ 的某个克里普克框架与 $\mathfrak{G}'$ 同构。由于 $\mathfrak{F}$ 满足条件C1，这意味着 $\mathfrak{G}' \notin R(G(\mathfrak{F}))$，即 $\mathfrak{F}$ 没有生成子框架可归约到 $\mathfrak{G}'$。于是，按范因定理，$\mathfrak{F} \vDash \alpha^{(\#)}(\mathfrak{G}', \bot)$，即 $\alpha^{(\#)}(\mathfrak{G}', \bot) \in \mathrm{Log}\,\mathfrak{F} = L$。显然，按范因定理，$\mathfrak{G}' \nvDash \alpha^{(\#)}(\mathfrak{G}', \bot)$，即 $\mathfrak{G}' \nvDash L$，继而推出 $\mathfrak{G} \nvDash L$。于是，证明了对任何有穷传递的克里普克框架 $\mathfrak{G}$，$\mathfrak{G} \vDash L$ 蕴涵着 $\mathfrak{G}$ 的所有点生成子框架与 $\mathfrak{F}$ 的某一点生成子框架同构或者与 $\mathfrak{F}$ 的某一作为 $\mathfrak{F}$ 约本的子框架同构。∎

每个表格逻辑都被一个有穷框架所刻画，该框架或者是无根的，或者是有根的。命题7.3和命题7.4说明一个传递濒表格逻辑的真扩充的刻画框架会是什么样子。通过它们，也可以更方便地构造不会是任何濒表格逻辑正规扩充的表格逻辑。

现在考察传递逻辑格中由濒表格逻辑及其全部正规扩充构成的格。

令 $L \in \mathrm{NExtK4}$ 是一濒表格逻辑。一般而言，$\mathrm{NExt}L$ 不是一序型为 $1 + \omega^{*}$ 的线序集。这是因为大多数 L 的范形中都存在有穷既约部 $\mathfrak{f}$，由 $\mathfrak{f}$ 的点生成子框架构成的表格逻辑一般会形成偏序集。当然，有些特殊的格除外。比如，对任一 $\mathrm{NExtS4}$ 中的濒表格逻辑 L'，$\mathrm{NExt}L'$ 就正好是一序型为 $1 + \omega^{*}$

[①]　参见第二编第二章第三节命题 4.5。

的线序集。这一点已经被马克西莫娃证明[①]。然而，在本书看来，这只是这些濒表格逻辑的范形的有穷既约部或者不存在或者蜕化成一单自返点的结果。

第二节　传递的濒表格逻辑的语义特征

本节的主要目的是研究传递的濒表格逻辑和框架逻辑、子框架逻辑和共尾子框架逻辑的关系。

一、濒表格逻辑和框架逻辑

濒表格逻辑都是框架逻辑么？已经知道，根据附录C定理C.11，所有有穷深度的有穷可公理化的传递逻辑都是并裂口，继而从附录C定理C.9知道这些逻辑都是框架逻辑。因此，利用"有穷深度传递的濒表格逻辑都是有穷可公理化"这个结果[②]，便可以认定它们都是框架逻辑。由于传递逻辑格中的濒表格逻辑都是克里普克完全的，也都是有穷可逼近的，因此，根据附录C定理C.10，传递逻辑格中有穷深度濒表格逻辑都是严格克里普克完全的，也都是严格有穷可逼近的。可以用定理7.1来记录这个显而易见的结果。

定理7.1　传递逻辑格中有穷深度的濒表格逻辑——被伪钉或伪梭刻画的正规逻辑——都是框架逻辑，它们都是严格克里普克完全的，也都是严格有穷可逼近的。

现在，问题的焦点集中在无穷深度的濒表格逻辑，即被收拢式既约框架 f_ω 或两类风筝刻画的濒表格逻辑。虽然是否存在被两类无穷风筝刻画的框架逻辑目前不得而知，但可以证明：传递逻辑格中任一被收拢式既约框架 f_ω 刻画的濒表格逻辑都不是框架逻辑。

定理7.2　令 $L = \mathrm{Log}\mathfrak{F}$ 是传递逻辑格中无穷深度的濒表格逻辑。如果 $\mathfrak{F}$ 是一无穷深度的收拢式既约框架 f_ω，L 不是框架逻辑。

证明

设 $L = \mathrm{Log}\mathfrak{F}$，$\mathfrak{F} = \langle W, R \rangle$ 是一无穷深度的收拢式既约框架 f_ω。$\mathfrak{F}$ 的既约性要求 $\mathfrak{F}$ 含死点且含唯一死点。于是，$\mathfrak{F} \vDash \nu(\square\bot)$，此处，$\nu(\square\bot) = \square^+(\square\bot \to p) \vee \square^+(\square\bot \to \neg p)$。因此，$\nu(\square\bot) \in L$。设 L 是一框架逻辑。于是，存在一自然数集 I 及若干有穷有根的克里普克框架 $\mathfrak{G}_i (i \in I)$，

---

① 参见第二编第四章第三节里的介绍。
② 参见第一编第一章第三节定理1.8。

L可表示成：

　　$L = \text{K4} \oplus \{\alpha^{(\#)}(\mathfrak{G}_i, \bot) : \mathfrak{G}_i$ 是有穷有根的传递克里普克框架且 $i \in I\}$

令$\mathfrak{F}^*$是$\mathfrak{F}$的安全扩充，如图7-2所示。

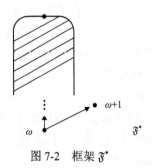

ω　　　　　　　　　　　　$\omega+1$

$\mathfrak{F}^*$

图 7-2　框架 $\mathfrak{F}^*$

更确切地说，$\mathfrak{F}^*$被定义如下：

$$\mathfrak{F}^* = \langle W^*, R^* \rangle$$

其中，$W^* = W \cup \{\omega, \omega+1\}$，$R^* = R \cup \{\langle \omega, x \rangle : x \in W\} \cup \{\langle \omega, \omega+1 \rangle\}$。

既然$\mathfrak{F}^*$含两个死点[①]，很容易知道$(\mathfrak{F}^*, \omega) \nvDash \nu(\Box\bot)$。因而从$\nu(\Box\bot) \in L$得到$\mathfrak{F}^* \nvDash L$。然而，对所有$x \in W^*$，只要$x \neq \omega$，就有$(\mathfrak{F}^*, x) \vDash L$。可见，只有点$\omega$能满足$(\mathfrak{F}^*, \omega) \nvDash L$。这样一来，对某个$j \in I$，

$$(\mathfrak{F}^*, \omega) \nvDash \alpha^{(\#)}(\mathfrak{G}_j, \bot)$$

因此，根据范因定理，$\mathfrak{F}^*$有一生成子框架可归约到$\mathfrak{G}_j$。鉴于$\mathfrak{F}^*$中只有点ω能驳倒L，该生成子框架只能是$\mathfrak{F}^*$本身。然而，鉴于$\mathfrak{F}$和$\mathfrak{F}^*$本身的构造，$\mathfrak{F}^*$不可能归约到任何有穷有根的传递框架。矛盾产生。因此，L不是框架逻辑。∎

　　定理7.2说明：凡被传递的收拢式既约框架$\mathfrak{f}_\omega$所刻画的濒表格逻辑都是非框架逻辑，濒表格的非框架逻辑族的基数为$2^{\aleph_0}$。根据附录C定理C.9可知，它们也都不是并裂口。尽管它们都不是并裂口，但它们究竟是不是严格克里普克完全的逻辑还需要进一步的研究。

　　定理7.2的证明不能简单地移植到两类风筝框架上。主要原因在于：基于两类风筝框架定义出来的框架$\mathfrak{F}^*$并不满足"本身不能归约到任何有穷有根框架"这个条件。因此，两类风筝框架究竟是不是框架逻辑的问题，也需要进一步的探讨。

---

① 这两个死点一个属于原框架$\mathfrak{F}$，另一个正是新添入的点 $\omega+1$。

二、濒表格逻辑和子框架逻辑

濒表格逻辑都是子框架逻辑么？答案是否定的。事实上，传递逻辑格中共有5个濒表格逻辑是子框架逻辑。它们的范形分别是：无穷球（即S5），全由禁自返点构成的无穷链（即GL.3），全由自返点构成的无穷链（即Grz.3），全由禁自返点构成的无穷扇和全由自返点构成的无穷扇（即K1.2）。

传递逻辑格中的子框架逻辑其实就是被在子框架形成下封闭的克里普克框架类所刻画的逻辑[①]。

显然，上述5个濒表格逻辑的范形的每个子框架及子框架的子框架都是适于该濒表格逻辑的框架。因此，它们都被由包含该范形并且在子框架形成下封闭的框架类刻画。根据子框架逻辑的框架论定义（即附录C定理C.15），它们都是子框架逻辑[②]。

对其他濒表格逻辑来说，根据命题7.3和命题7.4，可以很容易地从它们的范形上找到不适于该逻辑的子框架。

定理7.3叙述的是传递逻辑格的无穷深度濒表格逻辑中只有两个逻辑——GL.3和Grz.3——是子框架逻辑。结果不是新的[③]，却也是作者之一做博士论文期间研究相关问题时独立于沃尔特（F. Wolter）发现的。

为建立下面的分界定理，接下来直接引用（共尾）子框架逻辑的框架论判据（即附录C定理C.15）的一个后承：

（↑）对任何（共尾）子框架逻辑$L \in$NExtK4，全体适于L的克里普克框架类在（共尾）子框架形成下封闭，即$\mathfrak{F} \models L$且$\mathfrak{F}'$是$\mathfrak{F}$的（共尾）子框架蕴涵着$\mathfrak{F}' \models L$[④]。

定理7.3　令$L \in$NExtK4是一无穷深度的濒表格逻辑。L是子框架逻辑，当且仅当$L =$GL.3或者$L =$Grz.3。

证明

（⇐）令$L =$GL.3或者$L =$Grz.3。从命题7.3知道，L的范形及其每个子框架及子框架的子框架都是适于该濒表格逻辑的框架。因此，L被包含该范形且在子框架形成下封闭的克里普克框架类刻画。根据子框架逻辑的框

---

① Fine，K.，"Logics containing K4. part II"，*The Journal of Symbolic Logic*，Vol.50，1985，pp.619～651.

② 参见沃尔特的博士论文"Lattices of Modal Logic"（*Dissertation of Freien Universität Berlin*，1993，p.81）定理5.3.11。

③ 同②。

④ 参见查格罗夫和扎哈里雅雪夫 *Modal Logic*（Oxford，Oxford University Press，1997，p.383）定理11.21。

架论定义（即附录C定理C.15），便得到L一定是子框架逻辑。(⇒)设NExtK4中无穷深度的濒表格逻辑L既不是GL.3也不是Grz.3。令框架$\mathfrak{F}$是刻画L的范形。根据本书对NExtK4中濒表格逻辑的范形的研究结果，$\mathfrak{F}$或者是两种风筝，或者是收拢式既约框架$\mathfrak{f}_\omega$。分两种情况讨论。

情况1：$\mathfrak{F}$是风筝型的框架，即$\mathfrak{F}$是一$\mathfrak{f}_\omega^\circ$-风筝或$\mathfrak{f}_\omega^\bullet$-风筝。考察图7-3a中的$\mathfrak{f}_\omega^\circ$-风筝的有穷子框架$\mathfrak{F}'$（$\mathfrak{F}'$全由自返点构成并且其点数总是超过$\mathfrak{F}$的有穷既约部$\mathfrak{f}$里的点的数目）及图7-3b中$\mathfrak{f}_\omega^\bullet$-风筝的有穷子框架$\mathfrak{F}''$（$\mathfrak{F}''$全由禁自返点构成并且其点数总是超过$\mathfrak{F}$的有穷既约部$\mathfrak{f}$里的点的数目[1]）。当$\mathfrak{F}$是$\mathfrak{f}_\omega^\circ$-风筝时，按假设，$\mathfrak{F}$刻画$L$，更不用说$\mathfrak{F}\vDash L$。$\mathfrak{F}'$是$\mathfrak{F}$的子框架。然而，$\mathfrak{F}'$绝不会与$\mathfrak{F}$的一点生成的子框架同构。要知道凡不刻画Grz.3的$\mathfrak{f}_\omega^\circ$-风筝及其点生成子框架必定含死点。既然如此，从命题7.1就得出$\mathfrak{F}'\nvDash L$。这表明濒表格逻辑L不满足封闭性条件(↑)，L不是子框架逻辑。当$\mathfrak{F}$是$\mathfrak{f}_\omega^\bullet$-风筝时，又有$\mathfrak{F}\vDash L$。根据$\mathfrak{f}_\omega^\bullet$-风筝的定义，其尾巴上方的自返点$a$必定存在。于是，容易看出，$\mathfrak{F}''$不与$\mathfrak{F}$的任何点生成子框架同构[2]，根据命题7.1得到$\mathfrak{F}''\nvDash L$。足见濒表格逻辑$L$不满足(↑)，$L$不是子框架逻辑。

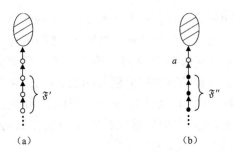

图 7-3　风筝里的某子框架的取法

情况2：$\mathfrak{F}$是收拢式既约框架$\mathfrak{f}_\omega$。鉴于$L = \mathrm{Log}\mathfrak{F}$不是GL.3，$\mathfrak{F}$至少含一个自返点$b$。取自返点$b$与其任一直接前趋所组成的框架$\mathfrak{F}'$，$\mathfrak{F}'$一定是$\mathfrak{F}$的子框架（图7-4）。$\mathfrak{F}'$对$P_4$-或$P_5$-型点式归约开放，因而它不是既约的。既然$\mathfrak{F}$是既约的，$\mathfrak{F}'$就不会与$\mathfrak{F}$的一点生成的子框架同构。于是，仿照情况1的办法，从命题7.1就得出$\mathfrak{F}'\nvDash L$。这表明濒表格逻辑L不满足封闭性条件(↑)，L不是子框架逻辑。∎

---

① 按$\mathfrak{f}_\omega^\circ$-风筝的定义，其有穷既约部$\mathfrak{f}$包含那个特殊的自返点$a$。

② 注意：$\mathfrak{f}_\omega^\bullet$-风筝的有穷既约部分$\mathfrak{f}$含有那个特殊的自返点$a$。

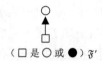

（□是○或 ●）$\mathfrak{F}'$

图 7-4　收拢式既约框架的某子框架取法

对有穷深度的濒表格逻辑来说，可以利用命题7.2进行类似的证明。证明略。

现在考察传递逻辑格中作为子框架逻辑的5个濒表格逻辑是否具有有穷嵌入性。

附录C定理C.18说明：

传递逻辑格中的子框架逻辑L满足初等性，当且仅当L满足典范性，当且仅当L满足有穷嵌入性[①]。

在这5个逻辑中，GL.3和Grz.3都是已知著名的非典范逻辑。自然地，从附录C定理C.18就得到GL.3和Grz.3都不会具有有穷嵌入性。但也可以将附录C定理C.18暂时放在一边，先撇开典范性问题，直接从是否满足"有穷嵌入性"入手考察这5个逻辑的特点。这样做的原因是我们对适于这5个逻辑的有穷有根框架了然于胸[②]。

首先，GL.3和Grz.3不具有有穷嵌入性。给定两个克里普克框架$\mathfrak{F}=\langle\omega,\leqslant\rangle$和$\mathfrak{G}=\langle\omega,<\rangle$，此处$\omega$代表全体自然数集。$\mathfrak{F}$的所有有穷的子框架都是由有穷多个自返点构成的链，而$\mathfrak{G}$的所有有穷的子框架都是由有穷多个禁自返点构成的链。这样的有穷链分别与GL.3和Grz.3的范形的某一点生成子框架同构。根据命题7.1，它们是分别适于GL.3和Grz.3的框架。然而，$\mathfrak{F}$和$\mathfrak{G}$都是无穷上升链，它们显然都不是适于GL.3和Grz.3的框架。因此，GL.3和Grz.3不具有有穷嵌入性。

问题的解决不能仅停留于此；否则，本书的结果就是看似一堆无用的结论。接下来，证明剩余三个有穷深度的子框架逻辑都具有有穷嵌入性。

定理7.4　传递逻辑格中所有有穷深度的濒表格的子框架逻辑都具有有穷嵌入性。

证明

令L是任一传递逻辑格中有穷深度的濒表格的子框架逻辑。假设L不具备有穷嵌入性，即存在一传递的克里普克框架$\mathfrak{F}$[③]使得$\mathfrak{F}$的每个有穷子框架都是适于L的框架但$\mathfrak{F}\nvDash L$。从$\mathfrak{F}\nvDash L$得到存在一模态公式$\varphi\in L$满足

[①] 参见附录 C 定理 C.18 后的相关定义。
[②] 参见命题 7.1 和命题 7.2。
[③] 如果框架 $\mathfrak{F}$ 不是传递的，那么一定存在一个 $\mathfrak{F}$ 的由三点构成的非传递的子框架 $\mathfrak{G}$ 满足 $\mathfrak{G}\nvDash L$。

$\mathfrak{F} \nvDash \varphi$。于是,存在一$\mathfrak{F}$中的点 x 使得由 x 生成的$\mathfrak{F}$的子框架$\mathfrak{F}^x$满足$\mathfrak{F}^x$ $\nvDash \varphi$,继而有$\mathfrak{F}^x \nvDash L$。$\mathfrak{F}^x$不会是有穷框架;否则,$\mathfrak{F}^x$就是$\mathfrak{F}$的有穷子框架。根据我们的假设,就会有$\mathfrak{F}^x \vDash L$,这与前面得到的结果$\mathfrak{F}^x \nvDash L$相矛盾。因此,$\mathfrak{F}^x$是$\mathfrak{F}$的无穷的点生成子框架。接下来分三种情况考察$\mathfrak{F}^x$的结构。

情况1:L的范形是无穷球,即L是S5。取$\mathfrak{F}^x$的根 x 及其一个后继构成的$\mathfrak{F}^x$的子框架$\mathfrak{G}^0$。$\mathfrak{G}^0$也是$\mathfrak{F}$的有穷子框架。根据假设,$\mathfrak{G}^0$是适于 L 的框架。从命题7.2得到,$\mathfrak{G}^0$或者与无穷球的某点生成子框架同构或与无穷球的作为其约本的某一子框架同构。显然,前一种情况不可能。于是,$\mathfrak{G}^0$与无穷球的作为其约本的某一子框架同构。由于无穷球的作为其约本的任一子框架都是由若干个自返点构成的团,$\mathfrak{G}^0$一定满足对称性和自返性。$\mathfrak{F}^x$是一个无穷框架,这样一来,能够从中再取一个由其根 x 和它的另一个后继构成的子框架$\mathfrak{G}^1$,同时,与$\mathfrak{G}^0$的情形类似,该子框架$\mathfrak{G}^1$也满足对称性和自返性。于是,从$\mathfrak{F}$是传递框架推出根x和它的这两个后继构成一个真团。实际上,x 与其在$\mathfrak{F}^x$中的任一后继构成的子框架都满足对称性和自返性,它和它所有的后继共同构成一个无穷团。因此,$\mathfrak{F}^x$本身就是一个无穷球。于是,$\mathfrak{F}^x \vDash L$成立。这又与$\mathfrak{F}^x \nvDash L$相矛盾。可见,原假设不成立,L具备有穷嵌入性。

情况2:L的范形是由全体自返点构成的无穷扇。取$\mathfrak{F}^x$的根 x 及其一个后继构成的$\mathfrak{F}^x$的子框架$\mathfrak{G}^0$。$\mathfrak{G}^0$是$\mathfrak{F}$的有穷子框架。根据假设,$\mathfrak{G}^0$是适于 L 的框架。从命题7.2得到,$\mathfrak{G}^0$或者与无穷扇的某点生成子框架同构,或者与无穷扇的作为其约本的某一子框架同构。由于$\mathfrak{G}^0$是由两点构成的,前一种情况不可能。于是,$\mathfrak{G}^0$与无穷扇的作为其约本的某一子框架同构。因此,$\mathfrak{G}^0$中的两点自返且是反对称的。如果$\mathfrak{G}^0$的两点之间在$\mathfrak{F}^x$中还有不同于这两个点的其他点,那么无论这第三个点是自返的还是禁自返的,都会以$\mathfrak{G}^0$为基础产生一个$\mathfrak{F}^x$的有根的有穷子框架[①],既不与无穷扇的任一点生成子框架同构,也不与无穷扇的作为其约本的任一子框架同构。根据命题7.2,这个有根的有穷子框架作为$\mathfrak{F}$的子框架就不是适于 L 的框架,但这与我们最初的假设相矛盾。因此,$\mathfrak{F}^x$的根 x 及其一个后继构成的$\mathfrak{F}^x$的子框架中不存在第三个点。由于我们选择的 x 的后继是任意的,x 与它自己所有的后继之间都不会存在第三个点,而且它们都是自返的和反对称的。显然,$\mathfrak{F}^x$是一个由自返点构成的无穷扇。于是,$\mathfrak{F}^x \vDash L$成立,这与$\mathfrak{F}^x \nvDash L$相矛盾。可见L具备有穷嵌入性。

情况3:L的范形是由全体禁自返点构成的无穷扇。取$\mathfrak{F}^x$的根 x 及其

---

① 该子框架可以由构成$\mathfrak{G}^0$的两个点及这两点之间在框架$\mathfrak{F}^x$中的某个点形成。

一个后继构成的 $\mathfrak{F}^x$ 的子框架 $\mathfrak{G}^0$。该 $\mathfrak{G}^0$ 是 $\mathfrak{F}$ 的有穷子框架。根据我们的假设，$\mathfrak{G}^0$ 是适于 L 的框架。从命题7.2得到，$\mathfrak{G}^0$ 或者与无穷扇的某点生成子框架同构，或者与无穷扇的作为其约本的某一子框架同构。$\mathfrak{G}^0$ 是由两点构成的，因而前一种情况不可能。$\mathfrak{G}^0$ 与无穷扇的作为其约本的某一子框架同构。于是，构成 $\mathfrak{G}^0$ 的两点是禁自返的并且是反对称的。如果构成 $\mathfrak{G}^0$ 的两点之间在框架 $\mathfrak{F}^x$ 中还有不同于这两个点的其他点，那么无论这第三个点是自返的还是禁自返的，都会在 $\mathfrak{G}^0$ 的基础上产生一个有根的子框架，该子框架既不与无穷扇的任一点生成子框架同构，也不与无穷扇的作为其约本的任一子框架同构。根据命题7.2，这个有根的子框架作为 $\mathfrak{F}$ 的有穷子框架却不是适于 L 的框架。这与我们最初的假设相矛盾。因此，$\mathfrak{F}^x$ 的根 x 及其一个后继构成的 $\mathfrak{F}^x$ 的子框架中不存在第三个点。由于本书选择的根 x 的后继是任意的，x 与它自己所有的后继之间都不会存在第三个点，而且它们都是禁自返的和反对称的。显然，$\mathfrak{F}^x$ 是一个由全禁自返点构成的无穷扇。于是，$\mathfrak{F}^x \vDash L$ 成立。这与 $\mathfrak{F}^x \nvDash L$ 相矛盾。可见 L 具备有穷嵌入性。

传递逻辑格中有穷深度的濒表格的子框架逻辑恰是上述三种情况。因此，传递逻辑格中有穷深度的濒表格的子框架逻辑都具有有穷嵌入性。　■

定理7.4的证明方法显然不能随意应用到任意一个其范形具有有穷既约部的濒表格逻辑，但对于另外两种无穷扇的濒表格逻辑[①]却是适用的[②]。

命题7.5　传递逻辑格中具备图7-5所示的两种范形的濒表格逻辑具有有穷嵌入性。

图 7-5　具有有穷嵌入性的两个濒表格逻辑的范形

证明

假设濒表格逻辑 $L \in$ NExtK4 不具备有穷嵌入性，即存在一传递的克里普克框架 $\mathfrak{F}$ 使得 $\mathfrak{F}$ 的每个有穷子框架都是适于 L 的框架但 $\mathfrak{F} \nvDash L$。从 $\mathfrak{F} \nvDash L$ 得到存在一模态公式 $\varphi \in L$ 满足 $\mathfrak{F} \nvDash \varphi$。于是，存在一 $\mathfrak{F}$ 中的点 x 使得由 x 生成的 $\mathfrak{F}$ 的子框架 $\mathfrak{F}^x$ 满足 $\mathfrak{F}^x \nvDash \varphi$，继而 $\mathfrak{F}^x \nvDash L$。$\mathfrak{F}^x$ 不是有穷框架；否则，$\mathfrak{F}^x$ 就是 $\mathfrak{F}$ 的有穷子框架。根据我们的假设，就会有 $\mathfrak{F}^x \vDash L$，这与前面得到的结果 $\mathfrak{F}^x \nvDash L$ 相矛盾。因此，$\mathfrak{F}^x$ 是 $\mathfrak{F}$ 的无穷的点生成子框架。

---

① 这两种无穷扇指的是：根点是禁自返点而颠覆子是自返点的无穷扇和根点是自返点而颠覆子是禁自返点的无穷扇。

② 证明思路相似，但证明细节有所不同。对这些细节不在意的读者完全可以略过命题7.5 的证明。

（1）L 的范形是无穷扇，它的根是禁自返点并且其颠覆子是自返点（参见图7-5a）。这时，取 $\mathfrak{F}^x$ 的根 x 及其一个后继构成的 $\mathfrak{F}^x$ 的子框架 $\mathfrak{G}^0$。$\mathfrak{G}^0$ 是 $\mathfrak{F}$ 的有穷子框架。根据我们的假设，$\mathfrak{G}^0$ 是适于 L 的框架。从命题7.2得到，$\mathfrak{G}^0$ 或者与该无穷扇的某点生成子框架同构，或者与该无穷扇的作为其约本的某一子框架同构。$\mathfrak{G}^0$ 是由两点构成的，因而前一种情况不可能成立。$\mathfrak{G}^0$ 只可能与该无穷扇的作为其约本的某一子框架同构。于是，$\mathfrak{G}^0$ 的根 x[①]是禁自返的，而它的后继是自返的。如果构成 $\mathfrak{G}^0$ 的两点之间在框架 $\mathfrak{F}^x$ 中还有不同于这两个点的其他点，那么无论这第三个点是自返的还是禁自返的，都会在 $\mathfrak{G}^0$ 基础上产生一个有根的有穷子框架既不与该无穷扇的任一点生成子框架同构，也不与该无穷扇的作为其约本的任一子框架同构。根据命题7.2，这个有根的子框架作为 $\mathfrak{F}$ 的有穷子框架却不是适于 L 的框架，这与我们最初的假设相矛盾。因此，由 $\mathfrak{F}^x$ 的根 x 及其一个后继构成的 $\mathfrak{F}^x$ 的子框架 $\mathfrak{G}^0$ 中不存在第三个点。由于本书在框架 $\mathfrak{F}^x$ 中选择的 x 的后继是任意的，x 与它的任一后继之间都不会存在第三个点。显然，$\mathfrak{F}^x$ 是一个由禁自返的根和自返点构成的颠覆子形成的无穷扇。于是有 $\mathfrak{F}^x \vDash L$，这与 $\mathfrak{F}^x \nvDash L$ 相矛盾。可见 L 具备有穷嵌入性。

（2）L 的范形是无穷扇，它的根是自返点且其颠覆子是禁自返点（参见图7-5b）。取 $\mathfrak{F}^x$ 的根 x 及其一个后继构成的 $\mathfrak{F}^x$ 的子框架 $\mathfrak{G}^0$。$\mathfrak{G}^0$ 是 $\mathfrak{F}$ 的有穷子框架，根据我们的假设，$\mathfrak{G}^0$ 适于 L。从命题7.2得到，$\mathfrak{G}^0$ 或者与该无穷扇的某点生成子框架同构，或者与该无穷扇的作为其约本的某一子框架同构。$\mathfrak{G}^0$ 是由两点构成的，因而前一种情况不可能。$\mathfrak{G}^0$ 与该无穷扇的作为其约本的某一子框架同构。于是，$\mathfrak{G}^0$ 中的根 x 是自返点，而它的后继是禁自返的。如果构成 $\mathfrak{G}^0$ 的两点之间在框架 $\mathfrak{F}^x$ 中还有不同于这两个点的其他点，那么无论这第三个点是自返的还是禁自返的，都会在该子框架 $\mathfrak{G}^0$ 的基础上产生一个有根的有穷子框架既不与该无穷扇的任一点生成子框架同构，也不与该无穷扇的作为其约本的任一子框架同构。根据命题7.2，这个有根的子框架作为 $\mathfrak{F}$ 的有穷子框架却不是适于 L 的框架，这与我们最初的假设相矛盾。因此，$\mathfrak{F}^x$ 的根 x 及其一个后继构成的子框架中不存在第三个点。由于本书选择的 x 的后继是任意的，x 与它自己所有的后继之间都不会存在第三个点。显然，$\mathfrak{F}^x$ 是一个由自返的根和禁自返点构成的颠覆子形成的无穷扇。于是，$\mathfrak{F}^x \vDash L$，这与 $\mathfrak{F}^x \nvDash L$ 相矛盾。可见 L 具备有穷嵌入性。∎

从附录C定理C.18和定理7.4，得到命题7.6。

① $\mathfrak{G}^0$ 的根 x 同时也是 $\mathfrak{F}^x$ 的根。

命题7.6 传递逻辑格中任一有穷深度的濒表格的子框架逻辑都是初等的和典范的。

当然，如果不满足于仅考察初等性和典范性，还可以从子框架逻辑的性质[①]中得到命题7.7。

命题7.7 传递逻辑格中任一有穷深度的濒表格的子框架逻辑都是D-持久的和强克里普克完全的。

三、濒表格逻辑和共尾子框架逻辑

本部分的重点是共尾子框架逻辑。要解决的主要问题是：

濒表格逻辑都是共尾子框架逻辑么？

传递逻辑格中当然存在着濒表格的共尾子框架逻辑。由于子框架逻辑都是共尾子框架逻辑，本节第二部分提及的5个濒表格的子框架逻辑同时也都是共尾子框架逻辑。显而易见的是，不是所有的濒表格逻辑都是共尾子框架逻辑。先举一个反例。在此之前，读者先回想条件(↑)。

(↑) 对任何（共尾）子框架逻辑 $L \in$ NExtK4，全体适于 L 的克里普克框架类在（共尾）子框架形成下封闭，即 $\mathfrak{F} \vDash L$ 且 $\mathfrak{F}'$ 是 $\mathfrak{F}$ 的（共尾）子框架蕴涵着 $\mathfrak{F}' \vDash L$。

当然，类似子框架逻辑，也有：

传递逻辑格中的逻辑 L 是一个共尾子框架逻辑，当且仅当 L 被一个在共尾子框架形成下封闭的框架类所刻画[②]。

例7.2 令 $L = \text{Log}\mathfrak{F}$，此处框架 $\mathfrak{F}$ 是图7-6a中的 f_ω°-风筝。又令 $\mathfrak{F}'$ 是图7-6b中的框架，它显然是 $\mathfrak{F}$ 的共尾子框架。$\mathfrak{F}'$ 是有穷的，但与 $\mathfrak{F}$ 的任何点生成子框架不同构。按命题7.1，$\mathfrak{F}' \nvDash L$。可见，L 破坏条件(↑)。这说明 L 不是共尾子框架逻辑。

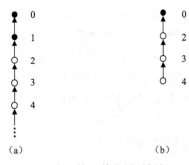

图7-6　一个风筝及其共尾子框架

---

① 参见附录 C 定理 C.18。
② 参见附录 C 定理 C.15(2)。

例7.2的结果可以记录如下。

命题7.8 传递逻辑格中存在无穷深度的濒表格逻辑不是共尾子框架逻辑。

范因和扎哈里雅雪夫的工作确凿无疑地表明了传递逻辑格中的框架逻辑、子框架逻辑、共尾子框架逻辑具备很多好得出奇的格论性状或元逻辑性状. 本章的定理7.2、定理7.3和命题7.8说出了事情的另外一面：这些"好"逻辑的濒表格扩充经常不会跟它们一样"好"，濒表格逻辑族也许比我们想象的还要复杂.

命题7.8并不能让人满意。采用类似例7.2中的方法可以得到一大批不是共尾子框架逻辑的濒表格逻辑。这些逻辑之所以不是共尾子框架逻辑，其根源就在于它们范形的结构特点。

首先考察无穷深度的濒表格逻辑。

GL.3和Grz.3作为子框架逻辑，同时也是共尾子框架逻辑。它们各自被包含其范形的且在共尾子框架形成下封闭的极小克里普克框架类所刻画。Grz.3的范形是$\mathfrak{f}_\omega^\circ$-风筝中最简单的一种，其有穷既约部不存在（或被看作蜕化成单个自返点）。GL.3的范形则是无穷深度的收拢式既约框架$\mathfrak{f}_\omega$中最为简单的一种。因此，从较为简单的范形入手是寻找共尾子框架逻辑的一种途径。分三种情况进行讨论。

情况1：濒表格逻辑 L 的范形是$\mathfrak{f}_\omega^\circ$-风筝。

设范形 $\mathfrak{F}$ 的有穷既约部是由单个禁自返点构成（图7-7）。很容易证明Log$\mathfrak{F}$是共尾子框架逻辑。令 C 是包含 $\mathfrak{F}$ 并在共尾子框架形成下封闭的极小框架类。$\mathfrak{F}$的任一共尾子框架都必定是由作为有穷既约部分的单个禁自返点（否则该子框架就不会满足共尾性）和若干个自返点[1]构成的线序。这样的框架结构是在共尾子框架形成运算下被保存的，即 C 中的任何一个框架 $\mathfrak{G}$ 都是若干自返点通达单个禁自返点的线序。如果 $\mathfrak{G}$ 是无穷的，那么$\mathfrak{G}$本身就与$\mathfrak{F}$同构；如果$\mathfrak{G}$是有穷的，那么就与$\mathfrak{F}$的某一点生成子框架同构，$\mathfrak{G}$ 也是适于Log$\mathfrak{F}$的框架。可见，Log$\mathfrak{F}$ 被框架类 C 所刻画，即Log$\mathfrak{F}$ 是一共尾子框架逻辑。

图 7-7 有穷既约部是由单个禁自返点构成的$\mathfrak{f}_\omega^\circ$-风筝

---

[1] 其数目可以为零。

设濒表格逻辑 L 的范形 $\mathfrak{F}$ 的有穷既约部仅是由一个禁自返点和一个自返点的不相交并构成（图7-8）①。该范形 $\mathfrak{F}$ 的任一共尾子框架或者是仅由有穷既约部的禁自返点或自返点构成②，或者是由有穷既约部分的禁自返点和自返点及尾巴上的若干自返点构成。这样的框架结构在共尾子框架形成下被保存。令 C 是包含 $\mathfrak{F}$ 并在共尾子框架形成下封闭的极小框架类。C 中的框架 $\mathfrak{G}$ 如果是无穷的，则 $\mathfrak{G}$ 与 $\mathfrak{F}$ 同构；如果 $\mathfrak{G}$ 是有穷的，则它与 $\mathfrak{F}$ 的某一生成子框架同构。可见，C 中的框架都是适于 L 的框架。因此，L 被框架类 C 所刻画，即 L 是共尾子框架逻辑。

图7-8　其有穷既约部由一个禁自返点和一个自返点的不相交并构成的 $\mathfrak{f}_\omega^\circ$-风筝

如果 $\mathfrak{f}_\omega^\circ$-风筝的有穷既约部的结构再复杂一点呢？

假设濒表格逻辑 L 的范形 $\mathfrak{F}$ 是 $\mathfrak{f}_\omega^\circ$-风筝，其有穷既约部存在且不是单个禁自返点，也不仅由一个禁自返点和一个自返点的不相交并构成。

如果 $\mathfrak{F}$ 中深度为1的点是单个禁自返点（图7-9），此时，$\mathfrak{F}$ 的有穷既约部 $\mathfrak{f}$ 中至少存在两个禁自返点。本书选取 $\mathfrak{F}$ 尾巴上有穷既约部之外的若干个自返点（自返点数目应多于 $\mathfrak{F}$ 的有穷既约部里点的数目）和该深度为1的禁自返点形成 $\mathfrak{F}$ 的共尾子框架 $\mathfrak{F}'$。由于 $\mathfrak{f}$ 中至少存在两个禁自返点，$\mathfrak{F}'$ 不会与 $\mathfrak{F}$ 的任一点生成子框架同构。按照命题7.1，$\mathfrak{F}'$ 不是适于 L 的框架。L 破坏条件($\uparrow$)，这说明 L 不是共尾子框架逻辑。

图7-9　深度为1的点是单个禁自返点的 $\mathfrak{f}_\omega^\circ$-风筝

如果 $\mathfrak{F}$ 中深度为1的点是一个禁自返点和一个自返点（图7-10），选

---

① 该禁自返点和该自返点的深度都为1，两者彼此不通达。
② 仅由既约部的禁自返点或自返点构成的 $\mathfrak{F}$ 的共尾子框架包括由该禁自返点形成的框架、由该自返点形成的框架和由前两个框架形成的不相交并。

取$\mathfrak{F}$尾巴上有穷既约部之外的若干个自返点（自返点数目应多于$\mathfrak{F}$的有穷既约部里点的数目）和深度为1的两点形成$\mathfrak{F}$的共尾子框架$\mathfrak{F}''$。由于$\mathfrak{F}$的有穷既约部不是仅由一禁自返点和一自返点的不相交并构成，$\mathfrak{F}''$不会与$\mathfrak{F}$的任一点生成子框架同构。按命题7.1，$\mathfrak{F}''$不是适于L的框架。因此，L破坏了条件(↑)，这说明L不是共尾子框架逻辑。

图7-10　深度为1的两个点分别是禁自返点和自返点的$\mathfrak{f}_\omega^\circ$-风筝

将上述分析的结果记录为命题7.9。

命题7.9　如果传递逻辑格中的濒表格逻辑L的范形是$\mathfrak{f}_\omega^\circ$-风筝，其有穷既约部不存在（或被看作蜕化成单个自返点），或者是由单个禁自返点构成，或者是仅由一个禁自返点和一个自返点的不相交并构成，那么L是共尾子框架逻辑。如果传递逻辑格中的濒表格逻辑L的范形是$\mathfrak{f}_\omega^\circ$-风筝，其有穷既约部存在（或被看作没有蜕化成单个自返点）并且不是单个禁自返点，也不是仅由一个禁自返点和一个自返点的不相交并构成，那么L不是共尾子框架逻辑。

命题7.9的证明只是本书的分析的简化，故将其略去。

情况2：濒表格逻辑的范形是$\mathfrak{f}_\omega^\bullet$-风筝。

先看一个例子。

例7.3　图7-11中的$\mathfrak{f}_\omega^\bullet$-风筝$\mathfrak{F}$的有穷既约部$\mathfrak{f}$蜕化成单个自返点[①]。令该范形$\mathfrak{F}$刻画的濒表格逻辑为$L$。显然，$\mathfrak{F}$的任一共尾子框架都必定包含构成有穷既约部分的那个自返点；否则，这些子框架就不会满足共尾性。这样一来，$\mathfrak{F}$的任一个共尾子框架，以及共尾子框架的共尾子框架，都是由若干禁自返点[②]和那个单自返点构成的线序，这样的框架结构在共尾子框架形成下是保存的。具备这样形式的框架在无穷的情况下与$\mathfrak{F}$同构；在有穷的情况下都与$\mathfrak{F}$的某一点生成子框架同构。总而言之，按照命题7.1，

---

① $\mathfrak{f}_\omega^\bullet$-风筝的有穷既约部$\mathfrak{f}$包含那个特殊自返点，因此，$\mathfrak{f}$一定存在。

② 其数目可以为零。

它们都是适于 L 的框架。于是，L 被包含 $\mathfrak{F}$ 且在共尾子框架形成下封闭的极小框架类所刻画。即 L 是一共尾子框架逻辑。

图 7-11　有穷既约部蜕化成单个自返点的 $f_\omega^\bullet$-风筝

与 $f_\omega^\bullet$-风筝的情况类似，也可以将 $f_\omega^\bullet$-风筝的有穷既约部复杂化。

当濒表格逻辑 L 的范形 $\mathfrak{F}$ 是 $f_\omega^\bullet$-风筝，而它的有穷既约部不由单个自返点构成时，$\mathfrak{F}$ 中深度为1的点或是单个禁自返点，或者是一个禁自返点和一个自返点。取 $\mathfrak{F}$ 的无穷尾巴上的若干个禁自返点（禁自返点数目应多于 $\mathfrak{F}$ 的有穷既约部里点的数目）和其中深度为1的所有点构成 $\mathfrak{F}$ 的共尾子框架 $\mathfrak{F}'$。由于 $\mathfrak{F}'$ 中不存在 $f_\omega^\bullet$-风筝中标志性的自返点 x^*，$\mathfrak{F}'$ 不会与 $\mathfrak{F}$ 的任何点生成子框架同构。从命题7.1知道 $\mathfrak{F}'$ 不是适于 L 的框架，这意味着 L 不满足条件($\uparrow$)，L 不是共尾子框架逻辑。

因此，鉴于上述论证①，对于范形是 $f_\omega^\bullet$-风筝的情况，有命题7.10。

命题7.10　如果传递逻辑格中的濒表格逻辑 L 的范形是 $f_\omega^\bullet$-风筝，其有穷既约部蜕化成单个自返点，那么 L 是共尾子框架逻辑。如果传递逻辑格中的濒表格逻辑 L 的范形是 $f_\omega^\bullet$-风筝，其有穷既约部不是由单个自返点构成，那么 L 不是共尾子框架逻辑。

情况3：濒表格逻辑的范形为收拢式既约框架 f_ω。

我们已经知道一个范形是收拢式既约框架 f_ω 同时也是共尾子框架逻辑的例子——GL.3。GL.3的范形由于不含有自返点，因此成为收拢式既约框架 f_ω 中最为简单的一种。如果收拢式既约框架 f_ω 含有自返点，情况就变得比较复杂。对收拢式既约框架 f_ω 来说，是否存在它刻画共尾子框架逻辑的一个界限，是一个有待考虑的问题。在没有找到统一的解决办法之前，本书不在这个问题上涉及过多繁琐的细节。

考察完无穷深度的濒表格逻辑，再来看有穷深度的濒表格逻辑。有穷深度的濒表格逻辑中有5个是子框架逻辑，它们也理所当然是共尾子框架逻辑。然而，存在一类有穷深度的濒表格逻辑都不是共尾子框架逻辑。

令 L 是传递逻辑格中有穷深度的濒表格逻辑，L 的范形 $\mathfrak{F}$ 是伪梭且其

---

① 命题 7.10 的证明只是该论证的简化，故略去。

颠覆子的余有穷子集 Y[①]的真后继集是 $\mathfrak{F}$ 有穷既约部的非空真子集，并且其中点的直接后继也不是单个自返点。取 $\mathfrak{F}$ 的根和它的有穷既约部（既然 Y 的真后继集不是空集，那么 $\mathfrak{F}$ 的有穷既约部一定存在）构成的 $\mathfrak{F}$ 的子框架 $\mathfrak{F}'$。根据伪梭的构造，$\mathfrak{F}'$ 是 $\mathfrak{F}$ 的共尾子框架。由于 Y 中点的直接后继不是单个自返点同时其真后继集是 $\mathfrak{F}$ 有穷既约部的非空真子集，这意味着 $\mathfrak{F}'$ 既不会与 $\mathfrak{F}$ 的任一点生成子框架同构，也不会与 $\mathfrak{F}$ 的任一作为其约本的子框架同构。根据命题7.2，$\mathfrak{F}' \nVdash L$。这说明 L 不满足条件(↑)，也就不是共尾子框架逻辑。

根据上述论证[②]，有命题7.11。

命题7.11　如果 L 是传递逻辑格中有穷深度的濒表格逻辑，L 的范形是伪梭，其颠覆子的那个余有穷子集 Y 的真后继集是该范形有穷既约部的非空真子集，并且 Y 中点的直接后继也不是单个自返点，那么 L 不是共尾子框架逻辑。

对于范形为伪钉的有穷深度濒表格逻辑来说，其有穷既约部对它刻画的逻辑是否为共尾子框架逻辑有着重大的影响。与在收拢式既约框架情况下的讨论结果类似，在没有统一的研究办法之前，本书不过多地涉及这些范形的结构细节。读者只需知道，有些伪钉刻画的逻辑是共尾子框架逻辑而有些则不是，见例7.4。

例7.4　请看图7-12中的两个伪钉 $\mathfrak{F}$ 和 $\mathfrak{G}$。其中，$\mathfrak{F}$ 的有穷既约部蜕化成单个自返点[③]，$\mathfrak{G}$ 的有穷既约部则是由两禁自返点构成线序。

图 7-12　伪钉 $\mathfrak{F}$ 和 $\mathfrak{G}$

接下来简单分析 $\mathrm{Log}\mathfrak{F}$ 是共尾子框架逻辑，而 $\mathrm{Log}\mathfrak{G}$ 不是共尾子框架逻辑的理由。令 C 是包含 $\mathfrak{F}$ 的并在共尾子框架形成下封闭的极小框架类。显然，有 $\mathrm{Log}C \subseteq \mathrm{Log}\mathfrak{F}$。$\mathfrak{F}$ 的共尾子框架一定包含其深度为1的那个自返点

---

① 根据伪梭的构造，该余有穷子集 Y 中点的真后继和直接后继都是完全相同的。参见第二编第四章第三节的相关定义。

② 命题 7.11 的证明只是该论证的简化，故略去。

③ $\mathfrak{F}$ 正是无穷钉。

和若干个自返点构成的团[①]，即为单自返点或者（有穷或无穷）钉。具备钉结构的 $\mathfrak{F}$ 的共尾子框架的共尾子框架也具备这样类似的结构。这样的框架在无穷的情况下正好与 $\mathfrak{F}$ 同构；在有穷的情况下，又与 $\mathfrak{F}$ 的某一约本或生成子框架同构。无论如何，C 中的框架都是适于 $\mathrm{Log}\,\mathfrak{F}$ 的框架，即 $\mathrm{Log}\,\mathfrak{F}$ $\subseteq\mathrm{Log}\,C$。因此 $\mathrm{Log}\,\mathfrak{F}=\mathrm{Log}\,C$ 是共尾子框架逻辑。

再来看 $\mathrm{Log}\,\mathfrak{G}$。取其深度为1的禁自返点和无穷团中的任一自返点构成的子框架 $\mathfrak{G}'$。显然，$\mathfrak{G}'$ 是 $\mathfrak{G}$ 的共尾子框架。然而，$\mathfrak{G}'$ 却不和 $\mathfrak{G}$ 的任一点生成子框架同构，也不与 $\mathfrak{G}$ 的任一作为其约本的子框架同构，根据命题7.2，$\mathfrak{G}'\nvDash\mathrm{Log}\,\mathfrak{G}$。这说明逻辑 $\mathrm{Log}\,\mathfrak{G}$ 不满足条件(↑)，它不是共尾子框架逻辑。

通过了解传递逻辑格中的濒表格逻辑与框架逻辑、子框架逻辑和共尾子框架逻辑的关系，可以知道，濒表格逻辑本身就是非常复杂的和多样的。

四、濒表格逻辑和严格有穷可逼近性

接下来转向下一个令人感兴趣的语义特征——严格有穷可逼近性。严格有穷可逼近性与不完全性度问题相关[②]，有必要把与本小节研究内容密切相关的传递逻辑格中的"严格有穷可逼近的逻辑"概念单独列出来。

传递逻辑格中有穷可逼近的逻辑 L 称为严格有穷可逼近的，如果在传递逻辑格中没有其他的逻辑与 L 有相同的适于它们的有穷克里普克框架类，换言之，如果不存在模态逻辑 $L'\in\mathrm{NExtK4}$ 既满足 $L\neq L'$ 又满足下述条件：

$$\{\mathfrak{H}\text{是有穷克里普克框架}:\mathfrak{H}\vDash L\}=\{\mathfrak{H}\text{是有穷克里普克框架}:\mathfrak{H}\vDash L'\}$$

从定理7.1可知，传递逻辑格中有穷深度的濒表格逻辑——被伪钉或伪梭刻画的正规逻辑——都是框架逻辑，它们都是严格克里普克完全的，也都是严格有穷可逼近的。尽管本书暂时难以证明无穷深度濒表格逻辑中的一类是否都具有严格克里普克完全性，但本书能表明这类逻辑都不具有严格有穷可逼近性，它们的有穷可逼近性度至少为2。为此，先证明引理7.1。

引理7.1　令 $L=\mathrm{Log}\,\mathfrak{F}$ 是传递逻辑格中无穷深度的濒表格逻辑，$\mathfrak{F}$ 是 L 的范形。令 $L^{*}=\mathrm{K4}\oplus\{\alpha^{(\#)}\,(\mathfrak{G},\bot):\mathfrak{G}$ 是与 $\mathfrak{F}$ 的任何点生成子框架不同构的有穷有根的克里普克传递框架$\}$。于是，对所有有穷的克里普克传递框架

---

① 由若干自返点构成的团可以不存在。
② 参见附录 C 相关定义和定理。

$\mathfrak{H}$，$\mathfrak{H} \vDash L^*$，当且仅当$\mathfrak{H} \vDash L$。

证明

令$L = \mathrm{Log}\,\mathfrak{F}$是传递逻辑格中无穷深度的濒表格逻辑，$\mathfrak{F}$是$L$的范形，$L^* = \mathrm{K4} \oplus \{\alpha^{(\#)}(\mathfrak{G}, \bot) : \mathfrak{G}$是与$\mathfrak{F}$的任何点生成子框架不同构的有穷有根的克里普克传递框架$\}$，并且$\mathfrak{H}$是一有穷的克里普克传递框架。

假设$\mathfrak{H} \vDash L^*$。从L^*的定义知道，$\mathfrak{H}$的任何点生成子框架必定与$\mathfrak{F}$的某个点生成子框架同构。否则，就会存在$\mathfrak{H}$的某一点生成子框架$\mathfrak{H}^*$与$\mathfrak{F}$的任何一个点生成子框架都不同构，这时，从L^*的定义可以知道，$\alpha^{(\#)}(\mathfrak{H}^*, \bot) \in L^*$。于是，从$\mathfrak{H} \nvDash \alpha^{(\#)}(\mathfrak{H}^*, \bot)$得到$\mathfrak{H} \nvDash L^*$。这与我们的假设是相矛盾的。因此，从命题7.3得出$\mathfrak{H} \vDash L = \mathrm{Log}\,\mathfrak{F}$。这表明$\mathfrak{H} \vDash L^*$蕴涵着$\mathfrak{H} \vDash L$。

为建立逆蕴涵式，假定$\mathfrak{H} \vDash L$但$\mathfrak{H} \nvDash L^*$。根据命题7.3和$\mathfrak{H}$本身是有穷的克里普克框架，$\mathfrak{H} \vDash L$要求$\mathfrak{H}$的任何点生成子框架与$\mathfrak{F}$的某个点生成子框架同构。根据L^*的定义，$\mathfrak{H} \nvDash L^*$要求$\mathfrak{H}$有一点生成子框架$\mathfrak{H}^*$使得$\mathfrak{H}^* \nvDash L^*$。既然$\mathfrak{H}^*$是$\mathfrak{H}$的点生成子框架，按方才所说，$\mathfrak{H}^*$必须与$\mathfrak{F}$的某个点生成子框架同构。于是$\mathfrak{F} \nvDash L^*$。因此，存在一有穷有根的传递框架$\mathfrak{G}$使得$\alpha^{(\#)}(\mathfrak{G}, \bot) \in L^*$且$\mathfrak{F} \nvDash \alpha^{(\#)}(\mathfrak{G}, \bot)$。按照范因定理，$\mathfrak{F} \nvDash \alpha^{(\#)}(\mathfrak{G}, \bot)$意味着$\mathfrak{F}$有一生成子框架可归约到$\mathfrak{G}$。由于$\mathfrak{F}$是无穷深度濒表格逻辑$L$的范形，$\mathfrak{F}$满足条件D1，即

对任一框架$\mathfrak{F}' \in R(G(\mathfrak{F}))$，存在一$\mathfrak{G} \in G(\mathfrak{F})$使得$\mathfrak{F}' \cong \mathfrak{G}$

于是，有根框架$\mathfrak{G}$一定与$\mathfrak{F}$的某一点生成子框架同构。于是，从L^*的定义知道，$\alpha^{(\#)}(\mathfrak{G}, \bot) \notin L^*$。这与$\alpha^{(\#)}(\mathfrak{G}, \bot) \in L^*$相矛盾。足见$\mathfrak{H} \vDash L$蕴涵$\mathfrak{H} \vDash L^*$。 ■

引理7.1说明无穷深度的濒表格逻辑与引理7.1定义的框架逻辑L^*共享完全相同的适于它们的有穷克里普克框架类。

定理7.5　令$L = \mathrm{Log}\,\mathfrak{F}$是传递逻辑格中无穷深度的濒表格逻辑，$\mathfrak{F}$是一无穷深度的收拢式既约框架$f_\omega$。于是，在传递逻辑格中$L$不是严格有穷可逼近的[①]。

证明

令$L = \mathrm{Log}\,\mathfrak{F}$是传递逻辑格中无穷深度的濒表格逻辑，并且$\mathfrak{F}$是一无穷深度的收拢式既约框架$f_\omega$。由引理7.1可知，$L$与$L^*$有相同的适于它们的有穷克里普克框架。按$L^*$的定义，它是一框架逻辑。但是，按照定理7.2，$L$不是框架逻辑。因此，$L \neq L^*$，即$L$不是严格有穷可逼近的。 ■

---

① 对其范形为两种风筝的濒表格逻辑来说，由于本书暂时没有证明它们具有与定理7.2类似的结果，因此定理7.5是否对它们成立是一个值得考虑的问题。

仿照范因的用语，可以把定理7.5表达成：

传递逻辑格中凡是被收拢式既约框架 f_ω 所刻画的濒表格逻辑，其"非有穷可逼近性度" $\geqslant 2$。

这个结果把GL.3这样简单的无稽型濒表格逻辑也包括在内，不能不说是相当令人惊讶的。

参 考 文 献

杜珊珊:《论 NExtK4 中的濒表格逻辑》,武汉大学博士学位论文,2008 年,第 84 页。

杜珊珊:《论麦金森定理及其等价命题》,华中科技大学学报(社会科学版)》2005 年第 3 期,第 21~25 页。

康宏逵:《北京大学模态逻辑讲义》,未发表,1987 年,第 183~184 页。

(英)拉卡托斯:《证明与反驳:数学发现的逻辑》,康宏逵译,上海,上海译文出版社,1987 年。

(美)马库斯 R B 等:《可能世界的逻辑》,康宏逵译,上海,上海译文出版社,1993 年,第 29~31 页。

Baker,K. A.,"Finite equational bases for finite algebras in a congruence distributive equational class",*Advances in Mathematics*,Vol.24,1977,pp.207~243.

Bellisima,F.,"On the relation between one-point frames and degrees of unsatisfiability of modal formulas",*Notre Dame Journal of Formal Logic*,Vol.25,1984,pp.117~126.

Bellissima,F.,"Post complete and 0-axiomatizable modal logics",*Annals of Pure and Applied Logic*,Vol.47,1990,pp.121~144.

Blackburn,P. et al,*Modal Logic*,Cambridge,Cambridge University Press,2001,pp.94,138~142.

Blok,W. J.,"On the degree of incompleteness in modal logics and the covering relation in the lattice of modal logics",*Technical report 78-07*,*Department of Mathematics*,*University of Amsterdam*,1978.

Blok,W. J.,"On the degree of incompleteness of modal logic",*Bulletin of Section of Logic of the Polish Academy of Sciences*,Vol.7,1978,pp.355~365.

Blok,W. J.,"Pretabular varieties of modal algebras",*Studia Logica*,Vol.39,1980,pp.101~124.

Bull,R.,"That all normal extensions of S4.3 have the finite model property",*Zeitschrift für Mathematische Logik und Grundlagen der Mathematik*,Vol.12,1966,pp.341~344.

Burris,S. et al,*A Course in Universal Algebra*,New York,Springer-Verlag,1981,pp.4~8.

Chagrov，A. V.，"Modelling of computation process by means of propositional logic"，*Dissertation*，*Russian Academy of Science*，1998.

Chagrov，A. V.，"Nontabularity-pretabularity，antitabularity，coantitabularity"，*Algebraic and Logical Constructions*，1989，pp.105~111，．

Chagrov，A. V. et al，*Modal Logic*，Oxford，Oxford University Press，1997.

Church，A. *Introduction to Mathematical Logic (Volume I)*，Princeton，Princeton University Press，1956，p.79.

Du，S.，et al，"On pretabular logics in NExtK4 (part I)"，*Studia Logica*，Vol.102，2014，pp.499~523.

Du，S.，et al，"On pretabular logics in NExtK4 (part II)"，*Studia Logica*，Vol.102，2014，p.945.

Du，S.，et al，"On pretabular logics in NExtK4 (part II)"，*Studia Logica*，Vol.102，2014，pp.931~954.

Dugundji，J.，"Note on a property of matrices for Lewis and Langford's Calculi of propositions"，*The Journal of Symbolic Logic*，Vol.5，1940，pp.150~151.

Dummett，M. A. E.，"A propositional calculs with denumerable matrix"，*The Journal of Symbolic Logic*，Vol.24，1959，pp.97~106.

Dunn，J. M.，"Algebraic completeness results for R-mingle and its extensions"，*The Journal of Symbolic Logic*，Vol.35，1970，pp.1~13.

Esakia，L. L. et al，"Five critical modal systems"，*Theoria*，Vol.40，1977，pp.52~60.

Fine，K.，"An ascending chain of S4 Logics"，*Theoria*，Vol.40，1974，pp.110~116.

Fine，K.，"Logics containing K4. Part II"，*The Journal of Symbolic Logic*，Vol.50，1985，pp.619~651.

Fraïssé，R.，"Theory of relations"，*Studies in Logic and the Foundations of Mathematics*，vol.118，1986，pp.278~279.

Gödel，K.，"Eine interpretation des intuitionistischen Aussagenkalküls"，*Ergebnisse eines Mathematischen Kolloquiums*，Vol.4，1933，pp.39~40.

Gödel，K.，"Zum intuitionistischen Aussagenkalkül"，*Anzeiger der Akademie der Wissenschaften in Wien*，Vol.69，1932，pp.65~66.

Goldblatt，R. I.，"A study of Z modal systems"，*Notre Dame Journal of Formal Logics*，Vol.15，1974，pp.289~294.

Goldblatt，R. I. et al，"Axiomatic classes in propositional modal logic"，*Algebra and Logic*，1974，pp.163-173.

Grzegorczyk, A., "Some relational systems and the associated topological spaces", *Fundamenta Mathematicae*, Vol.60, 1967, pp. 223~231.

Hosoi, T. et al, "The intermediate logics on the second slice", *Journal of the Faculty of Science, University of Tokyo*, Vol.17, 1970, pp.457~461.

Jankov, V. A., "Some superconstructive propositional calculi", *Soviet Mathematics Doklady*, Vol.4, 1963, pp.1103~1105.

Jankov, V. A., "The construction of a sequence of strongly independent superintuitionistic propositional calculi", *Soviet Mathematics Doklady*, Vol.9, 1968, pp.806~807.

Jankov, V. A., "The relationship between deducibility in the intuitionistic propositional calculus and finite implicational structures", *Soviet Mathematics Doklady*, Vol.4, 1963, pp.1203~1204.

Kracht, M., *Tools and Techniques In Modal Logic*, Amsterdam, Elsevier Science B.V., 1999, p. 402.

Kuznetsov, A. V., "Some properties of the structure of varieties of Pseudo-boolean algebras", *Proceedings of the XIth USSR Algebraic Colloquium, Kishinev*, 1971, pp.255~256.

Lemmon, E. J. et al, *The "Lemmon Notes": An Introduction to Modal Logic*, Oxford, Blackwell, 1977.

Lewis, C. I. et al, *Symbolic Logic*, New York, Dover Publications, 1932, pp.492~502.

Makinson, D. C., "Some embedding theorems for modal logic", *Notre Dame Journal of Formal Logic*, Vol. 12, 1971. pp.252~254.

Maksimova, L. L., "Pretabular extensions of Lewis S4", *Algebra and Logic*, Vol.14, 1975, pp.16~33.

Maksimova, L. L., "Pretabular superintuitionistic logics", *Algebra and Logic*, Vol.11, 1972, pp. 308~314.

Maksimova, L. L., "*Quasifinite superintuitionist* logics", *11th All-Union Colloquium, Resume of Communications and Papers, Kishinev, 1971*, pp.258~259.

Maksimova, L. L. et al, "Five critical systems", *Theoria*, Vol.40, 1977, pp.52~60.

Maksimova, L. L. et al, "Lattices of modal logics", *Algebra and Logic*, Vol.13, 1974, pp.105~122.

Mckinsey, J. C. C., "On the number of complete extensions of the Lewis systems of sentential calculus", *The Journal of Symbolic Logic*, Vol.9, 1944, pp.42~45.

Pollock, J. L. et al, "Basic modal logic", *The Journal of Symbolic Logic*, Vol.32, 1967, pp. 355~365.

Prior，A. N.，*Past，Present and Future*，Oxford，Oxford University Press，1967，p.45.

Rautenberg，W. et al，"Willem Blok and modal logic"，*Studia Logica*，Vol.83，2006，pp.15～30.

Rautenberg，W.，"Der Verband der normalen verzweigten Modallogiken"，*Mathematische Zeitschrift*，Vol.156 ，1977，pp.123～140.

Sahlqvist，H.，"Completeness and correspondence in the first and second order semantics for modal logic"，*Studies in Logic and the Foundations of Mathematics*，Vol.82，1975，pp.110～143.

Sambin，G. et al，"A topological proof of Sahlqvist's theorem"，*The Journal of Symbolic Logic*，Vol.54，1989，pp.992～999.

Schumm，G. F.，"Review"，*The Journal of Symbolic Logic*，Vol.37，1972，pp.182～183.

Scroggs，S. J.，"Extensions of the Lewis System S5"，*The Journal of Symbolic Logic*，Vol.16，1951，pp.112～120.

Segerberg，K.，"An essay in classical modal logic"，*Filosofiska Studier 13*，*Uppsala*，*University of Uppsala*，1971.

Segerberg，K.，"Decidability of S4.1"，*Theoria*，Vol.34，1968，pp.7～20.

Segerberg，K.，"Post completeness in modal logic"，*The Journal of Symbolic Logic*，Vol.37，1972，pp. 711～715.

Segerberg，K.，"Two Scroggs' theorems"，*The Journal of Symbolic Logic*，Vol.36，1971，pp.697～698.

Sobociński，B.，"A note on the regular and irregular modal systems of Lewis"，*Notre Dame Journal of Formal Logic*，Vol.3，1962，pp.109～113.

Sobociński，B.，"Certain extensions of modal system S4"，*Notre Damd Journal Formal Logic*. Vol.11，1970，pp.347～368.

Sobociński，B.，"Family *K* of the Non-Lewis modal systems"，*Notre Dame Journal of Formal Logic*，Vol.5，1964，pp.13～318；

Sobociński，B.，"Modal System S4.4"，*Ibid*，Vol.5，1964 ，pp.305～312.

Tarski A，*Logic，Semantics，Metamathmatics*，Oxford，Clarendon Press，1956，pp.393～400.

Thomas，I.，"Decision of K4"，*Notre Dame Journal of Formal Logic*，Vol.8，1967，pp.337～338.

Thomason，S. K.，"Semantic analysis of tense logic"，*The Journal of Symbolic Logic*，Vol.37，1972，pp.150～158.

van Benthem，J.，*Modal Logic and Classical Logic*，Naples，Bibliopolis，1983，pp.31，65.

Westerståhl，D.，"Some results on quantifiers"，*Notre Dame Journal of Formal Logic*，Vol.25，1984，pp.152~170.

Wolter，F.，"Lattices of modal logic"，*Dissertation of Freien Universität Berlin*，1993，p.81.

Zakharyaschev，M.，"Canonical formulas for K4. part I：basic results"，*The Journal of Symbolic Logic*，Vol.57，1992，pp.1377~1402.

Zakharyaschev，M.，"Canonical formulas for K4. part II：cofinal subframe logics"，*The Journal of Symbolic Logic*，Vol.61，1996，pp.421~449.

Zakharyaschev，M.，"Canonical formulas for K4. part III：the finite model property"，*The Journal of Symbolic Logic*，Vol.62，1997，pp.950~975.

Zeman，J. J.，"A study of some systems in the neighborhood of S4.4"，*Ibid.*，Vol.12，1971，pp.341~357.

附录 A　论麦金森定理及其等价命题*

【摘要】麦金森定理在模态逻辑中有举足轻重的作用。利用把Abs和Triv中的模态公式变为无模态公式的语法运算 a 与 t，可以给出麦金森定理的一个很简单的语法证明。一方面，通过这个语法证明建立的加强的麦金森定理与波斯特完全性研究及模态逻辑语义学中的几条基本原理等价；另一方面，麦金森定理本身清晰地提示了分裂对的两个最典型的实例，这在不完全性度的研究中是不可忽视的。

【关键词】麦金森定理；语法证明；波斯特完全性；（克里普克）框架；分裂对

本文考察正规模态逻辑中一条攸关全局的根本原理——麦金森定理，大意是说，在这个领域，一致扩充的极限只有两个。这本来是一个纯语法原理，却逐步显示出多方面的意义，如今已经成了名副其实的多面体。

回想麦金森定理的证法的演化过程，不能不让人有些诧异。

麦金森定理于1971年出现在《模态逻辑的若干嵌入定理》一文中①。按照麦金森给出的证法，该定理分成两部分。第一部分是"正规模态逻辑D的一致扩充恰好有一个极限"，第二部分是"其他正规模态逻辑至少还有另一个极限"。第一部分相对容易，早在1944年就由麦金塞用语法方法得到了②。从今天的视角看，这算是麦金森定理的先兆。可惜，麦金塞的眼光偏旧，他从他的强证明剥离出来的结论并不是"D的一致扩充恰好有一个极限"，仅是弱得多的论断"S4的一致扩充恰好有一个极限"。视角的更新似乎相当困难。将近20年后，索波青斯基曾经再一次推敲麦金塞证明的潜力，却依然只得出"T的一致扩充恰好有一个极限"的结论，始终

* 本文由杜珊最初发表在《华中科技大学学报（社会科学版）》2005 年第 19 卷第 3 期第 21～25页。这里所呈现的是康宏逵于 2013 年修改后的版本。杜珊系杜珊珊的笔名。

① 参见麦金森的"Some embedding theorems for modal logic"（*Notre Dame Journal of Formal Logic*，Vol.12，1971，pp.252～254）。

② Mckinsey，J. C. C.，"On the number of complete extensions of the Lewis systems of sentential calculus"，*The Journal of Symbolic Logic*，Vol.9，1944，pp.42～45.

没有剥离出麦金森定理的第一部分[①]。

　　麦金森熟悉麦金塞的全部工作。但他建立整个麦金森定理的时候放弃了语法方法，改而使用代数方法。他的代数方法有其深刻的一面，但也因此稍显复杂。为得出麦金森定理的第二部分，他需要应用布尔代数中的超滤子构造。如所周知，超滤子的存在是由与选择公理等价的曹恩引理来保证的。

　　模态逻辑学界对麦金森定理的微妙之处认识不足。1971年以来，经常有人试图找出比麦金森本人的代数证明简单得多的"不足道"的语义证明或语法证明。然而，在启用"后克里普克"的一般框架之前，各种只想利用克里普克框架的语义证明都有窃题之嫌[②]。至于更趋简化的语法证明，据我们看来也都缺少应有的匀齐性[③]。

　　鉴于上述情形，本文从几个不同的角度再次审视麦金森定理。

　　首先是要给出一个更好的纯语法证明[④]。

一、麦金森定理的一个纯语法证明

　　本文使用一种很流行的模态语言，它的公式是应用蕴涵号 $\rightarrow$ 与必然号 $\Box$ 从变号 $p, q, r, \cdots$ 及常号 $\bot$ 形成的。其他逻辑符号 $\top, \wedge, \vee, \neg, \leftrightarrow, \Diamond$ 只当作缩写手段来看，如 $\top$ 是 $\bot \rightarrow \bot$。

　　任何公式集 L，如果包括全体重言式又在代入与分离下封闭，便是一模态逻辑，简称逻辑。对两个逻辑 L 和 L'，如果 $L \subseteq L'$（$L \subset L'$），就说 L 是 L' 的子逻辑（真子逻辑）或 L' 是 L 的扩充（真扩充）。全公式集 For 没有真扩充，无疑是最大逻辑。如果 $L = \text{For}$，L 是不一致的，否则是一致的。另外，重言式集 Cl 虽有真子集，却没有真子逻辑，自然是最小逻辑。本文把 Cl 的扩充的族记为 ExtCl。对于任何 $L \in \text{ExtCl}$，公式 $\varphi \in \text{For}$，用 $L + \varphi$ 指公式集 $L \cup \{\varphi\}$ 在代入与分离之下的闭包。$L \in \text{ExtCl}$ 显然蕴涵 $L + \varphi$

$\in \text{ExtCl}$。

　　任何 $L \in \text{ExtCl}$，如果含公式 $\Box(p \rightarrow q) \rightarrow (\Box p \rightarrow \Box q)$ 又在必然化下

① Sobociński，B.，"A note on the regular and irregular modal systems of Lewis"，*Notre Dame Journal of Formal Logic*，Vol.3，1962，pp.109～113.

② Bellisima，F.，"On the relation between One-point frames and degrees of unsatisfiability of modal formulas"，*Notre Dame Journal of Formal Logic*，Vol.25，1984，pp.117～126；van Benthem，J.，Modal *logic and classical logic*，Naples，Bibliopolis，1983，pp.31，65.

③ Segerberg，K.，"Post completeness in modal logic"，*The Journal of Symbolic Logic*，Vol.37，1972，pp. 711～715.

④ 本文所采取的记法、术语及图解方式与查格罗夫和扎哈里雅雪夫 *Modal Logic*（Oxford，Oxford University Press，1997）几乎相同，所引用的辅助性定理大多可以在其中查到。

封闭，便是一正规逻辑。令 K 是所有正规逻辑的交，K 必定最小。为利于区分，本文把 K 的正规扩充的族记为 NExtK。对 $L \in$ NExtK 和公式 $\varphi \in$ For，用 $L \oplus \varphi$ 指 $L \cup \{\varphi\}$ 在代入、分离与必然化之下的闭包。$L \in$ NExtK 蕴涵 $L \oplus \varphi \in$ NExtK。

ExtCl 和 NExtK 都是不可数集，而(递归)可公理化的公式集只有可数多个。所以只是在例外场合，一个逻辑 L 才能被某个演算 L 公理化。例如，Cl 和 K 分别被古典命题演算 *Cl* 和最小正规演算 *K* 有穷公理化。与逻辑 L 不同，在演算 *L* 中永远存在以能行可核查的演绎概念为基础的可演绎关系 $\vdash_L$。有时这种关系还满足某种良好的演绎定理。*Cl* 与 *K* 便是如此。根据 + 和 $\oplus$ 的定义，以及 *Cl* 和 *K* 的演绎定理，可以建立逻辑与演算之间的如下关系：

引理A.1　（1）令 $L \in$ ExtCl。$\psi \in L + \varphi \Leftrightarrow L$，$\varphi^S \vdash_a \psi \Leftrightarrow L \vdash_a \varphi^S \to \psi$；

　　　　　　（2）令 $L \in$ NExtK。$\psi \in L \oplus \varphi \Leftrightarrow L$，$\varphi^S \vdash_K \psi \Leftrightarrow$ 对某个 $m \geq 0$，$L \vdash_K \square^0 \varphi^S \wedge \square^1 \varphi^S \wedge \cdots \wedge \square^m \varphi^S \to \psi$。这里 φ^S 是 φ 的某些代入特例的合取。值得注意，当 φ 本身不含变号时，$\varphi^S = \varphi$[①]。

转向主定理之前，先给出本文最关注的两个离奇的正规逻辑：

$$\text{Abs} = K \oplus \square \bot, \quad \text{Triv} = K \oplus \square p \leftrightarrow p$$

这里 Abs 和 Triv 分别是 Absurd 和 Trivial 的缩写，不妨译成"无稽"和"无谓"。

既然 K 可被 *K* 替代，Abs 和 Triv 可被相应演算 *Abs* 和 *Triv* 有穷公理化。

麦金森定理　任何一致正规逻辑 L 是 Abs 或 Triv 的子逻辑。换言之，$L \in$ NExtK $\Rightarrow (L \neq$ For $\Rightarrow L \subseteq$ Abs 或 $L \subseteq$ Triv)。

证明

我们需要一个很简单的事实：在 Abs 和 Triv 中无论什么模态公式都能够化为某个与它等值的无模态公式。考虑两种将模态公式变成无模态公式的语法运算 a 与 t，统称为 o，定义如下：

$$\text{对变号 } p, \quad p^o = p$$

$$\text{对常号} \bot, \quad \bot^o = \bot$$

$$(\varphi \to \psi)^o = \varphi^o \to \psi^o$$

$$(\square \varphi)^o = \begin{cases} \top, & \text{如果 } o \text{ 是 } a \\ \varphi^o, & \text{如果 } o \text{ 是 } t \end{cases}$$

只要注意演算 *Abs* 的定理在运算 a 下产生重言式，*Triv* 的定理在 t 下产生重

① 参见查格罗夫和扎哈里雅雪夫 *Modal Logic*（Oxford，Oxford University Press，1997，pp.84～86）的相关定义及定理。

言式，立刻可以得出：

引理A.2　对任意公式 φ，$\varphi \in \mathrm{Abs} \Rightarrow \varphi^a \in \mathrm{Cl}$，$\varphi \in \mathrm{Triv} \Rightarrow \varphi^t \in \mathrm{Cl}$。因此，Abs和Triv都是一致的。

有了这个引理，再注意 $\Box\varphi^a \leftrightarrow \top \in \mathrm{Abs}$，$\Box\varphi^t \leftrightarrow \varphi^t \in \mathrm{Triv}$，就不难经由归纳建立引理A.3。

引理A.3　（1）$\varphi \leftrightarrow \varphi^a \in \mathrm{Abs}$，因此，$\varphi \in \mathrm{Abs} \Leftrightarrow \varphi^a \in \mathrm{Cl}$；

　　　　　　（2）$\varphi \leftrightarrow \varphi^t \in \mathrm{Triv}$，因此，$\varphi \in \mathrm{Triv} \Leftrightarrow \varphi^t \in \mathrm{Cl}$ [①]。

现在，设 L 是任意的一致正规逻辑。取逻辑 $\mathrm{D} = \mathrm{K} \oplus \Diamond\top$，然后依次审查两种可能的情况。

情况1：$\mathrm{D} \not\subseteq L$。

先来表明这时 $L \oplus \Box\bot$ 理应一致。要知道，$\Box\bot \to \Box\varphi \in L$，$\Box\varphi \to (\varphi \to \Box\varphi) \in L$，因而 $\varphi \to \Box\varphi \in L + \Box\bot$，可见 $L + \Box\bot$ 自动在必然化下封闭。既然如此，$L + \Box\bot = L \oplus \Box\bot$。但是，假使 $L + \Box\bot$ 不一致，则 $\bot \in L + \Box\bot$。于是，按照引理A.1（1），会推出 $L \vdash_{cl} \Box\bot \to \bot$ 和 $\Box\bot \to \bot \in L$，即 $\Diamond\top \in L$，与假设 $\mathrm{D} \not\subseteq L$ 矛盾 [②]。

令 $L^* = L \oplus \Box\bot$。一旦表明 $L^* = \mathrm{Abs}$，就能立刻得到所求的 $L \subseteq \mathrm{Abs}$。然而，$\mathrm{Abs} \subseteq L^*$ 是显而易见的，所以真正需要证明的只是 $L^* \subseteq \mathrm{Abs}$。假定相反，存在一公式 φ，$\varphi \in L^*$ 但 $\varphi \notin \mathrm{Abs}$。按照引理A.3（1），从 $\varphi \notin \mathrm{Abs}$ 得出 $\varphi^a \notin \mathrm{Cl}$。

这意味着无模态公式 φ^a 不是重言式。众所周知，在这种情况下，对 φ^a 中的互异变号 $p_1, \cdots, p_n$ 必定能找到一组由常号 $\bot$ 或 $\top$ 构成的公式 $\tau_1, \cdots, \tau_n$ 使得 $\varphi^a(p_1/\tau_1, \cdots, p_n/\tau_n) \leftrightarrow \bot \in \mathrm{Cl}$ [③]。为省文计，把等值号 $\leftrightarrow$ 左侧的公式缩写成 $(\varphi^a)^\sigma$。于是，$(\varphi^a)^\sigma \leftrightarrow \bot \in \mathrm{Cl}$，从而，

$$(\varphi^a)^\sigma \leftrightarrow \bot \in L^* \qquad\qquad (\text{A-1})$$

另外，已知 $\mathrm{Abs} \subseteq L^*$。按照引理A.3（1），也就应当有 $\varphi \leftrightarrow \varphi^a \in L^*$，这与假定 $\varphi \in L^*$ 合在一起给出：

$$\varphi^a \in L^*$$

由于 L^* 在代入下封闭，有

$$(\varphi^a)^\sigma \in L^* \qquad\qquad (\text{A-2})$$

这样一来，从式（A-1）和式（A-2）居然得出 $\bot \in L^*$，这与 L^* 的一致

---

① 从（1）和（2）的前后的推导要求助于 Abs 和 Triv 的一致性，也求助于一致逻辑都是 Cl 的保守扩充这一事实。

② 其实，诉诸引理 A.1 中的（2）能更直接地得到同一结论。

③ 本文用 $\varphi(p_1/\tau_1, \cdots, p_n/\tau_n)$ 来指在公式 φ 中将公式 τ_i 处处代入变号 p_i 的结果。

性矛盾。这个矛盾迫使我们放弃 $L^* \nsubseteq \text{Abs}$ 的假设。

情况2：$D \subseteq L$。

这时应当有 $L \subseteq \text{Triv}$。假定相反，存在一公式 φ，$\varphi \in L$ 但 $\varphi \notin \text{Triv}$。按引理A.3（2），从 $\varphi \notin \text{Triv}$ 得出 $\varphi^t \notin \text{Cl}$。仿照情况1，对 φ^t 中的互异变号 $p_1, \cdots, p_n$ 规定一组由 $\bot$ 或 $\top$ 构成的公式 $\tau_1, \cdots, \tau_n$ 使得：

$$\varphi^t(p_1/\tau_1, \cdots, p_n/\tau_n) \leftrightarrow \bot \in \text{Cl}$$

把 $\leftrightarrow$ 左侧的公式记为 $(\varphi^t)^\sigma$。于是，$(\varphi^t)^\sigma \leftrightarrow \bot \in \text{Cl}$，从而，

$$(\varphi^t)^\sigma \leftrightarrow \bot \in L \qquad\qquad \text{(A-3)}$$

现在注意，$\Box\top \leftrightarrow \Diamond\top \leftrightarrow \top \in D$，$\Box\bot \leftrightarrow \Diamond\bot \leftrightarrow \bot \in D$，因此不难建立引理A.4。

引理A.4 对任何无变号公式 ψ，$\psi^t \leftrightarrow \psi \in D$。

把这个引理应用到无变号公式 $\varphi^\sigma = \varphi(p_1/\tau_1, \cdots, p_n/\tau_n)$ 得到：

$$(\varphi^\sigma)^t \leftrightarrow \varphi^\sigma \in D$$

进而得到 $(\varphi^\sigma)^t \leftrightarrow \varphi^\sigma \in L$。$L$ 在代入下封闭，从 $\varphi \in L$ 可以推出 $\varphi^\sigma \in L$，进而推出 $(\varphi^\sigma)^t \in L$。然而，$(\varphi^\sigma)^t = (\varphi^t)^\sigma$，所以，

$$(\varphi^t)^\sigma \in L \qquad\qquad \text{(A-4)}$$

从式（A-3）和式（A-4）产生 $\bot \in L$，与 L 的一致性矛盾。∎

麦金森定理本身并没有断定Abs和Triv一致。不过，本文的语法证明建立（通过引理A.2）和运用（通过引理A.3）了两者的一致性。既然一致逻辑只能有一致的子逻辑乃是自明之理，足见该证明实际上给出了：

加强的麦金森定理 对任何正规逻辑 L，L 是一致的，当且仅当 L 是Abs或Triv的子逻辑，即

$$L \in \text{NExtK} \Rightarrow (L \neq \text{For} \Leftrightarrow L \subseteq \text{Abs} \text{ 或者 } L \subseteq \text{Triv})$$

第二、三部分涉及的是这个稍强的定理，但省掉了形容词"加强的"。请记住，它蕴涵着Abs和Triv的一致性。

二、从波斯特完全性看麦金森定理

任何逻辑，如果它本身是一致的但是没有一致的真扩充，就称为波斯特完全的逻辑。麦金森本人提过，他的工作与早期的波斯特完全性研究有关。其实应该说，麦金森给该分支贡献了一个全新的结果，一个与麦金森定理相互等价的不为人知的原理。

命题A.1 在 NExtK 中每个一致逻辑的波斯特完全扩充或是 Abs 或

是Triv。

证明

处处求助于麦金森定理。首先，该定理说，对每个一致的$L \in$ NExtK，$L \subseteq$ Abs或$L \subseteq$ Triv。可见，对任意一致的$L \in$ NExtK，如果$L \neq$ Abs且$L \neq$ Triv，则$L \subset$ Abs或$L \subset$ Triv，所以，L总有一致的真扩充。这表明不可能存在异于Abs与Triv的波斯特完全逻辑$L \in$ NExtK。剩下的事只是证明Abs和Triv的波斯特完全性。请留意，麦金森定理不仅保证它们一致，而且保证两者都没有一致的真扩充[1]。假定相反，在NExtK中会有L使得Abs（Triv）$\subset L \subset$ For，但这是荒谬的。本文只证明Abs的波斯特完全性，Triv的情况是类似的。要知道，$L \subset$ For意味着L一致。如果Abs$\subset L$，则$L \not\subseteq$ Abs，于是麦金森定理要求$L \subseteq$ Triv。这么一来，Abs$\subseteq$ Triv，因而$\perp \in$ Triv。 ■

据我们所知，麦金森的文章[2]发表以后，波斯特完全性的研究者们虽然知道命题A.1，却没有采取如此明快的证明计谋。相反，仍然有人沿袭塔斯基（A.Tarski）开创的路线，用更传统的办法来建立这个命题，作点对照或许不无裨益。

命题A.1的另一种证明[3] 我们把逻辑L的波斯特完全扩充的数目称为它的"波斯特数"，记为符号$P(L)$。根据著名的林登鲍姆引理（Lindenbaum's lemma），永远有$P(L) \geqslant 1$。命题A.1的另一种证法主要依靠：

塔斯基-麦金塞判据 令$L \in$ ExtCl。$P(L) = 1 \Leftrightarrow$ 对所有无变号公式φ，$\varphi \in L$或$\neg \varphi \in L$ [4]。

Abs与Triv的波斯特完全性可以（如通过引理A.3）归结为Cl的波斯特完全性。现在，设L'是NExtK中任一波斯特完全逻辑。不言而喻，$P(L') = 1$。如果$\diamondsuit \top \notin L'$，根据上述判据，$\square \perp \in L'$，因此，$L' =$ Abs。假使$\diamondsuit \top \in L'$呢？由于无模态的无变号公式在Cl中等值于$\top$或$\perp$，从引理A.4看出任何无变号公式在D中等值于$\top$或$\perp$，所以有系理A.1。

系理A.1 令$L \in$ NExtK。D$\subseteq L \Rightarrow P(L) = 1$且$L \subseteq$ Triv。

既然$\diamondsuit \top \in L'$，那么D$\subseteq L'$，于是$L' \subseteq$ Triv。但波斯特完全逻辑不会

① 人们常常把这些事实表述为"For只有两个直接前趋Abs与Triv"。这对理解NExtK的结构至关重要。
② Makinson，D. C.，"Some embedding theorems for modal logic"，*Notre Dame Journal of Formal Logic*，Vol.12，1971，pp.252～254.
③ Segerberg，K.，"Post completeness in modal logic"，*The Journal of Symbolic Logic*，Vol.37，1972，pp.711～715.
④ Mckinsey，J. C. C.，"On the number of complete extensions of the Lewis systems of sentential calculus"，*The Journal of Symbolic Logic*，Vol.9，1944，pp.42～45；Tarski A.，*Logic，Semantics，Metamathmatics*，Oxford，Clarendon Press，1956，pp.393～400.

有一致的真扩充，因此，$L' = \text{Triv}$。　　　　　　　　　　　　■

三、从语义学看麦金森定理

假定读者了解克里普克语义学，但不一定熟悉某些记法。框架$\mathfrak{F}=\langle W, R\rangle$上的全体有效公式，称为$\mathfrak{F}$的逻辑，记为$\text{Log}\mathfrak{F}$。逻辑$L$被单个框架$\mathfrak{F}$所刻画也就可以简单地表述成$L = \text{Log}\mathfrak{F}$。如所周知，Abs被单死点框架$\mathfrak{F}_1 = \langle\{\bullet\}, \varnothing\rangle$刻画，Triv被单活点框架$\mathfrak{F}_2 = \langle\{\circ\}, \{\langle\circ,\circ\rangle\}\rangle$刻画。假使容忍少许歧义，索性用$\bullet$代表$\mathfrak{F}_1$，用$\circ$代表$\mathfrak{F}_2$，就有

$$\text{Abs}=\text{Log}\bullet, \quad \text{Triv}=\text{Log}\circ。$$

这两个等式直截了当地给出两个与麦金森定理等价的语义原理。

一个是

命题A.2　设$L\in\text{NExtK}$。L一致$\Leftrightarrow L\subseteq\text{Log}\bullet$或$L\subseteq\text{Log}\circ$。

另一个是它的系理：

命题A.3　设$L\in\text{NExtK}$。L一致$\Leftrightarrow L$有适于它的框架（即至少有一框架$\mathfrak{F}$使得$L\subseteq\text{Log}\mathfrak{F}$）。

常常有一些模态语义学者随意把麦金森1971年文章中的经典结果等同于下列相关论断。

论断A.1　如果$L\in\text{NExtK}$有框架，那么$L\subseteq\text{Log}\bullet$或$L\subseteq\text{Log}\circ$。

证明

设$\mathfrak{F}=\langle W, R\rangle$是适于$L$的框架。如果$W$含一死点，由该死点生成的子框架与任意单死点框架$\bullet$同构，所以，按"框架"生成定理（每个框架上的有效公式在生成子框架下保存），$\text{Log}\mathfrak{F}\subseteq\text{Log}\bullet$，因而$L\subseteq\text{Log}\bullet$；如果$W$只含活点，任意单活点框架$\circ$是$\mathfrak{F}$的$p$-同态象，所以，按"框架"$p$-同态定理（每个框架上的有效公式在$p$-同态下保存），$\text{Log}\mathfrak{F}\subseteq\text{Log}\circ$，因而$L\subseteq\text{Log}\circ$。　　　　　　　■

这个论断本身是真的，也是有用的：一旦有了这个论断，很容易看出命题A.3的确与命题A.2等价。然而，应当指出，这个论断根本不同于麦金森定理的任何一种等价表述。假使想从这个论断推出麦金森定理，不得不先行预设一致正规逻辑必有适于它的框架。将麦金森定理与上述相关论断混为一谈的语义学者正是不经意地作了这一预设，而且误将这预设当作不证自明的。它并不自明。麦金森定理问世的第二年，托马森（S. K. Thomason）就以他的"热力学逻辑"T为例，表明一致的时态逻辑——更

一般地说，多模态逻辑——竟然可能无框架[1]。要知道，逻辑T是一致的，可是，

$$GF \rightarrow FG, \quad H(Hp \rightarrow p) \rightarrow Hp \in T$$

结果，凡适于 T 的框架 $\mathfrak{F}$ 都得满足 $\mathfrak{F} \models \perp$ 这样荒谬的条件不可。总之，"一致性蕴涵有框架"这条"原理"不是普遍真，只是对正规的单模态逻辑真。我们是从哪里知道这一点的呢？从麦金森定理。一言以蔽之，不加证明地先行预设一致的正规模态逻辑必有适于它的框架，只依靠"框架"生成定理和"框架"p-同态定理去建立麦金森定理，那是行不通的，势必滑入"窃题"的陷阱。

根据已发表的文献，命题A.2的语义证明只有一种是无窃题之嫌的，但要启用比克里普克式的框架更强有力的一般框架。其实，并不是局限于克里普克语义学就注定给不出正确的语义证明。不过，看来免不了要诉诸比"框架"生成定理和p-同态定理更有力的模型论手段，比如，"模型"生成定理（每个模型中的真公式在生成子模型下保存）和"模型"p-同态定理（每个模型中的真公式在p-同态下保存）。

命题A.2的另一种证明[2] 一个模型称为有穷分化模型，如果其底部框架是有穷的，而且对其中每对互异点都有某公式被指派不同的真值，单点模型当然是有穷分化模型，对它们可以应用塔斯基的观点[3]建立引理A.5。

引理A.5 令$\langle W, R, V \rangle$是有穷分化模型，令$L \in$ NExtK，

$$\langle W, R, V \rangle \models L \Leftrightarrow \langle W, R \rangle \models L$$

本文要利用给定一致正规逻辑L的典范模型$\langle W_L, R_L, V_L \rangle$来证明命题A.2。典范模型的基本定理一开始便保证有

$$\langle W_L, R_L, V_L \rangle \models L$$

设$D \not\subseteq L$。这时，W_L必含一死点Γ。取Γ所生成的子模型$\langle \{\Gamma\}, \varnothing, V_\Gamma \rangle$，"模型"生成定理给出$\langle \{\Gamma\}, \varnothing, V_\Gamma \rangle \models L$。所以，引理产生$\langle \{\Gamma\}, \varnothing \rangle \models L$。

设$D \subseteq L$。注意公式集$\gamma = \{\varphi \rightarrow \Box \varphi : \varphi \in$ For$\}$应是L-一致集。假定相反，必定存在一组公式$\varphi_1, \cdots, \varphi_n$使得：

$$(\varphi_1 \rightarrow \Box \varphi_1) \wedge \cdots \wedge (\varphi_{n-1} \rightarrow \Box \varphi_{n-1}) \rightarrow \varphi_n \wedge \neg \Box \varphi_n \in L$$

把常号$\top$代入$\varphi_1, \cdots, \varphi_n$中的每个变号，得出：

---

[1] Thomason, S. K., "Semantic analysis of tense logic", *The Journal of Symbolic Logic*, Vol.37, 1972, pp.150～158.

[2] 康宏逵：《北京大学模态逻辑讲义》，未发表，1987年，第183～184页。

[3] Tarski A., *Logic, Semantics, Metamathematics*, Oxford, Clarendon Press, 1956, pp.393～400.

$$(\varphi_1' \rightarrow \Box\varphi_1') \wedge \cdots \wedge (\varphi_{n-1}' \rightarrow \Box\varphi_{n-1}') \rightarrow \varphi_n' \wedge \neg\Box\varphi_n' \in L$$

从第一部分引理A.4可知，对这些无变号公式 φ_i'（$1 \le i \le n$），要么 $\varphi_i' \leftrightarrow \top \in D$，要么 $\varphi_i' \leftrightarrow \bot \in D$。无论如何，$(\varphi_i' \rightarrow \Box\varphi_i') \leftrightarrow \top \in D$，而 $(\varphi_i' \wedge \neg\Box\varphi_i') \leftrightarrow \bot \in D$。这会使 $\top \wedge \cdots \wedge \top \rightarrow \bot \in L$，从而使 $\bot \in L$，与 L 的一致性矛盾。现在把 L-一致集 γ 扩充为极大 L-一致集 Γ，于是 $D \subseteq L$ 且 $\gamma \subseteq \Gamma$。不难看出：

$$R_L\Gamma\Gamma$$
$$对所有 \Theta \in W_L (R_L\Gamma\Theta \Rightarrow \Gamma = \Theta)$$

换言之，Γ 是一没有其他 R_L-后继的自返点。由 Γ 所生成的子模型 $\langle\{\Gamma\}, \{\langle\Gamma,\Gamma\rangle\}, V_\Gamma\rangle \models L$，所以 $\langle\{\Gamma\}, \{\langle\Gamma,\Gamma\rangle\}\rangle \models L$。■

四、从分裂论看麦金森定理

假定读者有一点格论的知识，知道什么是完备格，也知道NExtK和NExtD都是完备格的例子。令 $\mathfrak{L}$ 是一完备格，令 $L_1, L_2 \in \mathfrak{L}$。如果对每个 $L \in \mathfrak{L}$，$L \subseteq L_1$ 或 $L_2 \subseteq L$（但 $L_2 \not\subseteq L_1$），我们就说 L_1 分裂 $\mathfrak{L}$ 或 L_2 是 $\mathfrak{L}$ 由 L_1 造成的裂口，记为 $L_2 = \mathfrak{L}/L_1$。在麦金森定理的纯语法证明中，得到：

（1）对每个 $L \in$ NExtK，如果 $L \not\subseteq$ Abs，则 $D \subseteq L$，即 $L \subseteq$ Abs 或 $D \subseteq L$。既然 $D \not\subseteq$ Abs，足见 D 是 NExtK 由 Abs 造成的裂口，即 D=NExtK/Abs。

另外，麦金森定理本身又给出了：

（2）对每个 $L \in$ NExtK，如果 $L \not\subseteq$ Abs 且 $L \not\subseteq$ Triv，那么 For $\subseteq L$。因此，对这样的 L，如果 $D \subseteq L$ 且 $L \not\subseteq$ Triv，那么 For $\subseteq L$。换一种说法，对每个 $L \in$ NExtD，$L \subseteq$ Triv 或 For $\subseteq L$。足见 For 是 NExtD 由 Triv 造成的裂口，For=NExtD/Triv。

当 $L_2 = \mathfrak{L}/L_1$ 时，$\langle L_1, L_2 \rangle$ 称为 $\mathfrak{L}$ 中的一个分裂对。不夸张地说，麦金森定理清晰地提示了分裂对的两个最典型的实例。

逻辑学家乐于谈分裂对并非无的放矢。自从发现了许多不完全逻辑，所谓"不完全性度"的研究摆上议程。逻辑 $L \in \mathfrak{L}$ 在 $\mathfrak{L}$ 中具备不完全性度 κ，如果 $\mathfrak{L}$ 中恰好有 κ 个各不相同的逻辑与 L 有相同的框架。不完全性度为1的逻辑称为严格完的。现在已经明白，在NExtK和NExtD当中构成裂口的逻辑都是严格完的。历史似乎总要跟人开玩笑。率先研究不完全性度的布洛克（W. J. Blok）一度猜测 K 的一切真扩充都具备最高的不完全性度 $2^{\aleph_0}$ [①]。他当时不看重麦金森定理，否则不至于忽略 For 和 D 这样彰明

---

① Blok, W., "On the degree of incompleteness of modal logic", *Bulletin of the Section of Logic of the Polish Academy of Sciences*, Vol.7, 1978, pp.167~175.

较著的反例。它们的严格完全性极易建立，只靠前文讲过的几个简单事实便能够建立。

For 与 D 都是完全逻辑。假定它们不是严格完全的，与它们不同而又具有相同框架的逻辑必定是它们的真子逻辑。然而，$L \subset$ For意味着 L 是一致的。所以，按照命题A.4，适于 L 的框架类并不是空类，但适于For的框架类是空类。$L \subset$ D蕴涵 D$\nsubseteq L$。正如前文一再提到的，这时$L \subseteq$ Abs。所以，•是适于 L 的框架，但适于 D 的框架只能是不含死点的持续框架。

（我的老师康宏逵帮助我了解麦金森定理的历史，并形成全文框架——笔者注）

附录 B　模态镜子里的反欧性*

【摘要】本文用戈德布拉特-托马森定理证明了一般来说反欧性是模态不可反映的。由此找到了最小的反欧传递逻辑，证明了所有的反欧传递逻辑不仅具备有穷框架性，也都是有穷可公理化的，继而也都是可判定的。最后，本文研究了反欧传递逻辑格里的濒表格逻辑，给出了几个具有“临界性”濒表格扩充的逻辑的实例。

【关键词】反欧性；模态不可反映性；麦金森的逻辑分类法

本文跨越模态逻辑的多个领域。从对应理论入手，转到完全性理论，再转到可判定性理论，最后止步于格论。整个这场漫游其实是由一个心血来潮的小问题引起的，先谈一点本文背景。

一、背　　景

欧几里得从未插足模态逻辑，他的名字却频繁出现在模态文献里。众所周知，在S5-语义学中，克里普克框架$\mathfrak{F}=\langle W, R\rangle$内可能世界之间的可通达性关系$R$被赋予以下特殊性质：

欧几里得性——$\forall x\forall y(\exists z(zRx\wedge zRy)\rightarrow xRy)$，读作“有同一世界为其$R$-前趋的世界互为$R$-前趋”。

这个命名法的设计者是英国人莱蒙。他设计的理由是，当R被解释为=时，上述关系性质就会变成《几何原本》中的一条公理“等于同量的量相等”①。

模态逻辑学者一直没有发觉欧几里得性身边有一位孪生兄弟，那就是反欧几里得性，简称“反欧性”——$\forall x\forall y(\exists z(xRz\wedge yRz)\rightarrow xRy)$，读作“有同一世界为其$R$-后继的世界互为$R$-后继”。

一直到20世纪80年代早期，研究自然语言中的二元量词的学者才把反

---

* 本文是杜珊和康宏逵最初发表在《武汉大学学报（人文科学版）》2011 年 5 月第 64 卷第 3 期第 59～68 页。与原文相比，本文做了少量改动。

① Lemmon，E. J. et al，*The“Lemmon Notes”：An Introduction to Modal Logic*，Oxford，Blackwell，1977，p.54.

欧性正式引入逻辑学家的视野。他们的许多观察结果出人意料。例如，欧几里得量词根本不存在，反欧几里得量词反倒多如牛毛[①]。本文第二作者惊讶之余，不能不疑心模态逻辑学者无视反欧性也许是一个错误。然而，从动念推敲反欧性的第一天起，第二作者便落入困境。

二、反欧性是模态可反映的么

只要可能，模态逻辑学者总要设法把他感兴趣的关系性质用模态语言描述。按流行术语，这样的关系性质称为"模态可定义的"。本文用普赖尔更有表现力的词，称之为"模态可反映的"[②]。一个关系性质 P(R) 是模态可反映的，如果存在着模态公式 φ，对于任何克里普克框架 $\mathfrak{F}=\langle W, R\rangle$，$\mathfrak{F}$ 满足 P(R)，当且仅当 $\mathfrak{F}$ 使 φ 有效。

入门书津津乐道的一些关系性质，如象自返性、对称性和传递性，都是模态可反映的，欧几里得性也是。一直充当路易士系统S5的特征性公理的公式：

$$\text{E}\qquad \Diamond p \to \Box \Diamond p$$

就是反映它的模态公式之一。

反欧性也是模态可反映的么？第二作者一度相信也是。不幸的是，他和他当年的学生为反欧性寻找模态等价物的多次试验，不但失败了，而且丝毫没有显出否定解似乎言之成理，结果幻想依旧。说来滑稽，反欧性仅是某种一阶性质，而早在1975年便已经有了一阶关系性质的模态可反映性的判据[③]，那就是：

戈德布拉特-托马森定理　一阶关系性质 P(R) 是模态可反映的，当且仅当， ¬P(R) 在超滤子扩充的形成下保存，同时 P(R) 在不相交并、生成子框架和 p-同态象的形成下保存。

然而，只是在本文第一作者者也投入反欧性研究之后，我们才想到应当彻底告别试误法，以最大的耐性应用这个重要定理久已配置齐全的判据。我们明白，这多半仍将是一个助探论证，必须做两手准备。假使一切顺利，会得到一个反欧性模态可反映的证明，尽管有可能依然不清楚它的模态对应物是什么。假使不顺利，一时找不出办法来确定反欧性是否通得过所有四项测试，那就还是得不出最终的结论。毕竟，戈德布拉特-托马

---

① Westerståhl, D., "Some results on quantifiers", *Notre Dame Journal of Formal Logic*, Vol.25, 1984, pp.152~170.

② Prior, A. N., *Past, Present and Future*, Oxford, Oxford University Press, 1967, p.45.

③ Goldblatt, R. I. et al, "Axiomatic classes in propositional modal logic", *Algebra and Logic, lecture Notes in Mathematics*, Vol.450, 1975, pp.163~173.

森定理本来没有提供"能行的"判据。

回想数年前实际完成的助探过程（不熟悉超滤子扩充等4种运算的读者可以从高等模态逻辑教材中查找它们的定义①）。

设克里普克框架$\mathfrak{G}=\langle U, S\rangle$不满足反欧性。为确定计，假定$U$的元素$a,b,c$构成反欧性的一组反例：

$$(*)\qquad\qquad aSc, bSc, \neg(aSb)$$

现在分别考察以下4种情形。

（1）令$\widehat{\mathfrak{G}}=\langle\widehat{U}, \widehat{S}\rangle$是$\mathfrak{G}$的超滤子扩充。无论这里的超滤子扩充$\widehat{\mathfrak{G}}$可能是多么复杂的结构，对当前的案例只有一个事实是真正要紧的：$\widehat{\mathfrak{G}}$的可能世界集$\widehat{U}$是由U上全体超滤子组成的，其中包括形如$\widehat{x}=\{X\subseteq U: x\in X\}$的一切主超滤子；因此，十分明显，以$x\mapsto\widehat{x}$为同构映射，$\mathfrak{G}$必定同构于$\widehat{\mathfrak{G}}$的一个子框架（不必是生成子框架）。这意味着，对所有$x, y\in U$，都有

$$xSy, \text{当且仅当}\widehat{x}\widehat{S}\widehat{y}$$

这样一来，从（*）立刻得出：

$$\widehat{a}\widehat{S}\widehat{c}, \quad\widehat{b}\widehat{S}\widehat{c}, \quad\neg(\widehat{a}\widehat{S}\widehat{b})$$

足见$\mathfrak{G}$的超滤子扩充$\widehat{\mathfrak{G}}$也不满足反欧性。

（2）令$\mathfrak{G}$是给定框架族$\{\mathfrak{F}_i=\langle W_i, R_i\rangle : i\in I\}$的不相交并$\sum_{i\in I}\mathfrak{F}_i$。在这种情况下，$U=\bigcup_{i\in I}W_i$，$S=\bigcup_{i\in I}R_i$。根据不相交并的定义，对不同的$i, j\in I$，$W_i\cap W_j=\varnothing$，$R_i\cap R_j=\varnothing$。既然如此，$c\in U$便意味着存在唯一的$k\in I$使得$c\in W_k$。同时，（*）蕴涵着$a, b\in W_k$，并且

$$aR_kc, bR_kc, \neg(aR_kb)$$

足见$\mathfrak{F}_k$不满足反欧性。

（3）令$\mathfrak{G}$是给定框架$\mathfrak{F}=\langle W, R\rangle$的一个生成子框架。这蕴涵$U\subseteq W$和$S=R\cap(U\times U)$。于是，从（*）得出：$a, b, c\in W_k$，并且

$$aRc, bRc, \neg(aRb)$$

足见$\mathfrak{F}$不满足反欧性。

（4）令$\mathfrak{G}$是给定框架$\mathfrak{F}=\langle W, R\rangle$在给定映射$f: W\to U$下的$p$-同态象。令$a=f(\alpha)$，$b=f(\beta)$，$c=f(\gamma)$，此处$\alpha, \beta, \gamma\in W$。这时，（*）意味着

$$f(\alpha)Sf(\gamma), f(\beta)Sf(\gamma), \neg(f(\alpha)Sf(\beta))$$

由于f是一p-同态，$\neg(f(\alpha)Sf(\beta))$显然要求：

---

① 参见查格罗夫和扎哈里雅雪夫 *Modal Logic*（Oxford, Oxford University Press, 1997, pp.28～35, 341）的相关定义；参见 P. Blackburn 等的 *Modal Logic*（Cambridge, Cambridge University Press, 2001, pp.94, 138～142）的相关定义。

$$\neg(\alpha R\beta)$$

另外，$f(\alpha)Sf(\gamma)$ 和 $f(\beta)Sf(\gamma)$ 则分别要求

$$对某个 \delta_1 \in W,\quad f(\delta_1) = f(\gamma) 且 \alpha R\delta_1$$
$$对某个 \delta_2 \in W,\quad f(\delta_2) = f(\gamma) 且 \beta R\delta_2$$

这里虽然有 $f(\delta_1)=f(\gamma)=f(\delta_2)$，但 f 未必是1-1映射，完全可能 $\delta_1 \neq \delta_2$，因此根本不足以论定有 W 的同一个元素 δ 使得 $\alpha R\delta$，$\beta R\delta$ 但 $\neg(\alpha R\beta)$。总之，我们无法保证从任何框架向它的p-同态象过渡时反欧性一定能保存。

我们尚未抵达最终目的地，所幸的是花费这么大的工夫做助探论证并非得不偿失。我们对否定解的正确性更有信心了，也懂得求得否定解的唯一有希望的途径是去表明反欧性在p-同态下不保存。然而，收获不限于此。仔细思考情况（4）中所碰到的障碍就不难看出，尽可"依样画葫芦"地构造如图B-1所示的两个框架。

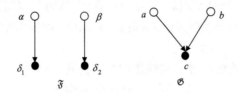

图 B-1　框架 $\mathfrak{F}$ 和 $\mathfrak{G}$

此处○和●分别代表自返点和禁自返点

只要规定 f 为从 $\mathfrak{F}$ 到 $\mathfrak{G}$ 上的如下映射：

$$f(x) = \begin{cases} a, & 如果 x = \alpha \\ b, & 如果 x = \beta \\ c, & 如果 x = \delta_1 或 x = \delta_2 \end{cases}$$

那么 $\mathfrak{G}$ 就成了 $\mathfrak{F}$ 在映射 f 下的p-同态象。很清楚，$\mathfrak{F}$ 是反欧的而 $\mathfrak{G}$ 不是反欧的。根据戈德布拉特-托马森定理，得到了命题B.1。

命题B.1　反欧性是模态不可反映的。

三、抗共死传递框架上的反欧性

前文的否定结果强迫人们做抉择。假使不引进新型算子或新型规则来增强原有模态语言的表达力，又不放弃模态可反映的要求，只好降低要求。我们说，一个关系性质 P(R) 相对于克里普克框架类 C 是模态可反映的，如果存在着模态公式 φ，对于 C 中任何框架 $\mathfrak{F}=\langle W, R\rangle$，$\mathfrak{F}$ 满足 P(R)，当且仅当 $\mathfrak{F}$ 使 φ 有效。

具体说到反欧性，应当选什么框架类呢？一般地取传递框架类肯定不行。事实上，图B-1中的框架 $\mathfrak{F}$ 和 $\mathfrak{G}$ 是传递的，可见反欧性在从传递框架向它的 p-同态象过渡时不保存，反欧性相对于传递框架类同样不是模态可反映的。但是，只要给传递框架类加上一项很苛刻的限制就可以了。用 $\lambda(t)$ 缩写存在量化式 $\exists x_0(tRx_0)$，读作"t 是活点"。那么，这项限制可以表述为

抗共死性——$\forall x\forall y\forall z(xRz\wedge yRz\wedge x\neq y\rightarrow\lambda(z))$，读作"互异世界的公共 R-后继永远是活点，不是死点"。

读者可证明命题B.2。

命题B.2　在抗共死的传递框架上，反欧性等价于拟自返性与拟对称性的合取。

想来读者还记得：

拟自返性——$\forall x(\lambda(x)\rightarrow xRx)$，读作"活点一律自返"。

拟对称性——$\forall x\forall y(xRy\wedge\lambda(y)\rightarrow yRx)$，读作"活的 R-后继都是 R-前趋"。

如所周知，反映这两种关系性质的模态公式分别是

$$\text{T}'\quad p\rightarrow(\Diamond\top\rightarrow\Diamond p)$$
$$\text{B}'\quad p\rightarrow\Box(\Diamond\top\rightarrow\Diamond p)$$

所以，又有：

命题B.3　相对于抗共死传递框架类，反欧性是模态可反映的，特言之，反映它的模态公式之一是 $\text{T}'\wedge\text{B}'=p\rightarrow\Box^+(\Diamond\top\rightarrow\Diamond p)$，此处，$\Box^+\varphi$ 缩写 $\varphi\wedge\Box\varphi$。

我们并不高估本节提到的对应论结果的重要性。显然抗共死性是一个典型的"证明生成的概念"[1]，除了排除像图B-1中的 $\mathfrak{G}$ 那样的非反欧框架之外，很难说引进它还有更深的用意。况且抗共死性也无端地排除了一大批反欧框架，对研究反欧性不利。

四、K4T'B'——最小的反欧传递逻辑

撇开模态可反映性不谈，反欧性也可以对模态逻辑另有贡献，只不过一向无人留心而已。

考虑一个正规模态逻辑：

$$\text{K4T'B'}=\text{K4}\oplus p\rightarrow\Box^+(\Diamond\top\rightarrow\Diamond p)$$

---

[1] （英）拉卡托斯：《证明与反驳——数学发现的逻辑》，康宏逵译，上海，上海译文出版社，1987年。

问：K4T′B′是不是完全的？如果是，它被什么框架所刻画？

K4T′B′不仅完全，还是一种最为司空见惯的完全逻辑，称为"典范逻辑"。每个一致逻辑的典范模型能够证伪该逻辑的每个非定理，但它的典范模型底部的典范框架未必能使该逻辑（的每个定理都）有效。只有典范逻辑的典范框架没有这个缺点，所以它恰好被它的典范框架刻画。

典范性在逻辑的和运算⊕下保存①。K4的典范性是已知的，因此，为表明K4T′B′是典范的，只需要补充KT′和KB′的典范性证明。这很容易，本文只以KB′为例。

回想模态逻辑KB′的典范框架 $\mathfrak{F}_{KB'} = \langle W_{KB'}, R_{KB'} \rangle$ 和它的典范模型 $\mathfrak{M}_{KB'} = \langle \mathfrak{F}_{KB'}, V_{KB'} \rangle$。根据一般典范模型的基本定理，KB′的公理B′的每个代入特例都在每个KB′-极大一致集中，即

$$\forall x \in W_{KB'} \forall \varphi(\varphi \rightarrow \square(\lozenge \top \rightarrow \lozenge \varphi) \in x)$$

因而

$$\forall x \in W_{KB'} \forall \varphi(\varphi \in x \Rightarrow \square(\lozenge \top \rightarrow \lozenge \varphi) \in x)$$

按照 $R_{KB'}$ 的性质，由此得出：

$$\forall x \in W_{KB'} \forall \varphi(\varphi \in x \Rightarrow \forall y \in W_{KB'}(x R_{KB'} y \wedge \lozenge \top \in y \Rightarrow \lozenge \varphi \in y))$$

因为全称量词 $\forall y \in W_{KB'}$ 所约束的变号 y 在主蕴涵式的前件 $\varphi \in x$ 中不出现，在一阶逻辑中，方才的蕴涵式等值于：

$$\forall x \in W_{KB'} \forall y \in W_{KB'} \forall \varphi(\varphi \in x \Rightarrow (x R_{KB'} y \wedge \lozenge \top \in y \Rightarrow \lozenge \varphi \in y))$$

应用命题逻辑的交换律，产生：

$$\forall x \in W_{KB'} \forall y \in W_{KB'} \forall \varphi(x R_{KB'} y \wedge \lozenge \top \in y \Rightarrow (\varphi \in x \Rightarrow \lozenge \varphi \in y))$$

既然全称量词 $\forall \varphi$ 所约束的变号 φ 不在主蕴涵式的前件 $x R_{KB'} y \wedge \lozenge \top \in y$ 中出现，这等值于：

$$\forall x \in W_{KB'} \forall y \in W_{KB'}(x R_{KB'} y \wedge \lozenge \top \in y \Rightarrow \forall \varphi(\varphi \in x \Rightarrow \lozenge \varphi \in y)) \qquad \text{（B-1）}$$

$R_{KB'}$ 的定义表明，式（B-1）意味着：

$$\forall x \in W_{KB'} \forall y \in W_{KB'}(x R_{KB'} y \wedge \lambda(y) \Rightarrow y R_{KB'} x)$$

它说可通达性关系 $R_{KB'}$ 具备拟对称性。足见逻辑KB′的典范框架的确能使B′有效，从而使KB′有效。总而言之有命题B.4。

命题B.4　K4T′B′被它的典范框架所刻画，因而被全体拟自返和拟对称传递框架类所刻画。

然而，我们有理由更进一步，期待更"节省的"刻画结果：

---

① 参见查格罗夫和扎哈里雅雪夫 *Modal Logic*（Oxford，Oxford University Press，1997，p.369）的习题 10.1。

命题B.5　K4T′B′被全体反欧传递框架类所刻画。

正因为这个命题成立，人们才有权称K4T′B′为"最小的反欧传递逻辑"。如何建立这个命题呢？我们都知道，每当框架类 C 刻画正规逻辑 L，C 中框架的点生成子框架所组成的类 C' 也刻画 L。所以，只需要表明拟自返、拟对称传递框架的点生成子框架必定是反欧的，我们的目的便可以达到。

首先，注意拟对称性会给传递框架的深度加上严格限制。有一组模态公式 bd_n，其归纳定义如下：

$$bd_1 = \Diamond\Box p_1 \to p_1, \qquad bd_{n+1} = \Diamond(\Box p_{n+1} \wedge \neg bd_n) \to p_{n+1}$$

容易验证，对任何传递框架 $\mathfrak{F}$，$\mathfrak{F}$ 使 bd_n 有效，当且仅当 $\mathfrak{F}$ 的深度不大于 n。如果一个传递逻辑有定理 bd_n 而没有定理 bd_{n-1}，人们往往把它称为深度为 n 的逻辑。逻辑K4T′B′当然不含定理 bd_1=B，但它有定理 bd_2。因为，$\neg bd_1 \to \Diamond\top$ 无疑是 K 的定理，在KB′中也就极容易证明 $\Diamond(\Box p_2 \wedge \neg bd_1) \to p_2$。可见K4T′B′是深度为2的逻辑。

其次，为了分析一传递框架 $\mathfrak{F}=\langle W, R \rangle$ 的结构，引进术语"团"（cluster）。先在 W 上定义如下的等价关系：

$$x \approx y，当且仅当 x = y 或者（ xRy 且 yRx ）$$

在 $\approx$ 下的任何等价类都称为团，点 x 生成的团 $\{y \in W : x \approx y\}$ 通常记为 $C(x)$。由单个禁自返点组成的团称为萎团。由一个或多个自返点组成的团统称非萎团，前者称为简团，后者称为真团。有时候，还要考虑团之间的严格先于关系 $<$，定义为

$$C(x) < C(y)，当且仅当 \forall u \in C(x) \forall v \in C(y)(uRv 但 \neg vRu)$$

如果 $C(x)$ 或 $C(y)$ 是一元团，可以把 $C(x) < C(y)$ 改写成 $x < C(y)$ 或 $C(x) < y$。

现在，设 $\mathfrak{F}=\langle W, R \rangle$ 是任意拟自返、拟对称的传递框架（$\mathfrak{F}$ 的深度 ≤ 2），来看看 $\mathfrak{F}$ 由某一点 $t \in W$ 所生成的子框架 $\mathfrak{F}'=\langle W', R' \rangle$ 可能是什么形式。

生成点 t 或是死点或活点。

如果 t 是死点，$\mathfrak{F}'$ 将是由单个禁自返点 t 组成的框架，其深度为1（图B-2a）。

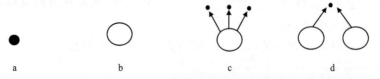

图 B-2　框架 $\mathfrak{F}$ 的若干生成子框架

　　如果 t 是活点，t 的活的 R-后继集不可能是空的。因为按照 R 的拟自返性，t 本身是 t 的 R-后继。但是，这时出现两种可能性：① t 的 R-后继集不含死点。于是，按照 R 的拟对称性，$\mathfrak{F}'$ 将由一或大或小的非菱团 $C(t)$ 组成，其深度为 1（图 B-2b）；② t 的 R-后继集含若干死点。于是——仍是按照 R 的拟对称性——$\mathfrak{F}'$ 将由非菱团 $C(t)$ 与这些死点组成，而且对每个死点 t' 都有 $C(t) < t'$，因此 $\mathfrak{F}'$ 的深度为 2（图 B-2c）。

　　本文已经枚举了逻辑上可能的情况。在所有情况下，点生成子框架 $\mathfrak{F}'$ 都是反欧的。原框架 $\mathfrak{F}$ 完全可以有图 B-2d 所示的非反欧的拟自返、拟对称子框架，但是它们不能成为点生成子框架的一部分，除非 $\mathfrak{F}$ 的深度大于 2！

五、反欧传递逻辑的有穷框架性

　　有了第四部分的结果，可以有根据地把 $K4T'B'$ 的一切正规扩充都看成反欧的传递逻辑，因为它们都有适于自己的一类反欧的传递框架。不仅如此，它们还都是完全的，都被一类反欧的传递框架所刻画。进一步说，这类框架不太大，至多是有穷的。本部分的主要任务正是要设法建立命题 B.6。

　　命题 B.6　　每个反欧的传递逻辑 L 都具备有穷框架性，就是说，对 L 的任何非定理 φ，存在一使 L 有效但证伪 φ 的有穷框架。

　　不过，本部分真正证明的并不是这个命题，而是表面上弱得多的命题 B.7。

　　命题 B.7　　每个反欧的传递逻辑 L 都具备有穷模型性，即对 L 的任何非定理 φ，存在一使 L 有效但证伪 φ 的有穷模型。

　　"弱得多"是假象，留待后文说明。要声明的是，塞格伯里已经极其一般地证明过一切深度为有穷的传递逻辑都具备有穷模型性和有穷框架性[①]，本部分只是用更为直接的方法把塞格伯里的结果的一种局部情况重证了一次。看来我们的方法也有它的妙处。

　　证明

　　令 L 是一反欧的传递逻辑，φ 是 L 的非定理，$\mathfrak{M}' = \langle W', R', V' \rangle$ 是 L 的典范模型 $\mathfrak{M}_L$ 由点 t 所生成的子模型，而且 $\mathfrak{M}'$ 在点 t 上证伪 φ。第四部分清楚地说明，点生成模型 $\mathfrak{M}'$ 的底部框架只可能出现三种情况。现在，分情况说明，如何从 $\mathfrak{M}'$ 定义出一个有穷模型 $\mathfrak{M}' = \langle W', R', V' \rangle$，它能使 L 有效但证伪 φ。

---

① Segerberg，K.，"An essay in classical modal logic"，*Filosofiska Studier 13*，*Uppsala*，*University of Uppsala*，1971.

情况1：$\mathfrak{M}'$ 的底部框架由单个死点 t 组成。令 $\mathfrak{M}' = \mathfrak{M}'$。

情况2：$\mathfrak{M}'$ 的底部框架由非萎团 $C(t)$ 组成。仿照情况3，取那里 $\mathfrak{M}'$ 不含死点的部分。

情况3：$\mathfrak{M}'$ 的底部框架由非萎团 $C(t)$ 与死点集 D 组成，而且，对每个死点 $t' \in D$ 都有 $C(t) < t'$。这时，令 Π 是出现在 L 的非定理 φ 中的全体命题字母的集合，令 Σ 是只含 Π 中命题字母的全体模态公式的集合。在 W' 上定义一等价关系 $\equiv_\Sigma$：

$x \equiv_\Sigma y$，当且仅当在 $\mathfrak{M}'$ 中对每个 $\psi \in \Sigma$，$\psi \in x \Leftrightarrow \psi \in y$

然后规定：

$$\mathfrak{M}' = \langle W', R', V' \rangle$$

此处，$W' = \{[x]_\Sigma : x \in W'\}$，$[x]_\Sigma R'[y]_\Sigma$，当且仅当 $xR'y$，$[x]_\Sigma \in V'(p)$，当且仅当 $p \in \Pi$ 且 $x \in V'(p)$。容易看出，$\mathfrak{M}'$ 无非是模态语义学里司空见惯的某种"商结构"。不过，Σ 是无穷集，关系 $\equiv_\Sigma$ 把 W' 划分成有穷多个 Σ-等价类仿佛是可疑的。请不必担心。事实上，从语义特性看，给定无穷模型 $\mathfrak{M}'$ 其实十分简单，因为，对所有公式 ψ，都有

对任何 $x, y \in C(t)$，$\square\psi \in x \Leftrightarrow \square\psi \in y$

对任何 $t' \in D$，$\square\psi \in t'$ 而 $\diamond\psi \notin t'$

这意味着在 $\mathfrak{M}'$ 中一切活点都证实相同的"模态原子公式"，其间的差异可以仅归结为所证实的命题字母也许不同；一切死点也如此。现在在 W' 中定义另一等价关系 $\equiv_\Pi$：对任何 $x, y \in W'$，

$x \equiv_\Pi y$，当且仅当 ($x, y \in C(t)$ 且 $x \cap \Pi = y \cap \Pi$)，或者 ($x, y \in D$ 且 $x \cap \Pi = y \cap \Pi$)

显而易见，等价关系 $\equiv_\Sigma$ 与 $\equiv_\Pi$ 是一回事；对每个 $x \in W'$，$[x]_\Sigma = [x]_\Pi$。因此，$W' = \{[x]_\Sigma : x \in W'\} = \{[x]_\Pi : x \in W'\}$ 必定是有穷集，即 $\mathfrak{M}'$ 必定是有穷模型。

现在，只要把 Σ-等价类 $[x]_\Sigma$ 中所有点都映射到 $[x]_\Sigma$ 上，便得到从 $\mathfrak{M}'$ 到 $\mathfrak{M}'$ 的 p-同态 f，同时 f 在 Π 中的命题字母上可靠。因此，$\mathfrak{M}'$ 与 $\mathfrak{M}'$ 模 Σ 等价，足见有穷模型 $\mathfrak{M}'$ 跟 $\mathfrak{M}'$ 一样证伪 L 的非定理 φ，而且也是在它的生成点 $[t]_\Sigma$ 上证伪 φ。

接下来是表明模型 $\mathfrak{M}'$ 仍使 L 有效。设 ψ 被 $\mathfrak{M}'$ 证伪。令 ψ^* 是把 $\bot$ 代入不在 Π 中但在 ψ 中的命题字母的结果。从赋值 V' 的定义立刻懂得，ψ^* 也被 $\mathfrak{M}'$ 证伪。既然 $\mathfrak{M}'$ 与 $\mathfrak{M}'$ 模 Σ 等价而 $\psi^* \in \Sigma$，ψ^* 同样会被 $\mathfrak{M}'$ 证伪。足见 ψ 的代入特例 ψ^* 不是 L 的定理，ψ 本身自然也不是。反过来说，如

果 ψ 是 L 的定理，ψ 必在 $\mathfrak{M}'$ 中有效。■

　　读者应当注意，在方才的有穷模型性证明中所用的有穷模型是所谓的"可区分模型"。根据塞格伯里的结果，如果 L 在代入下封闭，如果 $\mathfrak{M}=\langle\mathfrak{F},V\rangle$ 是有穷的可区分模型，那么 L 在 $\mathfrak{M}$ 中有效蕴涵着 L 在 $\mathfrak{F}$ 中有效[①]。既然如此，正规逻辑按照定义都是在代入下封闭的，本部分的证明已经直截了当地给出了所有反欧的传递逻辑的有穷框架性。

六、插议：三类反欧传递逻辑及其框架

　　后两个部分的内容要求对反欧性研究采取一种令常人感到怪异的视角。源于英国人麦金森的这种视角原是极其自然的，却至今被模态学者轻视了。

　　每个正规逻辑 L 的全体正规扩充构成一个格，可以记为 NExt$L$。先给格 NExtK4 及其子格 NExtK4T′B′ 画一张"地图"，然后来解释麦金森的逻辑分类法，如图B-3所示。

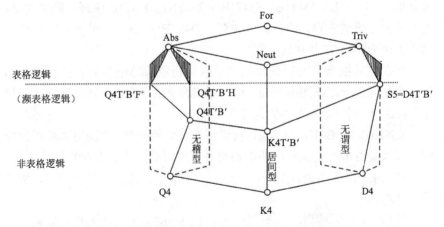

图 B-3　格 NExtK4 及其子格 NExtK4T′B′

图B-3中几个特大逻辑的定义如下：

For=K $\oplus\perp$ =LogΛ　　　　　　　　（Λ指空框架）

Triv=K $\oplus p\leftrightarrow\Box p$ =Log。　　　　　（。表示单自返点框架）

Abs=K $\oplus\Box p$ =Log •　　　　　　　　（•表示单禁自返点框架）

Neut=K $\oplus p\rightarrow\Box p$ =Log(。•)　　　（。•是框架。与 • 的不相交并）

① Segerberg，K.，"An essay in classical modal logic"，*Filosofiska Studier 13*，Uppsala，*University of Uppsala*，1971.

模态逻辑格论研究的第一个有分量的结果是麦金森定理。

麦金森定理　　任何一个一致的正规逻辑 L 都是 Triv 的子逻辑或是 Abs 的子逻辑。换言之，

$$L \in \mathrm{NExtK} \Rightarrow (L \neq \mathrm{For} \Rightarrow L \subseteq \mathrm{Triv} \vee L \subseteq \mathrm{Abs}) \text{[①]}$$

根据麦金森定理，将一致正规逻辑分为三类。凡是只包括在 Triv 中的，属于无谓型；凡是只包括在 Abs 中的，属于无稽型；最后，同时包括在 Triv 和 Abs 中的——即包括在 Neut=Triv ∩ Abs 中的——属居间型。这个分类法自然也完全适用于传递逻辑和反欧传递逻辑。

K4，$\mathrm{D4} = \mathrm{K4} \oplus \Diamond \top$，$\mathrm{Q4} = \mathrm{K4} \oplus \Box \bot \vee \Diamond \Box \bot$ 分别是 NExtK4 中最小的居间型、无谓型和无稽型逻辑。$\Diamond \top$ 和 $\Box \bot \vee \Diamond \Box \bot$ 分别反映两种很基本的关系性质：

持续性——$\forall x \lambda(x)$，读作"每个世界是活点"。

濒死性——$\forall x(\neg \lambda(x) \vee \exists y(xRy \wedge \neg \lambda(y)))$，读作"每个世界不是死点便是濒死点"。

与此相仿，K4T′B′，D4T′B′，Q4T′B′分别是 NExtK4T′B′中最小的居间型、无谓型和无稽型逻辑。读者必须注意，D4T′B′=S5。这说明 K4T′B′的无谓型扩充无非是 S5 及其真扩充。

现在可以很准确地把握住三类反欧传递逻辑的框架有什么特征。当然，这些框架一定在图 B-2 中 a，b，c 的范围内，为便于记忆，称 a 为"黑子"，b 为"球"，c 为"仙人球"。

在 NExtK4T′B′中，当 Log𝔉 属无谓型或无稽型时，𝔉 既可以是点生成的又可以是若干点生成框架的不相交并，只需要描述前者的特征。

设 Log𝔉 属无谓型。鉴于 $\Diamond \top \in \mathrm{Log}\mathfrak{F}$，𝔉 具持续性，只含活点，所以是一个球。

设 Log𝔉 属无稽型。鉴于 $\Box \bot \vee \Diamond \Box \bot \in \mathrm{Log}\mathfrak{F}$，𝔉 具濒死性。如果它只含死点，它是一个黑子，否则它是一只仙人球。

稍费心思的是居间型的 Log𝔉。暂且假定 𝔉 是点生成的。这时，𝔉 不能是黑子，也不能是球，因而深度应为 2。在 𝔉 的终端，必须有死点，否则 Log𝔉 变成无谓型的；又必须有活点，否则 Log𝔉 变成无稽型的（仙人球）。但是，兼有死终点与活终点的点生成框架根本不会是反欧的。

这样看来，对于居间型逻辑 Log𝔉，𝔉 只能是无谓型框架（球）与无

---

① Makinson, D. C., "Some embedding theorems for modal logic", *Notre Dame Journal of Formal Logic*, Vol. 12, 1971. pp.252～254；杜珊：《论麦金森定理及其等价命题》，《华中科技大学学报（社会科学版）》2005 年第 3 期，第 21～25 页。

稽型框架（黑子或仙人球）的不相交并。例如，假使把 NExtK4T′B′ 中最小居间型逻辑 K4T′B′ 看成一框架 $\mathfrak{F}$ 上的逻辑 Log$\mathfrak{F}$，$\mathfrak{F}$ 不会是点生成的，但可以是一只最大球与一只最大仙人球的不相交并：

最大球是 NExtK4T′ B′ 中最小无谓型逻辑 D4T′ B′ 的框架，最大仙人球是 NExtK4T′B′ 中最小无稽型逻辑 Q4T′ B′ 的框架。

七、从有穷可公理化到可判定性

前面已经证明反欧传递逻辑具备有穷框架性。一旦证明它们也是有穷可公理化的，便自动得出它们都是可判定的。

命题B.8 每个反欧传递逻辑 L 都是有穷可公理化的。

证明

要利用麦金森分类法所提供的眼光——辅以范因的技术[①]——来处理这个有点麻烦的问题。

情况1：L 属无谓型。

依照第六部分的说明，L 是球的逻辑——S5或其真扩充。S5=K4TB，S5的每个真扩充可表述为 S5 $\oplus$ Alt$_n$ 的形式，它们都有一有穷的公理集。

情况2：L 属无稽型。

依照第六部分的说明，L 或是黑子的逻辑或是仙人球的逻辑。黑子的逻辑就是 Abs=K $\oplus \square p$，除 K 的公理外只添了一条公理。仙人球的逻辑虽然多种多样，却也无例外地有穷可公理化。好就好在仙人球的结构实在简单。

对一个由点 t 所生成的仙人球 $\mathfrak{F}$，只有两个参数是重要的，一是非萎团 $C(t)$ 的基数，二是在 $C(t)$ 后面的死点集 D 的基数。假定 $\mathfrak{F}$ 的这两个参数依次为正整数 a 和 b，把有序数偶 $\tau=(a,b)$ 称为 $\mathfrak{F}$ 的关联数偶，把 $\mathfrak{F}$ 称为数偶 $\tau=(a,b)$ 的关联框架。如果 $a \geq c$ 且 $b \geq d$，我们说数偶 $\tau=(a,b)$ 覆盖数偶 $\sigma=(c,d)$。知道 p-同态的人一眼便能看出：

引理B.1 令 τ 和 σ 分别是仙人球 $\mathfrak{F}$ 和 $\mathfrak{G}$ 的关联数偶。如果 τ 覆盖 σ，那么存在一从 $\mathfrak{F}$ 到 $\mathfrak{G}$ 上的 p-同态映射。

关于数偶本身，有一简单的组合论结果是后文要引用的：

---

① Fine K., "Logics containing S4.3", *Zeitschrift für Mathematische Logik und Grundlagen der Mathematik*, Vol.17, 1971. pp. 371~376.

引理B.2　如果 $\tau_1,\tau_2,\tau_3,\cdots$ 是一无穷的数偶序列，那么它必定包含一无穷子序列 $\tau_{j_1},\tau_{j_2},\tau_{j_3},\cdots$，对 $i>h$，τ_{j_i} 覆盖 τ_{j_h}。

下面对引理B.2略加论证。对每个 $i\geqslant 1$，令 $\tau_i=(a_i,b_i)$，称 a_i 为 τ_i 的前项，称 b_i 为 τ_i 的后项。很明显，用有穷多个互异数充前项，又用有穷多个互异数充后项，永远只能得出有穷多个互异数偶。现在，$\{\tau_i\}_{i\geqslant 1}$ 是无穷多个互异数偶的集合。所以，或者前项集 $\{a_i\}_{i\geqslant 1}$ 是无穷集，或者后项集 $\{b_i\}_{i\geqslant 1}$ 是无穷集。为确定计，假定前项集 $\{a_i\}_{i\geqslant 1}$ 是无穷集，于是从前项序列 $a_1,a_2,a_3,\cdots$ 中能抽出一无穷的递增子序列：

$$a_{k_1}<a_{k_2}<a_{k_3}<\cdots$$

然后看后项集 $\{b_{k_i}\}_{i\geqslant 1}$。如果它也是无穷的，从后项序列 $b_{k_1},b_{k_2},b_{k_3},\cdots$ 中也能抽出一无穷的递增子序列 $b_{l_1}<b_{l_2}<b_{l_3}<\cdots$；如果它是有穷的，在后项序列 $b_{k_1},b_{k_2},b_{k_3},\cdots$ 中至少要有某一数 b_r 重复出现无穷多次。但是，无论是哪一种情况，无穷的数偶序列 $\tau_1,\tau_2,\tau_3,\cdots$ 中会有一无穷子序列 $\tau_{j_1},\tau_{j_2},\tau_{j_3},\cdots$，其中每个数偶 τ_{j_i} 被后一数偶 $\tau_{j_{i+1}}$ 所覆盖。

引理B.3　不存在仙人球逻辑的严格上升序列 $L_1\subset L_2\subset L_3\subset\cdots$。

假定相反。即对每个 $i\geqslant 1$ 都存在一模态公式 φ_i 使得 $\varphi_i\notin L_i$ 但 $\varphi_i\in L_{i+1},L_{i+2},L_{i+3},\cdots$。根据仙人球逻辑的有穷框架性，对每个 $i\geqslant 1$ 都有一有穷的仙人球 $\mathfrak{F}_i$，$\mathfrak{F}_i$ 使 L_i 有效但 $\mathfrak{F}_i$ 证伪 φ_i。把 $\mathfrak{F}_i$ 的关联数偶记为 τ_i，考虑无穷数偶序列 $\tau_1,\tau_2,\tau_3,\cdots$。按引理B.2，该序列含有一无穷子序列 $\tau_{j_1},\tau_{j_2},\tau_{j_3},\cdots$，对 $i>h$，τ_{j_i} 覆盖 τ_{j_h}。再转向对应的仙人球序列 $\mathfrak{F}_{j_1},\mathfrak{F}_{j_2},\mathfrak{F}_{j_3},\cdots$。按引理B.1，对 $i>h$，存在一从 $\mathfrak{F}_{j_i}$ 到 $\mathfrak{F}_{j_h}$ 上的 p-同态。然而，这会引起矛盾。一方面，已知 $\mathfrak{F}_{j_i}$ 证伪 φ_{j_i}；另一方面，$\mathfrak{F}_{j_i}$ 是 $\mathfrak{F}_{j_{i+1}}$ 的 p-同态象，$\mathfrak{F}_{j_{i+1}}$ 又使 $\varphi_{j_i}\in L_{j_{i+1}}$ 有效，因此 $\mathfrak{F}_{j_i}$ 也会使 φ_{j_i} 有效，而不会使它失效。

读者想必记得：

塔斯基判据　正规模态逻辑 $\mathcal{L}\in\mathrm{NExt}L_0$ 在 L_0 上不有穷可公理化，当且仅当存在一 $\mathrm{NExt}L_0$ 中的逻辑的严格上升序列 $L_1\subset L_2\subset L_3\subset\cdots$ 使得 $\mathcal{L}=\oplus_{i>0}L_i$。

把这条判据应用到仙人球逻辑 $L\in\mathrm{NExt}Q4\mathrm{T}'\mathrm{B}'$，从引理B.3可以论定 L 有穷可公理化。

情况3：L 属居间型。

依照第六部分的说明，L 只能是若干无谓型逻辑 $\{L_i'\}_{i\in I}$ 与若干无稽型

逻辑 $\{L_j''\}_{j\in J}$ 的交。取 $L' = \bigcap_{i\in I} L_i'$（它当然是无谓型的）和 $L'' = \bigcap_{j\in J} L_j''$（仍是无稽型的），有 $L = L' \cap L''$。根据情况1和情况2中已有的结果，L' 和 L'' 有穷可公理化。令 $L' = K4T'B' \oplus \varphi$，$L'' = K4T'B' \oplus \psi$，此处 φ 与 ψ 不含相同的命题字母。众所周知，这时，

$$L = K4T'B' \oplus \square^+\varphi \vee \square^+\psi$$

足见 L 有穷可公理化。∎

系理 B.1　每个反欧传递逻辑都是可判定的。

八、NExtK4T′B′中濒表格逻辑的两极化

本文对反欧传递逻辑的初步研究已经能够显示历来无人问津的格 NExtK4T′B′ 的一些颇为有趣的性质。例如，既然有穷模态公式集总共只有可数多个，从第七部分的有穷可公理化结果可以推出 NExtK4T′B′ 不大，只含可数多个逻辑。又如，既然有穷公理化的有穷深度逻辑都是所谓的"有穷并裂口"，因而都是所谓"框架逻辑"[①]，那么格 NExtK4T′B′ 是由框架逻辑组成的。

NExtK4T′B′ 中濒表格逻辑的分布问题恐怕不可不谈。

一个有穷框架 $\mathfrak{F}$ 上的逻辑 Log$\mathfrak{F}$ 称为表格逻辑。正规逻辑格 NExtL_0 中的逻辑 L，如果它本身不是表格的但它在该格中的一切真扩充都是表格的，就称为濒表格的。毫无疑问，任何濒表格逻辑一定是某单一可数框架 $\mathfrak{F}$ 上的逻辑 Log$\mathfrak{F}$，却绝对不会是另外两个互不包含的逻辑的交。既然 NExtK4T′B′ 中的居间型逻辑全是这样两个逻辑的交，可见这个格里根本不存在居间型的濒表格逻辑！濒表格逻辑位于两极是这个格的一个很根本的特征，在图B-3中早有清楚的表现。

NExtK4T′B′ 中唯一的无谓型濒表格逻辑是最大球的逻辑 S5 = D4T′B′。然而，无稽型濒表格逻辑却有两个：

$$Q4T'B'F^+ = Q4T'B' \oplus \square(\square p \to q) \vee (\Diamond\square^+ q \to p)$$

$$Q4T'B'H = Q4T'B' \oplus p \to \square(\Diamond p \to p)$$

这里 F⁺ 对应于关系条件 $\forall x\forall y(xRy \wedge \neg(yRx) \to \forall z(xRz \wedge z \neq y \to zRy))$，H 则对应于 $\forall x\forall y\forall z(xRy \wedge yRz \to x = y \vee y = z)$。正因为如此，虽然这两个逻辑同为仙人球逻辑，但 Q4T′B′F⁺ 的刻画框架是最大钉（图B-4a），Q4T′B′H 的刻画框架是最大扇（图B-4b）。

---

① 参见查格罗夫和扎哈里雅雪夫 *Modal Logic*（Oxford，Oxford University Press，1997，pp.361，420）的相关命题。

图 B-4　逻辑 Q4T′B′F⁺ 与 Q4T′B′H 的刻画框架

　　两极化现象算不上最有趣，毕竟在某些热门格（如NExtK4.3）里也没有居间型濒表格逻辑。更有趣的是"临界"现象。

　　两年前，本文第一作者曾这样写道："麦金森分类法也引起若干涉及居间型的濒表格逻辑与非表格逻辑的问题。按照麦金森定理，每个居间型逻辑 $L \in$ NExtK4 都有无稽型扩充与无谓型扩充。……如果这个居间型 L 只是非表格的，L 会不会具备那么一种'临界性'，即 L 的一切濒表格扩充都是无稽型的或者都是无谓型的？这是一个真正费解的难题。"①

　　在 NExtK4T′B′ 中，居然能不费周折就找到了"临界的"居间型非表格逻辑，这里只提两例。

　　例B.1 K4T′B′$\oplus\Box\Diamond\top$。它的公理 $\Box\Diamond\top$ 反映关系条件 $\forall x \forall y(xRy \to \lambda(y))$，读作"每个活点只有活后继"。除了无谓型的S5，它不可能有别的濒表格扩充。

　　例B.2 K4T′B′$\oplus\Diamond(p \wedge \Diamond\top) \to p$。它的额外公理反映 $\forall x \forall y(xRy \wedge \lambda(y) \to x = y)$，读作"每个活点只以自身为活后继"。它唯一的濒表格扩充是无稽型的 Q4T′B′H，即最大扇的逻辑。读者可以设计一仅以 Q4T′B′F⁺ 为濒表格扩充的居间型逻辑。

　　尽管本文止步于此，但我们的研究显然可以继续深入下去。从反欧性的模态不可反映这样的小问题出发，我们对反欧传递逻辑有了进一步的认识，并且解决了之前一些悬而未决的问题。相信这样的研究过程绝非孤例。

---

① 杜珊珊：《论 NExtK4 中的濒表格逻辑》，武汉大学博士学位论文，2008 年，第 84 页。

附录 C 一般框架和典范公式[*]

本书第二编第四章第三节中介绍了范因框架公式 $A(\mathfrak{F})$[①]并给出了框架公式的反驳性判据。范因框架公式及其反驳性判据在建立传递瀕表格逻辑的语义判据时发挥了重要作用。现在介绍近20年发展出来的被视为范因框架公式及子框架公式的扩展的典范公式。

扎哈里雅雪夫于1992～1997年发表了关于建立在传递框架上的典范公式的系列论文[②]。他的典范公式的刻画方法可以被粗略地描述如下：

给定一模态公式 φ[③]，总是能够能行地构造有穷有根的传递的克里普克框架 $\mathfrak{F}_1, \cdots, \mathfrak{F}_n$ 使得一个传递的一般框架 $\mathfrak{G}$ 反驳该公式 φ，当且仅当存在一 $\mathfrak{G}$ 的（不一定是生成的）子框架，该子框架能够归约到这些 $\mathfrak{F}_i$（$1 \leqslant i \leqslant n$）中的一个且满足某些条件。反过来，对每个有穷有根的传递的克里普克框架 $\mathfrak{F}$，能够构造一模态公式——称之为典范公式——使得该公式被一个传递的一般框架 $\mathfrak{G}$ 所反驳，当且仅当 $\mathfrak{G}$ 包含一个能归约到 $\mathfrak{F}$ 子框架并且满足若干条件。

正如扎哈里雅雪夫已经表明的，对任何逻辑 $L \in \mathrm{NExtK4}$，总有一典范公式集 Γ 把 L 公理化，即

$$L = \mathrm{K4} \oplus \Gamma$$

下面将介绍这种用典范公式来刻画框架及公理化传递逻辑的方法。在此之前，先引入一般框架的概念。

一、一般框架及其模型

一般框架不同于克里普克框架。我们能够证明每个一致的正规模态逻辑都被某个一般框架类刻画，不完全性问题对一般框架而言不存在。对于

---

[*] 本章是供读者备查的。参见查格罗夫和扎哈里雅雪夫 *Modal Logic*（Oxford，Oxford University Press，1997）。

[①] 准确的称法是"Jankov-Fine 公式"。

[②] Zakharyaschev, M., "Canonical formulas for K4. part I: basic results", *The Journal of Symbolic Logic*, Vol.57, 1992, pp.1377～1402; Zakharyaschev, M., "Canonical formulas for K4. part II: cofinal subframe logics", *The Journal of Symbolic Logic*, Vol.61, 1996, pp.421～449; Zakharyaschev, M., "Canonical formulas for K4. part III: the finite model property", *The Journal of Symbolic Logic*, Vol.62, 1997, pp.950～975。

[③] 由于本书内容只局限于模态逻辑，所以这里不提及直觉主义公式。

克里普克框架来说，却没有这样"好"的刻画结果，因为很多一致的正规模态逻辑都不具备克里普克框架上的完全性。这个"优点"并不为一般框架所独享，代数模型也具有。然而，代数模型的一个较为明显"不足"之处在于：与框架相比，它缺乏直观性。一般框架则既继承了克里普克框架的直观性，又具备了代数模型的若干"优点"[①]。因此，它相对于克里普克框架和代数模型的优势是显而易见的，更何况，我们所熟悉的克里普克框架可以看作是一般框架的特殊情形。

定义C.1 （模态的）一般框架是一个三元组 $\mathfrak{F}=\langle W, R, P\rangle$，其中 $\langle W, R\rangle$ 是一通常的克里普克框架，而 P 是 $\mathfrak{F}$ 中可能值的集，即 2^W 的包含空集 $\varnothing$ 的一个在集合运算交 $\cap$、并 $\cup$ 及运算 $\supset$ 和 $\Box$ 下封闭的子集，此处运算 $\supset$ 和 $\Box$ 被分别定义如下：

$$X \supset Y = (W \setminus X) \cup Y$$

$$\Box X = \{x \in W : \forall y \in W (xRy \rightarrow y \in X)\}$$

定义C.1中的运算 $\Box$ 可以被它的对偶运算 $\Diamond$ 所替换，运算 $\Diamond$ 被定义如下：

$$\Diamond X = X{\downarrow} = \{x \in W : \exists y \in X (xRy)\}$$

值得一提的是，既然 $X \supset \varnothing = W \setminus X$，集合 P 也在 W 上的补运算下封闭。

尽管一般框架看似神秘，前文中却也不乏它的身影。克里普克框架可以看作是其中 $P = 2^W$ 的特殊的一般框架。给定任一克里普克模型 $\mathfrak{M}=\langle \mathfrak{F}, \mathfrak{V}\rangle$（$\mathfrak{F}=\langle W, R\rangle$），$P = \{\mathfrak{V}(\varphi) : \varphi \in \mathrm{For}\}$ 是一个在集合运算交 $\cap$、并 $\cup$ 及运算 $\supset$ 和 $\Box$ 下封闭的集合。因此，这里的三元组 $\langle W, R, P\rangle$ 就是一个一般框架，可以称之为**与模型** $\mathfrak{M}$ **相联系的一般框架**。

一般框架上的模型的赋值是有限制的，必须取 P 中的元素。

定义C.2 令 $\mathfrak{F}=\langle W, R, P\rangle$ 是一个一般框架。$\mathfrak{F}$ 上的模型是一个二元组 $\mathfrak{M}=\langle \mathfrak{F}, \mathfrak{V}\rangle$，其中 $\mathfrak{V}$ 称为 $\mathfrak{F}$ 中的一个赋值，当它是一个从命题变号集 Var 到 P 中的映射，即

$$对每一命题变号 p \in \mathrm{Var}, \quad \mathfrak{V}(p) \in P$$

仿照克里普克框架和模型上对"真"概念的定义，可以定义一般框架和模型上的"真"概念。给定一般框架 $\mathfrak{F}=\langle W, R, P\rangle$ 和 $\mathfrak{F}$ 上的一个模型 $\mathfrak{M}=\langle \mathfrak{F}, \mathfrak{V}\rangle$。对给定公式 φ，φ 在模型 $\mathfrak{M}$ 的点 $x \in W$ 上为真（记为 $(\mathfrak{M},x) \vDash \varphi$，其否定记为 $(\mathfrak{M},x) \nvDash \varphi$）定义如下：

➤ $(\mathfrak{M},x) \vDash p$，当且仅当 $x \in \mathfrak{V}(p)$，对每个 $p \in \mathrm{Var}$；

---

① 这里提及的"不足"和"优点"都是相对来说的。在有些逻辑学者眼里的不足，在另外一些逻辑学者眼里可能就是优点。比如，由克里普克语义学带来的不完全性问题在我们看来恰恰是其独具魅力的表现之一。

➢ $(\mathfrak{M},x)\vDash\varphi\wedge\psi$，当且仅当 $(\mathfrak{M},x)\vDash\varphi$ 且 $(\mathfrak{M},x)\vDash\psi$；

➢ $(\mathfrak{M},x)\vDash\varphi\vee\psi$，当且仅当 $(\mathfrak{M},x)\vDash\varphi$ 或者 $(\mathfrak{M},x)\vDash\psi$；

➢ $(\mathfrak{M},x)\vDash\varphi\rightarrow\psi$，当且仅当 $(\mathfrak{M},x)\vDash\varphi$ 实质蕴涵 $(\mathfrak{M},x)\vDash\psi$；

➢ $(\mathfrak{M},x)\nvDash\bot$；

➢ $(\mathfrak{M},x)\vDash\Box\varphi$，当且仅当对 x 的所有 R-后继 y，$(\mathfrak{M},y)\vDash\varphi$。

相应地，对于定义出来的联结词 $\neg$ 和 $\Diamond$，有

➢ $(\mathfrak{M},x)\vDash\neg\varphi$，当且仅当 $(\mathfrak{M},x)\nvDash\varphi$；

➢ $(\mathfrak{M},x)\vDash\Diamond\varphi$，当且仅当对 x 的某个 R-后继 y，$(\mathfrak{M},y)\vDash\varphi$。

需要提醒读者注意的是：模态公式 φ 在模型 $\mathfrak{M}$ 中的真值集 $\mathfrak{V}(\varphi)=\{x\in W:(\mathfrak{M},x)\vDash\varphi\}\in P$。特别地，$\mathfrak{V}(\bot)=\varnothing$ 且 $\mathfrak{V}(\top)=W$。

φ 在模型 $\mathfrak{M}$ 中为真，记为 $\mathfrak{M}\vDash\varphi$，是指对每一个 $x\in W$，$(\mathfrak{M},x)\vDash\varphi$。如果 φ 在模型 $\mathfrak{M}$ 中不真，φ 在 $\mathfrak{M}$ 中被驳倒或 $\mathfrak{M}$ 是 φ 的反模型，记为 $\mathfrak{M}\nvDash\varphi$。$\varphi$ 在框架 $\mathfrak{F}$ 中有效，记为 $\mathfrak{F}\vDash\varphi$，是指 φ 在基于 $\mathfrak{F}$ 的每个模型中为真；反之，φ 在 $\mathfrak{F}$ 中被驳倒，或者 $\mathfrak{F}$ 反驳 φ，记为 $\mathfrak{F}\nvDash\varphi$。当 $\mathfrak{F}\nvDash\neg\varphi$ 时，就说 φ 在 $\mathfrak{F}$ 中被满足。

与克里普克框架类的刻画定义类似，一个逻辑 L 被一个一般框架类 C 所刻画，如果 $L=\{\varphi\in\mathrm{For}:$ 对任一 $\mathfrak{F}\in C,\mathfrak{F}\vDash\varphi\}$，此时 L 被记为 $\mathrm{Log}C$。当 C 是单元集 $\{\mathfrak{F}\}$ 时，$L=\mathrm{Log}\mathfrak{F}$。

二、一般框架和模型上的（子）归约运算、反驳框架的语义刻画定理

定义一般框架上的归约（或称 p-同态）。

定义 C.3 给定两个一般框架 $\mathfrak{F}=\langle W,R,P\rangle$ 和 $\mathfrak{G}=\langle V,S,Q\rangle$，从 W 到 V 上的一个满射 f 是 $\mathfrak{F}$ 到 $\mathfrak{G}$ 的一个归约（或 p-同态）如果下列三个条件被满足：

对任何 $x,y\in W$ 和 $X\in Q$，

(R1) xRy 蕴涵着 $f(x)Sf(y)$；

(R2) $f(x)Sf(y)$ 蕴涵着 $\exists z\in x\!\uparrow(f(z)=f(y))$；

(R3) $f^{-1}(X)\in P$。

如果 $\mathfrak{F}$ 和 $\mathfrak{G}$ 之间存在一归约 f，我们就说 $\mathfrak{G}$ 是 $\mathfrak{F}$（在 f 下）的约本或 $\mathfrak{F}$ 可（由 f）归约为 $\mathfrak{G}$。

一般框架之间的归约比克里普克框架之间的归约应满足的条件里多了条件(R3)。而一般框架上的模型间的归约则和克里普克框架上的模型间的归约定义一致。

定义 C.4 给定两个一般框架 $\mathfrak{F}=\langle W,R,P\rangle$ 和 $\mathfrak{G}=\langle V,S,Q\rangle$。$\mathfrak{F}$ 到 $\mathfrak{G}$ 的一个归约 f 是模型 $\mathfrak{M}=\langle\mathfrak{F},\mathfrak{V}\rangle$ 到模型 $\mathfrak{N}=\langle\mathfrak{G},\mathfrak{U}\rangle$ 的归约，如果对任一命题变

号 $p \in \mathrm{Var}$ ，$\mathfrak{V}(p) = f^{-1}(\mathfrak{U}(p))$ 。

类似地，可以建立一般框架和模型上的归约定理：

归约定理　如果 $\mathfrak{G}$ 是 $\mathfrak{F}$ 的约本，那么 $\mathrm{Log}\mathfrak{F} \subseteq \mathrm{Log}\mathfrak{G}$ 。

如果 f 是模型 $\mathfrak{M}$ 到模型 $\mathfrak{N}$ 的归约，那么对任一 $\mathfrak{M}$ 中的点 x 和任一公式 $\varphi \in \mathrm{For}$ ，

$$(\mathfrak{M}, x) \vDash \varphi，当且仅当 (\mathfrak{N}, f(x)) \vDash \varphi$$

定义一般框架间的"归约"概念目的是为了引出"子归约"和"共尾子归约"的概念。

定义C.5　给定两个一般框架 $\mathfrak{F} = \langle W, R, P \rangle$ 和 $\mathfrak{G} = \langle V, S, Q \rangle$ 。一个从 W 到 V 上的偏映射 f（即没有完全定义的映射）被称为 $\mathfrak{F}$ 到 $\mathfrak{G}$ 的一个子归约（或偏 p-同态，a partial p-morphism），如果对其定义域中的所有点 x，y 和所有 $X \in Q$，它满足定义C.3中的条件(R1)～(R3)。在这种情况下，就说 $\mathfrak{F}$ 子归约到 $\mathfrak{G}$，$\mathfrak{G}$ 是 $\mathfrak{F}$ 的子约本。f 的定义域记为 $\mathrm{dom}f$ 。

特别地，如果 $\mathfrak{F}$ 和 $\mathfrak{G}$ 是克里普克框架，存在一个 $\mathfrak{F}$ 到 $\mathfrak{G}$ 的子归约就是说存在一个从 $\mathfrak{F}$ 的子框架到 $\mathfrak{G}$ 的归约。如果 $\mathfrak{G}$ 是一个有穷的克里普克框架，那么定义C.3中的条件(R3)实际上等价于：

$$(R4) \qquad \forall z \in V(f^{-1}(z) \in P)$$

在子归约的基础上加入种种限制条件就会形成不同种类的子归约，如稠密的和共尾的子归约。

给定两个一般框架 $\mathfrak{F} = \langle W, R, P \rangle$ 和 $\mathfrak{G} = \langle V, S, Q \rangle$ 。$\mathfrak{F}$ 到 $\mathfrak{G}$ 的一个子归约 f 是稠密的，如果 f 满足如下条件：

$$\mathrm{dom}f \uparrow^{+} \cap \mathrm{dom}f \downarrow^{+} = \mathrm{dom}f$$

即对所有 $x \in W$，对所有 $y, z \in \mathrm{dom}f$，$yRxRz$ 蕴涵着 $x \in \mathrm{dom}f$ 。

对于稠密的子归约，有如下的真值保存定理：

定理C.1　如果存在一 $\mathfrak{F}$ 到 $\mathfrak{G}$ 的稠密子归约，那么对每个不含否定的模态公式 φ[①]，$\mathfrak{F} \vDash \varphi$ 蕴涵着 $\mathfrak{G} \vDash \varphi$ 。

下面是共尾子归约的定义。

定义C.6　给定任一一般框架 $\mathfrak{F} = \langle W, R, P \rangle$ 。集合 $X \subseteq W$ 在 $\mathfrak{F}$ 中是共尾的（cofinal），如果 $X \uparrow \subseteq X \downarrow^{+}$ 。$\mathfrak{F}$ 到 $\mathfrak{G}$ 的子归约 f 被称为是共尾的，如果对 $\mathfrak{F}$ 中的每个点 x，$x \in \mathrm{dom}f \uparrow$ 蕴涵着 $x \in \mathrm{dom}f \downarrow^{+}$，即 $\mathrm{dom}f$ 在 $\mathfrak{F}$ 中是共尾的。如果存在一个 $\mathfrak{F}$ 到 $\mathfrak{G}$ 的共尾子归约，就说 $\mathfrak{F}$ 是共尾子归约到 $\mathfrak{G}$ 的，

---

① 这里的"不含否定的模态公式"是指不含 $\bot$ 的模态公式。由于 $\Diamond$ 是通过 $\bot$ 定义出来的，不含否定的模态公式里不会出现 $\Diamond$ 。

或者 $\mathfrak{G}$ 是 $\mathfrak{F}$ 的共尾子约本。

利用子归约和共尾子归约的概念，可以将一些模态公式的反驳框架（共尾）子归约到某些有穷有根的传递克里普克框架上，并得到如下类型的定理：

$$\mathfrak{F} \nVdash \varphi，当且仅当 \mathfrak{F} 能（共尾）子归约到某些克里普克框架。$$

这样类型的定理实际上给出了模态公式 φ 的反驳框架所具有的语义特征。

例C.1 ①一个传递的一般框架 $\mathfrak{F}$[①]反驳模态公式 $\Box p \to p$，当且仅当 $\mathfrak{F}$ 子归约到克里普克框架 $\langle \{x\}, \varnothing \rangle$[②]。②一个传递的一般框架 $\mathfrak{F}$ 反驳模态公式 $\Box p \to \Diamond p$，当且仅当 $\mathfrak{F}$ 共尾子归约到克里普克框架 $\langle \{x\}, \varnothing \rangle$[③]。

对于子归约和共尾子归约来说，还有如下的一般性结果值得注意：

定理C.2 假设 $\mathfrak{F}_i = \langle W_i, R_i, P_i \rangle$（其中 $i = 1, 2, 3$）是一般框架且 f_1 是 $\mathfrak{F}_1$ 到 $\mathfrak{F}_2$ 的（共尾）子归约，f_2 是 $\mathfrak{F}_2$ 到 $\mathfrak{F}_3$ 的（共尾）子归约。那么由 f_1 和 f_2 构成的复合函数 $f_3 = f_2 f_1$ 也是 $\mathfrak{F}_1$ 到 $\mathfrak{F}_3$ 的（共尾）子归约。

然而，仅有子归约和共尾子归约这两个概念不能够将所有的模态公式都如同例C.1所展示的那样为其反驳框架找到可供（共尾）子归约的克里普克框架。这时就需要介绍一个新概念——闭域条件。

定义C.7 令 $\mathfrak{G}$ 是一个有穷传递的克里普克框架，$\mathfrak{D}$ 是 $\mathfrak{G}$ 中反链（可能为空）的集合。特别地，用符号 $\mathfrak{D}^{\#}$ 代表 $\mathfrak{G}$ 中所有反链的集合。说 $\mathfrak{F}$ 到 $\mathfrak{G}$ 的子归约 f 满足 $\mathfrak{D}$-闭域条件，如果 f 满足：

(CDC) $\qquad \neg \exists x \in \mathrm{dom} f \uparrow \backslash \mathrm{dom} f \ \exists \mathfrak{d} \in \mathfrak{D} f(x\uparrow) = \mathfrak{d} \uparrow^{+}$；

或者，与之等价的，如果

(CDC) $\qquad$ 对某个 $\mathfrak{d} \in \mathfrak{D}$，$x \in \mathrm{dom} f \uparrow$ 且 $f(x\uparrow) = \mathfrak{d} \uparrow^{+}$ 蕴涵着 $x \in \mathrm{dom} f$。

注意：$\mathfrak{F}$ 到 $\mathfrak{G}$ 的子归约 f 满足 $\mathfrak{D}^{\#}$-闭域条件，当且仅当 f 是稠密的。

模态公式的反驳框架的刻画条件在满足闭域条件的子归约或者共尾子归约的情形下要稍微复杂些。用下面的例子来展示这点。

例C.2 ①一个传递的一般框架 $\mathfrak{F}$ 反驳模态公式 $\Box\Box p \to \Box p$，当且仅当存在一个 $\mathfrak{F}$ 到克里普克框架 $\langle \{0,1\}, \{\langle 0,1\rangle\} \rangle$ 的满足 $\mathfrak{D}^{\#}$-闭域条件的子归约。②一个传递的一般传递框架 $\mathfrak{F}$ 反驳模态公式 $\Box\Diamond\top \land \Box(\Box^{+}p \lor \Box^{+}\neg p) \to \Box p \lor \Box\neg p$，当且仅当存在一个 $\mathfrak{F}$ 到框架 $\langle \{0,1,2\}, \{\langle 0,1\rangle, \langle 0,2\rangle, \langle 1,1\rangle, \langle 2,2\rangle\} \rangle$ 的

---

① 传递的一般框架 $\mathfrak{F} = \langle W, R, P \rangle$ 是指其中的 R 是传递的。
② 即由单个禁自返点构成的框架。
③ 两个例子分别参见查格罗夫和扎哈里雅雪夫 *Modal Logic*（Oxford，Oxford University Press，1997）命题 9.4（第 289～290 页）和命题 9.14（第 296 页）。

满足 $\mathfrak{D}^{\#}$-闭域条件的共尾子归约①。

有了子归约、共尾子归约和满足闭域条件的（共尾）子归约概念，就可以引入模态公式的传递的反驳框架的语义刻画方法。

定理C.3　①存在一个算法，给定任一模态公式 φ，都能找到有穷多的有穷有根的传递的克里普克框架 $\mathfrak{F}_1,\cdots,\mathfrak{F}_n$ 和它们中的反链集 $\mathfrak{D}_1,\cdots,\mathfrak{D}_n$ 使得对任意传递的一般框架 $\mathfrak{F}$，$\mathfrak{F}\nVdash\varphi$，当且仅当存在一 $\mathfrak{F}$ 到某个 $\mathfrak{F}_i$（$1\leqslant i\leqslant n$）的满足 $\mathfrak{D}_i$-闭域条件的共尾子归约。②存在一个算法，给定任一无否定的模态公式 φ，都能找到有穷多的有穷有根的传递的克里普克框架 $\mathfrak{F}_1,\cdots,\mathfrak{F}_n$ 和它们中的反链集 $\mathfrak{D}_1,\cdots,\mathfrak{D}_n$ 使得对任意传递的一般框架 $\mathfrak{F}$，$\mathfrak{F}\nVdash\varphi$，当且仅当存在一 $\mathfrak{F}$ 到某个 $\mathfrak{F}_i$（$1\leqslant i\leqslant n$）的满足 $\mathfrak{D}_i$-闭域条件的子归约。

本书只引述扎哈里雅雪夫关于模态公式的传递的反驳框架的语义刻画定理，不去做分析和证明，也不给出该算法的具体步骤。有兴趣的读者可以自行阅读扎哈里雅雪夫关于典范公式的相关文章。

三、典范公式

有了定理C.3，可以问：给定任意的有穷有根的传递的克里普克框架 $\mathfrak{F}$ 和 $\mathfrak{F}$ 中的一个反链集 $\mathfrak{D}$，是否可以找到一个公式 φ，它被一个传递的一般框架 $\mathfrak{G}$ 所反驳，当且仅当存在一个 $\mathfrak{G}$ 到 $\mathfrak{F}$ 的满足 $\mathfrak{D}$-闭域条件的共尾子归约？答案是肯定的。这样的公式 φ 可以由框架 $\mathfrak{F}$ 本身的结构及其反链集 $\mathfrak{D}$ 的构成来决定，并按照某种方式被构造出来。它们具有某些共性，被称之为"典范公式"。

现在来介绍扎哈里雅雪夫的这个结果。请读者注意，这个结果与我们研究濒表格逻辑的其他语义特征直接相关。

定义C.8　令 $\mathfrak{F}=\langle W,R\rangle$ 是一个有穷有根的传递的克里普克框架，其中，$W=\{a_0,\cdots,a_n\}$ 且 a_0 是 $\mathfrak{F}$ 的根。假设 $\mathfrak{D}$ 是 $\mathfrak{F}$ 中的（可能为空的）反链集且不含由单个自返点构成的反链。与 $\mathfrak{F}$ 和 $\mathfrak{D}$ 相关的正规模态典范公式 $\alpha(\mathfrak{F},\mathfrak{D},\bot)$ 被定义如下：

$$\alpha(\mathfrak{F},\mathfrak{D},\bot)=\bigwedge_{a_iRa_j}\varphi_{ij}\wedge\bigwedge_{i=0}^{n}\varphi_i\wedge\bigwedge_{\mathfrak{d}\in\mathfrak{D}}\varphi_{\mathfrak{d}}\wedge\varphi_{\bot}\to p_0$$

其中，$\varphi_{ij}=\Box^{+}(\Box p_j\to p_i)$；

---

① 两个例子参见查格罗夫和扎哈里雅雪夫 *Modal Logic*（Oxford，Oxford University Press，1997，pp.298~299）命题 9.19。

$$\varphi_i = \Box^+ ((\bigwedge_{\neg a_i R a_k} \Box p_k \wedge \bigwedge_{j=0, j\neq i}^n p_j \to p_i) \to p_i);$$

$$\varphi_{\mathfrak{D}} = \Box^+ (\bigwedge_{a_i \in W\setminus\mathfrak{d}\uparrow^+} \Box p_i \wedge \bigwedge_{i=0}^n p_i \to \bigvee_{a_j \in \mathfrak{D}} \Box p_j);$$

$$\varphi_{\perp} = \Box^+ (\bigwedge_{i=0}^n \Box^+ p_i \to \perp).$$

用符号 $\alpha(\mathfrak{F},\mathfrak{D})$ 表示从公式 $\alpha(\mathfrak{F},\mathfrak{D},\perp)$ 删去合取支 $\varphi_{\perp}$ 所得到的结果。公式 $\alpha(\mathfrak{F},\mathfrak{D})$ 被称为与 $\mathfrak{F}$ 和 $\mathfrak{D}$ 相关的不含否定的正规模态典范公式。

引入典范公式的反驳框架的刻画定理。

定理C.4 对任意传递的一般框架 $\mathfrak{G}=\langle V, S, Q\rangle$,

（1）$\mathfrak{G} \nvDash \alpha(\mathfrak{F},\mathfrak{D},\perp)$,当且仅当存在一 $\mathfrak{G}$ 到 $\mathfrak{F}$ 的满足 $\mathfrak{D}$-闭域条件的共尾子归约;

（2）$\mathfrak{G} \nvDash \alpha(\mathfrak{F},\mathfrak{D})$,当且仅当存在一 $\mathfrak{G}$ 到 $\mathfrak{F}$ 的满足 $\mathfrak{D}$-闭域条件的子归约。

给定任一有穷有根的传递的克里普克框架 $\mathfrak{F}$,通过在 $\mathfrak{F}$ 中选择不同的反链集 $\mathfrak{D}$,就可以将不同的典范公式与框架 $\mathfrak{F}$ 相关联。比如,可以选择 $\mathfrak{D}$ 是空集,这时与框架 $\mathfrak{F}$ 相关的典范公式就是 $\alpha(\mathfrak{F},\varnothing,\perp)$,与 $\mathfrak{F}$ 相关的不含否定的典范公式就是 $\alpha(\mathfrak{F},\varnothing)$;再比如,令 $\mathfrak{D}=\mathfrak{D}^{(\#)}$,$\mathfrak{D}^{(\#)}$ 表示 $\mathfrak{F}$ 中所有不是由单个自返点构成的反链的集合。这时,与框架 $\mathfrak{F}$ 相关的典范公式就是 $\alpha(\mathfrak{F},\mathfrak{D}^{(\#)},\perp)$,与 $\mathfrak{F}$ 相关的不含否定的典范公式就是 $\alpha(\mathfrak{F},\mathfrak{D}^{(\#)})$。具备 $\alpha(\mathfrak{F},\mathfrak{D}^{(\#)},\perp)$ 这种形式的典范公式被称为 $\mathfrak{F}$ 的**框架公式**,用简化后的符号 $\alpha^{(\#)}(\mathfrak{F},\perp)$ 来表示;具备 $\alpha(\mathfrak{F},\mathfrak{D}^{(\#)})$ 形式的典范公式被称为 $\mathfrak{F}$ 的**不含否定的框架公式**,用简化后的符号 $\alpha^{(\#)}(\mathfrak{F})$ 表示。对于这些含有或者不含有否定的框架公式,有更为简单的定理。

定理C.5 对任意传递的一般框架 $\mathfrak{G}=\langle V, S, Q\rangle$,

（1）$\mathfrak{G} \nvDash \alpha^{(\#)}(\mathfrak{F},\perp)$,当且仅当 $\mathfrak{G}$ 的某一生成子框架可归约到 $\mathfrak{F}$;

（2）$\mathfrak{G} \nvDash \alpha^{(\#)}(\mathfrak{F})$,当且仅当存在一 $\mathfrak{G}$ 到 $\mathfrak{F}$ 的稠密子归约。

该定理提到了一般框架的生成子框架。可以借助于克里普克框架的生成子框架来定义一般框架的生成子框架。

定义C.9 一般框架 $\mathfrak{G}=\langle V, S, Q\rangle$ 是一般框架 $\mathfrak{F}=\langle W, R, P\rangle$ 的生成子框架,如果克里普克框架 $\langle V, S\rangle$ 是克里普克框架 $\langle W, R\rangle$ 的生成子框架且 $Q = \{X\cap V : X\in P\}$。

一般框架的子框架则定义如下:

定义C.10 一般框架 $\mathfrak{G}=\langle V, S, Q\rangle$ 是一般框架 $\mathfrak{F}=\langle W, R, P\rangle$ 的子框架,如果 $V\subseteq W$,$S = R{\upharpoonright}V$ 且 $Q\subseteq P$。

　　根据一般框架的子框架和生成子框架的定义，$\mathfrak{F}=\langle W, R, P\rangle$ 的生成子框架 $\mathfrak{G}=\langle V, S, Q\rangle$ 不一定是 $\mathfrak{F}$ 的子框架，这主要是因为 V 并不一定在 P 中。当然，如果 $V \in P$，则 $\mathfrak{G}$ 一定同时也是 $\mathfrak{F}$ 的子框架。

　　定义由集合 V 引出的 $\mathfrak{F}$ 的子框架。给定任一一般框架 $\mathfrak{F}=\langle W, R, P\rangle$，假设 V 是 W 的一个非空子集，$V \in P$ 且 $S = R \upharpoonright V$。定义集合 Q 如下：

$$Q = \{X \subseteq V : X \in P\}$$

由于 P 包含空集 $\varnothing$，Q 也包含 $\varnothing$。Q 显然在布尔运算 $\cap$、$\cup$ 和 $\supset$ 下封闭且对每一 $X \in Q$，

$$X \downarrow S = V \cap X \downarrow R$$

此处，$X \downarrow S = \{x \in V : \exists y \in X(xSy)\}$ 且 $X \downarrow R = \{x \in W : \exists y \in X(xRy)\}$。由于 V 和 $X \downarrow R$ 都属于 P[①] 而 P 又在 $\cap$ 运算下封闭，$X \downarrow S \in P$。根据集合 Q 的定义，有 $X \downarrow S \in Q$，即 Q 在 $\Diamond$ 运算下封闭。因此，根据一般框架的定义（即定义C.1），$\mathfrak{G}=\langle V, S, Q\rangle$ 一定是一般框架。由于 $Q \subseteq P$，根据子框架的定义（即定义C.10），$\mathfrak{G}$ 就是 $\mathfrak{F}$ 的子框架，被称之为**由集合 V 引出的 $\mathfrak{F}$ 的子框架**。

　　除了框架公式以外，形如 $\alpha(\mathfrak{F}, \varnothing)$ 的典范公式称为 $\mathfrak{F}$ 的**子框架公式**，并用符号 $\alpha(\mathfrak{F})$ 表示。形如 $\alpha(\mathfrak{F}, \varnothing, \bot)$ 的典范公式被称为 $\mathfrak{F}$ 的**共尾子框架公式**，并用符号 $\alpha(\mathfrak{F}, \bot)$ 表示。与之相关的定理是定理C.6。

　　定理C.6　对任意传递的一般框架 $\mathfrak{G}=\langle V, S, Q\rangle$，

　　（1）$\mathfrak{G} \nvDash \alpha(\mathfrak{F}, \bot)$，当且仅当存在一 $\mathfrak{G}$ 到 $\mathfrak{F}$ 的共尾子归约；

　　（2）$\mathfrak{G} \nvDash \alpha(\mathfrak{F})$，当且仅当存在一 $\mathfrak{G}$ 到 $\mathfrak{F}$ 的子归约。

　　典范公式的一个重要作用就是能够公理化传递逻辑格（NExtK4）中的所有逻辑。叙述这个结果的定理被称之为**传递逻辑格（NExtK4）的完备性定理**。

　　定理C.7　（NExtK4的完备性定理）

　　（1）存在一种算法，给定任一模态公式 φ，能够得到典范公式 $\alpha(\mathfrak{F}_1, \mathfrak{D}_1, \bot)$，$\cdots$，$\alpha(\mathfrak{F}_n, \mathfrak{D}_n, \bot)$ 使得：

$$K4 \oplus \varphi = K4 \oplus \alpha(\mathfrak{F}_1, \mathfrak{D}_1, \bot) \oplus \cdots \oplus \alpha(\mathfrak{F}_n, \mathfrak{D}_n, \bot)$$

　　（2）存在一种算法，给定任一不含否定的模态公式 φ，能够得到不含否定的典范公式 $\alpha(\mathfrak{F}_1, \mathfrak{D}_1)$，$\cdots$，$\alpha(\mathfrak{F}_n, \mathfrak{D}_n)$ 使得：

$$K4 \oplus \varphi = K4 \oplus \alpha(\mathfrak{F}_1, \mathfrak{D}_1) \oplus \cdots \oplus \alpha(\mathfrak{F}_n, \mathfrak{D}_n)$$

　　考察大批正规传递逻辑的各种性质，包括可判定性、克里普克完全性

---

① V 属于 P 是由假设得到的，而 $X \downarrow R$ 属于 P 则是因为 $\mathfrak{F}=\langle W, R, P\rangle$ 是一般框架而 P 在 $\Diamond$ 下封闭。

（有穷可逼近性）、初等性、典范性等，都可以直接从典范公式的角度进行。通过研究典范公式的某些性质，从而认识传递逻辑的某些性质。

四、框架逻辑、子框架逻辑和共尾子框架逻辑

考虑一些用特殊的典范公式来公理化的模态逻辑。这些模态逻辑自身的某些性质能够用其公理中的框架[①]所传达的信息来解决。

定义C.11 模态逻辑 $L \in \mathrm{NExt}\mathrm{K4}$ 是一个框架逻辑，如果它能完全用框架公式来公理化，即 $L = \mathrm{K4} \oplus \{\alpha^{(\#)}(\mathfrak{F}_i, \bot) : i \in I\}$；

模态逻辑 $L \in \mathrm{NExt}\mathrm{K4}$ 是一个子框架逻辑，如果它能完全用子框架公式来公理化，即 $L = \mathrm{K4} \oplus \{\alpha(\mathfrak{F}_i) : i \in I\}$；

模态逻辑 $L \in \mathrm{NExt}\mathrm{K4}$ 是一个共尾子框架逻辑，如果它能完全用共尾子框架公式来公理化，即 $L = \mathrm{K4} \oplus \{\alpha(\mathfrak{F}_i, \bot) : i \in I\}$。

然而，本书所关注的不是这些模态逻辑的形式，而是它们所具有的某些性质。为了说明这些有趣的性质，需要介绍与"分裂"[②]有关的某些概念。

定义C.12 一个正规模态逻辑的完备格 $\mathfrak{L}$ 中的模态逻辑 L_1 分裂 $\mathfrak{L}$，如果在 $\mathfrak{L}$ 中存在逻辑 L_2 使得对每个逻辑 $L \in \mathfrak{L}$，要么 $L \subseteq L_1$，要么 $L_2 \subseteq L$（但 $L_2 \not\subseteq L_1$）。逻辑 L_2 被称为 $\mathfrak{L}$ 的 L_1-裂口[③]，用符号 $\mathfrak{L}/L_1$ 表示。(L_1, L_2) 被称为 $\mathfrak{L}$ 里的分裂对[④]。

定义C.12里的逻辑 L_2 是被 L_1 唯一决定的；逻辑 L_1 也是被 L_2 唯一决定的。

与框架公式相联系，有定理C.8。

定理C.8 模态逻辑 L 是NExtK4中的裂口，当且仅当 L 能够被公理化为一框架逻辑 $\mathrm{K4} \oplus \alpha^{(\#)}(\mathfrak{F}, \bot)$ 的形式。

令模态逻辑 L 是NExtK4中的裂口。根据定理C.8，L 是一框架逻辑 $\mathrm{K4} \oplus \alpha^{(\#)}(\mathfrak{F}, \bot)$。$\mathrm{Log}\mathfrak{F}$ 分裂NExtK4且 $(\mathrm{Log}\mathfrak{F}, L)$ 是NExtK4中的分裂对。其原因简要叙述如下：根据范因定理，得到 $\mathfrak{F} \not\models \alpha^{(\#)}(\mathfrak{F}, \bot)$。因此，$\mathfrak{F} \not\models L$，继而得到 $L \not\subseteq \mathrm{Log}\mathfrak{F}$。现在令 (L^*, L) 是NExtK4的分裂对。由 $L \not\subseteq \mathrm{Log}\mathfrak{F}$ 和分裂的定义（即定义C.12），$\mathrm{Log}\mathfrak{F} \subseteq L^*$。表格逻辑的扩充仍然是表格逻辑。因此，$L^*$ 是一表格逻辑。于是，令 $L^* = \mathrm{Log}\mathfrak{G}$，此处 $\mathfrak{G}$ 是一有穷的克里普

---

① 指的是典范公式 $\alpha(\mathfrak{F}, \mathfrak{D}, \bot)$ 中的框架 $\mathfrak{F}$。
② 对应的英文是"split"。
③ "裂口"对应的英文是"splitting"。
④ "分裂对"对应的英文是"a splitting pair"。

克框架。根据分裂的定义，$L \nsubseteq L^*$，即 $\alpha^{(\#)}(\mathfrak{F}, \bot) \notin L^* = \mathrm{Log}\mathfrak{G}$。根据范因定理，存在一框架 $\mathfrak{G}$ 的生成子框架可归约到 $\mathfrak{F}$。因此，从生成子框架定理和归约定理得到

$$L^* = \mathrm{Log}\mathfrak{G} \subseteq \mathrm{Log}\mathfrak{F}$$

所以，$\mathrm{Log}\mathfrak{F} = L^*$，即 $(\mathrm{Log}\mathfrak{F}, L)$ 是 NExtK4 中的分裂对。

比"裂口"更常用的概念是"并裂口"①，即裂口的"并"。

定义C.13　如果 $\{L_i : i \in I\} \subseteq \mathfrak{L}$ 中的每个逻辑都分裂正规逻辑格 $\mathfrak{L}$，那么逻辑 $L = \oplus_{i \in I} \mathfrak{L}/L_i$ 就被称之为格 $\mathfrak{L}$ 的并裂口，用符号 $\mathfrak{L}/\{L_i : i \in I\}$ 表示。

根据定义，裂口一定是并裂口；反之不然。

经过简单证明还可以知道

命题C.1　令 $L = \mathfrak{L}/\{L_i : i \in I\}$ 是正规逻辑格 $\mathfrak{L}$ 的并裂口。对每个逻辑 $L' \in \mathfrak{L}$，$L \subseteq L'$，当且仅当对任一 $i \in I$，$L' \nsubseteq L_i$。

证明

令 $L = \mathfrak{L}/\{L_i : i \in I\}$ 是正规逻辑格 $\mathfrak{L}$ 的并裂口且 L' 是逻辑格 $\mathfrak{L}$ 中的任一逻辑。假设 $L \subseteq L'$，根据并裂口的定义（即定义C.13），

$$\text{对任一 } i \in I，\mathfrak{L}/L_i \subseteq L'$$

于是由分裂的定义（定义C.12）知道，

$$\text{对任一 } i \in I，L' \nsubseteq L_i$$

假设对任一 $i \in I$，$L' \nsubseteq L_i$。由于每一个 L_i 都分裂逻辑格 $\mathfrak{L}$，$\mathfrak{L}/L_i$ 是 $\mathfrak{L}$ 的 L_i-裂口且 $\mathfrak{L}/L_i \subseteq L'$。因此，$L = \oplus_{i \in I} \mathfrak{L}/L_i \subseteq L'$。∎

从定理C.8和并裂口的定义（定义C.13）知道：在 NExtK4 中，并裂口和框架逻辑其实是一回事。

定理C.9　NExtK4 的并裂口都是框架逻辑，框架逻辑也都是并裂口。

我们在定理C.8后曾经提到：逻辑 $L = \mathrm{K4} \oplus \alpha^{(\#)}(\mathfrak{F}, \bot)$ 是 NExtK4 的裂口，$\mathrm{Log}\mathfrak{F}$ 分裂 NExtK4 且 $(\mathrm{Log}\mathfrak{F}, L)$ 是 NExtK4 中的分裂对。类似地，

逻辑 $L = \mathrm{K4} \oplus \{\alpha^{(\#)}(\mathfrak{F}_i, \bot) : i \in I\}$ 是 NExtK4 的并裂口，$\{\mathrm{Log}\mathfrak{F}_i : i \in I\}$ 中的每一个逻辑都分裂 NExtK4 且 $(\mathrm{Log}\mathfrak{F}_i, \mathrm{K4} \oplus \alpha^{(\#)}(\mathfrak{F}_i, \bot))$ $(i \in I)$ 是 NExtK4 中的分裂对。

研究框架逻辑和并裂口的关系是为了研究逻辑格的结构和其他相关（如不完全性度）问题做准备。

所谓**逻辑格的不完全性度（非有穷可逼近性度）**问题，指的是一个逻辑格中有多少不同的逻辑具有完全相同的适于它们的克里普克（有穷）框

---

① 对应的英文是"a union-splitting"。

架类的问题。

如果一个属于某个逻辑格 $\mathfrak{L}$ 的克里普克完全（有穷可逼近）的逻辑 L，没有其他的属于 $\mathfrak{L}$ 的逻辑能与之享有相同的适于它们的克里普克（有穷）框架类，那么 L 是**在逻辑格 $\mathfrak{L}$ 中严格克里普克完全的（严格有穷可逼近的）逻辑**。

显然，严格克里普克完全的（严格有穷可逼近的）逻辑正是其不完全性度（非有穷可逼近性度）为1的逻辑。

并裂口与严格克里普克完全（严格有穷可逼近）的逻辑有直接联系。

定理C.10　逻辑格 $\mathfrak{L}$ 中的每一个克里普克完全的（有穷可逼近的）并裂口都在逻辑格 $\mathfrak{L}$ 中是严格克里普克完全的（严格有穷可逼近的）。

定理C.9和定理C.10表明：传递逻辑格（NExtK4）的克里普克完全的（有穷可逼近的）框架逻辑都具有严格克里普克完全性（严格有穷可逼近性）。

利用这一性质，在研究传递逻辑格的濒表格逻辑时，从濒表格逻辑与框架逻辑间的关系[1]考虑，就能确定哪些濒表格逻辑是传递逻辑格的并裂口，从而具有严格克里普克完全性（或严格有穷可逼近性）。

对于那些不具有严格克里普克完全性（严格有穷可逼近性）的逻辑来说，关键的问题是：究竟有多少逻辑与它共享相同的适于的克里普克（有穷）框架类。

定义C.14　逻辑格 $\mathfrak{L}$ 中的逻辑 L 在 $\mathfrak{L}$ 中的不完全性度（非有穷可逼近性度）是 κ，如果在 $\mathfrak{L}$ 中恰好有 κ 个不同的逻辑与 L 享有相同的适于它们的克里普克（有穷）框架类。

布洛克已经完美地解决了NExtK的不完全性度问题[2]。

布洛克定理　令 L 是一正规模态逻辑。如果 L=For或 L 是NExtK的并裂口，那么 L 是严格克里普克完全的。否则，L 在NExtK中的不完全性度是 $2^{\aleph_0}$。

NExtK的不完全性度问题的解决自然会引发人们的疑问：传递逻辑格的不完全性度问题是否能得到解决，至少是部分解决呢？结合本书的研究主题——濒表格性问题，我们可以从传递逻辑格的濒表格逻辑的不完全性度问题入手。先看下面这个已知定理。

---

[1] 比如，"濒表格逻辑是或者不是框架逻辑"的关系。

[2] Blok, W. J., "On the degree of incompleteness in modal logics and the covering relation in the lattice of modal logics", *Technical report 78-07*, *Department of Mathematics*, *University of Amsterdam*, 1978.

定理C.11　NExtK4中每个有穷深度的有穷可公理化的逻辑都是一个有穷并裂口，即它能表示为$K4 \oplus \{\alpha^{(\#)}(\mathfrak{F}_i, \perp) : i \in I\}$，其中$I$是有穷集。

已知NExtK4中的表格逻辑都是有穷可公理化的有穷深度的逻辑，从定理C.11可以得到：

NExtK4中的表格逻辑都是框架逻辑，都具有严格克里普克完全性及严格有穷可逼近性。

濒表格逻辑作为通向表格逻辑的临界逻辑，即最大的非表格逻辑，它是否具有严格克里普克完全性（严格有穷可逼近性）？如果没有，那么它的不完全性度是多少？本书第二编第七章中已得到关于该问题的一点局部结果。

现在来介绍子框架逻辑和共尾子框架逻辑的一些重要特点。结合本书对濒表格逻辑与这两类逻辑的关系研究，对它们的特性的了解将大大提高人们对濒表格逻辑的认识。

首先，子框架逻辑和共尾子框架逻辑满足定理C.12。

定理C.12　每个有穷可公理化的子框架逻辑和共尾子框架逻辑都是可判定的。

上述结果还可以扩充为定理C.13。

定理C.13　传递逻辑格中的逻辑L如果能被子框架公式或共尾子框架公式来递归公理化，那么L是可判定的。

其次，子框架逻辑和共尾子框架逻辑的基数都是$2^{\aleph_0}$，其中也都有$2^{\aleph_0}$个逻辑是不可判定的。

进一步地，它们还满足定理C.14。

定理C.14　所有的子框架逻辑和共尾子框架逻辑都是有穷可逼近的。

再次，可以用框架论的方法来刻画子框架逻辑和共尾子框架逻辑。**框架类C是在（共尾）子框架形成下封闭的，如果对任何框架$\mathfrak{F} \in C$，$\mathfrak{F}$的每一个（共尾）子框架都属于C。**

定理C.15　（1）传递逻辑格（NExtK4）中的逻辑L是一个子框架逻辑，当且仅当L被一个在子框架形成下封闭的框架类刻画。

（2）传递逻辑格（NExtK4）中的逻辑L是一个共尾子框架逻辑，当且仅当L被一个在共尾子框架形成下封闭的框架类刻画。

定理C.15中的"框架类"可以具体地写成"克里普克框架类"。应用该定理比直接使用子框架逻辑和共尾子框架逻辑的定义有时候会更方便。

实际上，子框架逻辑都是共尾子框架逻辑。共尾子框架逻辑里有连续统多的逻辑不是子框架逻辑。共尾子框架逻辑构成NExtK4的完备子格，子框架逻辑则构成了共尾子框架逻辑的完备子格。

最后，对于子框架逻辑和共尾子框架逻辑来说，有些条件是彼此等价的。在介绍这些彼此等价的条件之前，先介绍一些相关概念。

定义C.15 克里普克框架类 C 是初等的，如果存在一阶句子（以 R 和 $=$ 为其谓词）集 Φ 使得对每个克里普克框架 $\mathfrak{F}$，$\mathfrak{F} \in C$，当且仅当 $\mathfrak{F}$ 是 Φ 的一个模型。一个模态逻辑 L 是初等的，如果所有适于 L 的克里普克框架类是初等的。

定义C.16 给定一个一般框架类 C，模态逻辑 L 是 C-持久的，如果对每个一般框架 $\mathfrak{F}=\langle W, R, P \rangle \in C$，$\mathfrak{F} \models L$ 蕴涵着 $\langle W, R \rangle \models L$。

定义C.17 给定一个一般框架 $\mathfrak{F}=\langle W, R, P \rangle$。$\mathfrak{F}$ 是可分辨的，如果对任意 $x, y \in W$，
$$x = y，当且仅当 \forall X \in P(x \in X \leftrightarrow y \in X)$$
$\mathfrak{F}$ 是紧凑的，如果对任意 $x, y \in W$，
$$xRy，当且仅当 \forall X \in P(x \in \Box X \rightarrow y \in X)$$
或者，对偶地，
$$xRy，当且仅当 \forall X \in P(y \in X \rightarrow x \in X \downarrow)$$
$\mathfrak{F}$ 是精致的，如果它既是可分辨的又是紧凑的。

$\mathfrak{F}$ 是紧致的，如果对任意 P 的具有有穷交性质的子集 χ[1]，$\cap \chi \neq \varnothing$。

可分辨的、紧凑的和紧致的框架与关系语义学里的重要概念"描述框架"[2]有着非常紧密的联系。

定理C.16 一个一般框架是描述的，当且仅当它是可分辨的、紧凑的和紧致的。

当一般框架类 C 全部由描述框架构成时，模态逻辑 L 具备的 C-持久性被特称为**D-持久性**[3]；当 C 全部由精致框架构成时，模态逻辑 L 的 C-持久性就被称之为**R-持久性**[4]。换句话说，所谓模态逻辑 L 是 D-持久的，即该逻辑 L 是在描述的一般框架类上是持久的。所谓 L 是 R-持久的，即该逻辑 L 是在精致的一般框架类上是持久的。对于 D-持久的或者 R-持久的模态逻辑来说，它一定满足定理C.17。

---

① χ 具有"有穷交性质"指的是：对 χ 的任意有穷子集 χ'，$\cap \chi' \neq \varnothing$。
② 一个一般框架是描述的，当且仅当它与某个代数的对偶同构。
③ 取英文"descriptive"的首字母。
④ 取英文"refined"的首字母。

定理C.17　如果模态逻辑 L 是 D-持久的，或者 R-持久的[①]，那么 L 是克里普克完全的，也是典范的。

这里所提到的典范性，是指模态逻辑 L 的典范模型底部的克里普克框架正好是适于 L 的框架。

对子框架逻辑和共尾子框架逻辑来说，D-持久性和R-持久性与某些重要性质是等价的。

定理C.18　下列条件对每个子框架逻辑 L 来说都是等价的[②]：

（1）L 是初等的；

（2）L 是D-持久的；

（3）L 是R-持久的；

（4）L 是典范的；

（5）L 是强克里普克完全的；

（6）L 具有有穷嵌入性。

定理C.18中所提到的"**强克里普克完全性**"是指：给定任一模态逻辑 L，存在一克里普克框架类 C，如果对任意模态公式集 Γ 和模态公式 φ，$\Gamma \vdash_L \varphi$，当且仅当对每个基于 C 中框架的模型和该模型中的任意点 x，$(\mathfrak{M}, x) \vDash \Gamma$ 蕴涵着 $(\mathfrak{M}, x) \vDash \varphi$。所谓 L 具有"**有穷嵌入性**"是指：对任一克里普克框架 $\mathfrak{F}$，如果 $\mathfrak{F}$ 的每个有穷子框架都是适于 L 的框架，那么 $\mathfrak{F} \vDash L$。

定理C.19　下列条件对每个共尾子框架逻辑 L 来说都是等价的[③]：

（1）L 是初等的；

（2）L 是D-持久的；

（3）L 是典范的；

（4）L 是强克里普克完全的。

定理C.18和定理C.19表明：通过研究濒表格逻辑与子框架逻辑和共尾子框架逻辑的关系，并借助于研究其某一方面的性质，如初等性，就可以建立濒表格逻辑的典范性等。

[①] 除了 D-持久性和 R-持久性，该定理还可以扩充到 DF-持久性（DF 代表 differentiated）、T-持久性（T 代表 tight）和 CM-持久性（CM 代表 compact）等。

[②] 本书只选取了一些笔者感兴趣的条件，实际上还有其他一些性质也与它们等价。有兴趣的读者可以参见查格罗夫和扎哈里雅雪夫 *Modal Logic*（Oxford，Oxford University Press，1997，p. 385）的定理 11.26。

[③] 本书只选取了一些笔者感兴趣的条件，实际上还有其他一些性质也与它们等价。有兴趣的读者可以参见查格罗夫和扎哈里雅雪夫 *Modal Logic*（Oxford，Oxford University Press，1997，p. 389）的定理 11.28。

索　引

后　记

一、关于本书

本书详述了我的老师康宏逵先生和我的"传递的濒表格逻辑的判据"①及其应用结果,以及在此基础上所做的关于传递濒表格逻辑的若干研究。全书的体例经过两次较大的修改,最终遵循的是康宏逵先生的思路,即将全书分为第一编、第二编和附录。

第一编着重介绍了本书所需的背景、历史知识。我强烈推荐读者好好阅读第一编第一章的第一、二节及第二章。这两部分完全由康宏逵先生本人撰写并修改。其中第一章的对应理论的桑宾算法(即第二节的第三部分)被康先生写得既明晰又简练,相信读者学习以后一定能将这种看似复杂的算法用得得心应手。遗憾的是,康先生没能完成第一章第三节的撰写。虽然我补写了现在的第三节,但是无论从构思到文字都远远难以与前两节相媲美。第二章的历史部分回顾了传递的濒表格逻辑的研究发展史,其观点全面、深刻而又独树一帜,堪称逻辑史研究的经典②。

第二编完整叙述了传递的濒表格逻辑判据的证明、应用过程。我们不仅将判据应用到一个全新的领域——NExtQ4,还详述了历史部分所述的既有的濒表格逻辑的研究结果是如何纳入我们的研究体系的。这一部分以定理和证明为主。出于准确和简明的要求,我们仅在适当的地方作了精确的说明和解释。

附录A和附录B的两篇文章尽管只部分涉及濒表格逻辑,但是其主体内容都与本书主要思路和结果相关。《论麦金森定理及其等价命题》一文与麦金森分类法直接相关;《模态镜子里的反欧性》一文中则给出了临界的居间型非表格逻辑的实例,它们的一切濒表格扩充或者是无谓型的或者是无稽型的。读者可以根据自己的需要在附录A和附录B里查找相

---

① 参见 S. Du 的"On pretabular logics in NExtK4 (part I)"(*Studia Logica*,Vol.102,2014,pp.499~523)(说明:除第一作者外,康宏逵先生也是该论文实质上的第一作者),以及 S. Du 的"On pretabular logics in NExtK4 (part II)"(*Studia Logica*,Vol.102,2014,pp.931~954)。

② 康宏逵先生对逻辑史研究颇有造诣。虽然他本人并不提倡多做逻辑史的研究,但是他遗留下来的尚未发表的笔记中记录了他的多篇关于逻辑史的精彩论文。

关内容。

　　附录C是第一编第一章背景知识的延续。它介绍了一般框架和典范公式的知识，以便读者在阅读第二编第七章时能随时查阅。

　　本书一共两位作者：杜珊珊和康宏逵。本书是国家社科基金后期资助项目成果，按照规定，封面上只能出现项目负责人的名字。因此，本书封面上以"杜珊珊　等"代替两位作者的名字，完整的作者信息放置于扉页处。本书不设前言。康宏逵先生曾答应为本书撰写前言。然而，令人无比心痛和遗憾的是，康宏逵先生于2014年7月21日因病去世，生前未能完成前言的撰写。为此，本书将不设前言，以此沉痛纪念本书的另一作者——康宏逵先生。

　　在康宏逵先生去世后大概3个月时间里，我完全无法进行本书的撰写和修改工作。每每看到书稿，想起康先生，就难以抑制地流泪、悲伤。这样的状态一直持续到我女儿降生才略有好转。也由此，本书从构思到完成历时两年多。期间经历的悲喜已经不是文字可以承载的了。

二、纪念我的恩师康宏逵先生

　　我经常回想起康先生生前给我打的最后一通电话。那是2014年7月11日的上午。电话里康先生兴奋地对我说，"我已经好啦！"这是他刚做完白内障手术不久。我急切地恳求康先生听从医生的嘱咐好好休息，以后再谈写书和写文章的事情。作为跟随他长达13年的弟子，我已经记不得有多少次这样在电话里或当面劝老师好好休息。康先生尽管已经年近80，仍然每晚坚持工作到凌晨二三点。如果遇到写文章或写书，通宵更是常有的事情。我认识康先生13年来，他一直保持着这样的工作习惯，365天，从未间断。康先生身体一直不错，平时还时常和我笑谈下一个十年研究计划，接着做"两个较大的问题"。因此，尽管康先生当时在电话里并没有答应我，我也没有过多在意，还是按原定计划去了深圳。岂料，第三天康先生就生病住院了。等我赶到医院时，只能被阻隔在病房外面，直到康先生去世，再也没有机会与他老人家见上一面……

　　我时常在想，康先生在临终前记挂的，除了他的家人，一定就是他所钟爱的"逻辑"了。是的，康先生将毕生献给了逻辑学事业，即使在最困难的年代，他也从未放弃。数十年来，康先生怀抱坚定的理想、信念和对逻辑学的无比热爱之情，坚持读书，坚持做笔记，坚持思考，坚持作研究。

其结果，就是满满一书房的笔记、文章和书稿。我有幸能够成为亲眼目睹这些极其珍贵资料的极少数人之一。康先生生前几乎从未考虑将这些笔记、文章和书稿发表。我曾多次劝康先生将它们发表出来，但康先生坚决不同意，他总是以极其严格的标准和挑剔的眼光看待自己的作品。就我所看到的先生的著述来看，它们涉及的领域非常广泛，包括可证性逻辑、直觉主义逻辑、模态逻辑、多值逻辑、数学基础问题、数学哲学等。每一篇笔记和文章都提出了独立的问题及定理的证明或解决的方法和思路。其中不少问题是相当艰深而经典的，具有极高的学术价值。遗憾的是，由于我兴趣偏窄，仅局限于模态逻辑，而康先生又一直把精力放在亲自培养我学习模态逻辑上，许多经典的结果竟然就此放下了，没有将它们整理发表。现在回想起来，康先生所说的"再做两个较大问题"真是别有深意。

　　功底深厚、治学严谨，这是康先生做学问的两大法宝。研究每一个专业问题之前，康先生都要找齐能找到的所有资料细细研读并做笔记。写文章时，小到人名的翻译，大到整篇文章的内容和构思无不细心谨慎。读者如果仔细阅读了本书完全由康先生撰写的第一编第一章对应理论的桑宾算法①和第二章历史回顾部分，就能明白我所言非虚。能将桑宾算法讲述得如此准确和透彻，没有深厚的功底，没有审慎的态度是不可能做到的。在历史回顾部分，康先生以严谨却又灵动的笔触将濒表格逻辑的研究历史娓娓道来，其构思之精妙，认识之深刻，在逻辑学史研究中未为多见。康先生也特别擅长发散思维，常常在研究某个独立问题之后将其主题带入到其他问题中。在我撰写博士论文期间，本来濒表格逻辑的有穷可公理化问题并不构成论文的主要问题，但康先生还是坚持让我给查格罗夫教授写信询问"有穷深度的濒表格逻辑都是有穷可公理化"定理的详细证明。康先生自己则不仅仔细研究并针对这一问题进行了详细的证明，而且还由此发散开去，研究了其他一些濒表格逻辑如何进行具体地公理化的问题②。这部分结果现被本书第二编第六章第二节的第二部分（即"NExtQ4中一类濒表格逻辑的公理化问题"一节）所收录。不仅如此，康先生的笔记上还记载了其他逻辑格——如NExtD4——中的濒表格逻辑如何公理化的研究结果③。

　　我以为康先生的若干模态逻辑笔记中在模态逻辑领域最有全局性的

---

① 即本书第一章第二节的第三部分。

② 参见康宏逵先生尚未发表的笔记《模态札记 III》中的《NExtQ4BD$_n$ 中濒表格逻辑的公理化》一篇。

③ 参见康宏逵先生尚未发表的笔记《模态杂思》中的《NExtD4 中的 10 个濒表格逻辑可有穷公理化》《10 个濒表格逻辑的公理化》等篇章。

贡献是麦金森分类法。麦金森分类法是康先生根据麦金森定理对所有（正规）模态逻辑所作的分类①。康先生在其笔记中详细证明了这种分类法应用的结果，令人耳目一新。这种分类法不是什么具体的证明技术，但实践证实，这种分类法带来的视角是非常独到且有效用的。比如，本书在第二编第六章将濒表格逻辑的判据应用到NExtQ4就完全是按这种分类法的指引进行的。康先生已证明，Q4和D4分别是传递逻辑格中最小的无稽型逻辑和最小的无谓型逻辑。意识到这一点，就使得NExtQ4这样的貌似"冷门"逻辑格能够进入我们的研究范围，并与D4-逻辑格加以比较研究。可以说，没有麦金森分类法带来的视角，就没有第二编第六章的全部内容。附录A《论麦金森定理及其等价命题》一文的结尾也提到了应用这种眼光会带来的好处：

"历史似乎总要跟人开开玩笑"。率先研究不完全性度的布洛克一度猜测K的一切真扩充都具备最高的不完全性度$2^{\aleph_0}$。布洛克当时明明不看重麦金森定理，否则不至于忽略For和D这样彰明较著的反例。

我和康先生在科研上有过多项合作。我深深感到麦金森分类法的使用在研究格论问题时能给研究者带来的极大便利。就我所知，康先生在其模态逻辑笔记中处处体现着这种分类法带来的眼界上的更新，其中最有代表性的就是康先生的与"素逻辑（prime logics）"相关的研究结果②。素逻辑与格论问题中的分裂理论息息相关，继而与不完全性度问题紧密联系。找到了正规模态逻辑格中的素逻辑的分布位置，也就找到了逻辑格中的裂口的位置。这对于研究具备严格克里普克完全性的模态逻辑来说具有重大意义。从麦金森分类法的眼光去看待这个问题，就能从不同类型逻辑的框架或公理特点入手来处理这个问题。目前看来，康先生对这个问题的解是

---

① 实际上是所有模态逻辑的分类。但应用得最多的是正规逻辑部分。本书在第二编第六章第一节中简要叙述了康宏逵先生的这种分类方法。读者可以参见康宏逵的《模态、自指和哥德尔定理——一个优美的模态分析案例（代序）》（马库斯 R B 等：《可能的世界》，康宏逵译，上海，上海译文出版社，1993 年，第 29～31 页），以及康宏逵先生尚未发表的笔记中的如下篇章：《模态逻辑札记 I》中的《极大居间逻辑：Middle（1991.7.8）》《不存在极小的无稽型逻辑（1991.7.18）》《无极小无稽型逻辑的另一证明（1991.7.20）》《无稽型逻辑中的模态（1991.7.25）》《居间型逻辑与两极的"距离"（1991.8.5）》《构造无稽型逻辑的一条助探原则（1991.8.6）》《几乎无稽的居间型逻辑的实例（1991.8.7）》《模态逻辑札记 II》中的《无稽型闭公式（1994.5.1）》《无谓型与无稽型逻辑的"居间内核"（2004.4.12）》《D 是最小的无谓型逻辑（2004.9.13）》《Neut 是最大的居间型逻辑（2004.9.14）》《不存在最小的无稽型逻辑——语义证明（2004.9.17）》《无稽型框架的特征（2004.9.23）》《证明我对"无稽性"的刻画（2004.9.23）》《无稽型框架的一些典型性质（2004.9.28）》《居间型框架的特征（2004.9.30）》等。

② 参见康宏逵先生尚未发表的笔记《模态逻辑札记 II》中的《难寻素逻辑，何不求麦金森定理？》、《难寻素逻辑…（续）》（2004.5.22）、《对素逻辑的认识确有进展么？》和《难寻素逻辑…（续）》（2004.5.30）。

非常出色且有成效的。遗憾的是，康先生生前未能将他麦金森分类法及其应用结果全部发表，而发表的内容仅限于少数文章中对该分类法的粗略阐述。但我完全有理由相信，康先生提出的这种分类法定会在不久的将来被更多的学者所了解和应用。

　　除非亲身体验，旁人大概很难想象，康先生会是一位如何不计较个人得失，全心全意引导青年学生的好老师。

　　在我跟康先生学习期间，康先生精心为我挑选教科书，他未发表的笔记也成为我学习的内容。我做的每一道习题都经康先生认真检查并修改；我不会做的题目，康先生都会耐心帮我解答；我的每一篇文章的发表，康先生都会为我精心修改。那时候，我每周至少有一次机会坐在康先生的书房里面对着前面的小黑板或者听康先生讲解题目，或者和他讨论问题。每次我都紧张得出一身汗，康先生的思维之敏捷、之深入让我这个当时20多岁的年轻人感到羞愧、汗颜。那时候我是武汉大学的在校学生，康先生是武汉大学的名誉教授。他教我学习逻辑，没有收过武汉大学的任何报酬。不仅如此，先生还担忧我无力负担较高的资料费用，总是自掏腰包为我购买、复印文章和书籍。每隔一段时间，先生就陪我到书店里买书，为我讲解各种逻辑书籍的好坏优劣。除了专业书籍以外，康先生还赠送我大部头的汉英词典、《鲁迅全集》等。他的观点就是"好书就要好好读""有些书要精读，有些书要看看"。在康先生眼里，书和文章就是宝贝。"简直不能想象有从事逻辑学研究的人不喜欢读逻辑学书籍和文章。""这本书不错，你可以看看""这个我多印了一份，很好的书，送给你"……于是，和先生学习不到一年，我的书柜就装满了包括逻辑学在内的各种文献资料。康先生一直很得意帮助我这个曾经"不太爱读书"的学生建设一个小小的资料库。就连我搬家了，康先生也嘱咐我一定先把书柜的事情安排妥当。"要成为一位爱读书、爱思考的人"，这是康先生对我的教诲。我的这位老师自己几十年来从未哪怕有一天时间停止过读书和思考。

　　由于康先生能比较熟练地使用四门外语——英语、俄语、德语和波兰语，我从他那里阅读到了大量的由他亲自翻译的外文资料。令我印象深刻的一件事情发生在我做博士论文期间。在向俄罗斯查格罗夫教授索取文献时，教授回信说材料是俄文的，恐怕我不能阅读。康先生立刻要我告知查格罗夫教授，他会亲自为我翻译。在知晓我的老师会帮我翻译全文之后，查格罗夫教授很快给我发来了全部的文献并在信中感叹道，"你怎么有这么好的老师！"是啊，怎么会有这么好的老师！我相信，这绝不会是我一人所体会到的。就我所知,不少学生或者青年学子都曾经在康先生家里聆听他的教诲、向他讨教问题。康先生对此从来都是秉持热情和开放的态度,知无不言,言无不尽。对于某些问题,他甚至还会在事后专门写笔记或者文章予以答复。给我翻译的很多材料,他也会印制多份分发给周围比较熟悉的青年学子,目的就是要让更多的人从中受益。

康先生时常教育我,"要读书""要钻厚板子""不学习就研究不了大问题"。不掌握好别人拥有的武器,怎么能解决好自己的问题呢?他一方面鼓励我学习模态逻辑更艰深的知识,建立和国外学术界的联系,另一方面也鼓励我去学习模态逻辑之外的其他知识,参加在北京等地举办的会议或开设的课程。康先生尤其提倡做学问既要"精"又要"广"。"精通"与"广博"在康先生那里从来都不是什么问题。康先生本人就精于可证性逻辑、直觉主义逻辑、模态逻辑、算术的元数学和数学基础等。他本人对哲学也有浓厚的兴趣,精通分析哲学,熟悉大陆哲学,尤其是康德、黑格尔以来的哲学。康先生时常说,"要学会闻味道"。什么是有价值的问题,什么不是。这些也都要通过读书学习来体会。不过,康先生大概没意识到的是,在他身边呆久的人多少也从他身上体会到了什么是"味道"。

康先生头脑里的知识丰富得令人惊异。他精于考证,对细节要求特别严格,再加上经年累月地读书,让他的头脑犹如一座供人查阅的微型图书馆。构筑起这座图书馆的钢梁,就是对学问、对知识的真正的热爱和尊重。康先生和我曾经研究过哥德尔不完全性定理与其他一些定理的等价性问题。尽管看似不相关,康先生还是详细考证了哥德尔的哲学思想是如何对他的结果产生重大影响的。考证的资料不仅来源于哥德尔的文章和传记,还来自于他从王浩先生那里获得的第一手资料。这样的详细而丰富的研究过程极大地影响了我对现代逻辑学研究的认知,也开始尽力去做一个"有思想的人"。

与康先生接触不多的人,大概会觉得康先生不太好相处,脾气有些硬。可在我心里,他老人家是最最可爱、幽默、富有智慧和感情丰富的人。已经记不得多少次,我在他的书房里津津有味地听着他给我分享学术圈里发生的趣事①。在被逗得哈哈大笑之后,我立刻明白了,"好吧,我知道怎么做了",又或者,"我现在知道该在哪里补上这个知识点了"……我猜,与康先生已知的全部轶事相比,我大概只听到了其中的十分之三。而这些就足以让我在现在的研究中获益无穷。

---

① 这些趣事的主角包括了逻辑学、哲学和数学界里国内外几乎所有的顶尖学者。

　　康先生对自己的母校和老师怀有深刻的感情和敬意。在康先生向《科学文化评论》投稿之前，曾经把计划发表的三篇文章①拿给我看。他认真地问我："你觉得哪一篇写得最好？"我如实地回答："我觉得您写王宪钧先生的那篇文章写得最好，因为读起来觉得充满了感情。"康先生默然……那一刻我突然意识到，先生内心隐藏着的对老师的尊敬和热爱是那样强烈和深沉。而此刻的我又何尝不是在体验着康先生当时的心境呢？然而，重读《吾师宪钧》一文，我却又感到分外惭愧。我对自己恩师思想造诣的理解和认知竟不及康先生对自己恩师认识的十分之一！实在是愧对吾师！

　　"要像一块石头那样做人，沉甸甸的""做一个大写的人"！康先生的话犹言在耳。老师的一生从未被名利所左右，数十年来支撑他奋斗的信念就是要为中国逻辑学的发展尽一份贡献。桃李不言，下自成蹊。作为康先生这13年人生的见证者和他坚定的追随者，康先生的智慧、学问和高尚的道德品质，直至今天，仍时刻感染着我、教育着我，不断提醒我该去做一个什么样的学术工作者和一个什么样的人。康宏逵先生不仅是我专业上的导师，更是我人生的导师！每次回忆起康先生，在悲痛之余，我的内心都会涌动着温暖和力量。我深知，唯有让这股力量传递下去才能真正告慰恩师！

　　谨以此文献给我最敬佩的人，我人生的导航师，我最默契的合作者，如我父亲般的恩师——康宏逵先生。

杜珊珊

2015年12月于武汉

---

① 这三篇文章分别是：《吾师宪钧》(《科学文化评论》2013 年第 10 卷第 5 期)，《王浩来信摘抄 (1984-1995)》(《科学文化评论》2013 年第 10 卷第 6 期)，以及《两篇处女作的反响》(《科学文化评论》2014 年第 11 卷第 1 期)。